U0959058

工业和信息化部“十四五”规划教材
科学出版社“十四五”普通高等教育本科规划教材

环境生态工程

（第二版）

主　编　梁新强
副主编　杨京平　肖　溪

科学出版社
北京

内 容 简 介

本书重点介绍了环境生态工程的起源、概念内涵与特征、建设目的及意义；阐述了环境生态学方面的基本原理和环境生态工程设计原则、建模、生态监测评估等方面的理论知识；并详述了农业、流域、近岸等方面的环境生态工程建设实践案例及规范性文件。

本书可作为高等学校环境生态学、环境生态工程等相关课程的教学用书，也可供环境工程及海洋生态环境保护领域技术人员学习参考。

图书在版编目（CIP）数据

环境生态工程 / 梁新强主编. -- 2 版. -- 北京 : 科学出版社, 2024.6. --(工业和信息化部“十四五”规划教材)(科学出版社“十四五”普通高等教育本科规划教材). -- ISBN 978-7-03-079015-6

Ⅰ. X171

中国国家版本馆 CIP 数据核字第 20248XG637 号

责任编辑：赵晓霞 / 责任校对：杨 赛

责任印制：赵 博 / 封面设计：无极书装

科学出版社 出版

北京东黄城根北街 16 号

邮政编码：100717

http://www.sciencep.com

北京富资园科技发展有限公司印刷

科学出版社发行 各地新华书店经销

*

2022 年 2 月第 一 版 开本：720×1000 1/16

2024 年 6 月第 二 版 印张：15 1/4

2025 年 7 月第四次印刷 字数：310 000

定价：58.00 元

（如有印装质量问题，我社负责调换）

第二版前言

环境生态工程研究起源于 20 世纪 60 年代。近几十年来，随着环境资源约束压力的不断增加和人类社会科技发展的进步，社会各界对“零排放”或“近零排放”的呼声日益高涨，人们希望利用环境生态工程等技术和方法来解决地方性、区域性和全球性环境污染问题，实现对自然资源的完全循环利用，达到减少污染物排放直至零排放的目标，不给大气、水体和土壤遗留任何废弃物。

环境生态工程作为一门环境学与生态学、工程学相互交叉的应用学科，是结合环境工程和生态工程的理论、方法和技术，从系统思想出发，按照生态学、环境学、经济学和工程学的原理，运用现代科学技术成果和现代管理手段以及相关专业的技术经验组装起来的，是环境学、生态工程学的理论、方法结合工程技术体系在具体技术与措施中的应用，是协调生态系统内多种组分的相互关系，解决农业污染、工业污染和流域污染等环境问题，促进生态系统稳步发展的重要手段。

人口、资源和环境的矛盾一直是困扰我国经济社会发展的重要问题。环境生态工程对促进我国可持续发展具有重要意义。无论是作为环境生态工作者，还是作为环境工程师，我们都应深入践行“绿水青山就是金山银山”理念，结合环境生态工程建设工作，运用新技术、发展新模式、探索新路径，坚定不移地走好生态优先、绿色发展的道路。

本书重点介绍了环境生态工程的起源、概念内涵与特征、建设目的及意义；阐述了环境生态学方面的基本原理和环境生态工程设计原则、建模、生态监测评估等方面的理论知识；并详述了农业、流域、近岸等方面的环境生态工程建设实践案例及规范性文件。希望通过本书唤起社会各界对“大自然伙伴角色”的关注，使之成为我国环境生态工程继续发展的新动能。

全书共分九章，第一章、第二章由杨京平、梁新强教授编写；第三章、第五章由梁新强教授、卢圆圆助理研究员编写；第四章由梁新强教授编写；第六章由梁新强教授、肖溪教授、卢圆圆助理研究员编写；第七章由梁新强教授、肖溪教授编写；第八章由肖溪教授编写；第九章由梁新强教授、王志荣高级工程师、何霜工程师编写。杨姣、王小春、李金文、于舒淼、刘宗岸、张怡仪等研究生参与了部分书稿的整理和图表绘制。最后由梁新强教授统编定稿。

本书由浙江省“尖兵领雁+X”研发攻关计划(2024C03245)、国家科技重大专项(2018ZX07208009)等项目资助出版。在本书编写过程中参考和引用了许多资料，这些资料是众多学者的研究成果，在此表示衷心的感谢。

由于环境生态工程的应用理论与相应技术体系、模式涉及面广、综合性强，加上编者的水平和掌握的资料有限，书中不足之处在所难免，恳请读者批评指正。

编　者

2024 年 4 月于浙江大学紫金港

目　录

第一章　环境生态工程导论

第一节　环境生态工程起源

1962 年，美国生态学家奥德姆(Odum)提出了生态工程(ecological engineering)一词，并把它定义为“为了控制生态系统，人类应用来自自然的能源作为辅助能对环境的控制”，生态工程就是管理自然，它是对传统工程的补充，是自然生态系统的一个侧面。1971 年，他指出生态工程即人对自然的管理，1983 年，他将定义修订为“设计和实施经济与自然的工艺技术”。20 世纪 80 年代后期，生态工程在欧美国家逐渐发展起来，出现了多种认识与解释，并相应提出了生态工程技术这一概念，即“在环境管理方面，根据对生态学的深入了解，花最小的代价、对环境的损害又是最小的一些技术”。我国生态学家、生态工程建设先驱马世骏先生则认为：“生态工程是应用生态系统中物种共生与物质循环再生原理，结构与功能协调原则，结合系统分析的最优化方法，设计的促进分层多级利用物质的生产工艺系统。”生态工程的目标就是在促进自然界良性循环的前提下，充分发挥资源的生产潜力，防治环境污染，达到经济效益与生态效益同步发展的目的。它可以是纵向的层次结构，也可以产生横向联系而发展为网状工程系统。

美国生态学家密茨(Mitsch)与丹麦生态学家约根森(Jorgensen)将生态工程定义为：“为了人类社会及自然环境两者的利益而对人类社会及自然环境所进行的设计。”“这种设计包括了应用定量方法和基础学科成就的途径”。欧美学者在论述生态工程时普遍认为生态工程等同于生态技术，但我国的生态学者与研究人员则认为生态技术仅仅是生态工程的一个环节，不能代表生态工程这一技术系统。

生态工程起源至今不过 60 多年的历史，自生态工程学创始以来，国际上一些研究人员与学者就试图运用生态学和工程学的某些原理和工艺来达到治理环境和可持续发展生产的目的，尤其侧重于环境的保护。通过研究生态系统组成成分及机制，建立系统的能流、物流和行为特征动态模型与优化控制模型。例如，美国加利福尼亚州南部河口区在不同水文周期的湿地，建立了利用香蒲等湿生植物去除重金属改善水质、进行复垦的生态工程；丹麦在雷姆斯湖建立了防治富营养化的生态工程；德国建立了以芦苇为主的湿地处理废水的生态工程；瑞典有学者利用室内水生生物的生态工程处理净化校园生活污水；荷兰已尝试用调控湖泊中生物种类结构、比例的方法防治富营养化。目前，美国的生态工程正从生产过程中废物产生与排放减量、废物回收、废弃物回用及再循环4个方面逐步实施。

我国面临的生态危机，不单纯是指环境污染，而是由人口激增、环境与资源破坏、能源短缺、食物供应不足等共同造成的综合效应。因此，我国的生态工程不但要保护环境与资源，更迫切的是要以有限资源为基础，生产出更多的产品，以满足人口与社会的发展需要，并力求达到生态环境效益、经济效益和社会效益的协调统一，改善与维护生态系统，促进包括废物在内的物质良性循环，最终获得自然-社会-经济系统的综合高效益。正因为如此，我国对生态系统的发展与生态工程的建设提出了“整体、协调、循环、再生”的原则。生态工程是以生态学原理为支柱，吸收、渗透与综合了如农业、林业、渔业、养殖业、加工业、经济管理和环境工程等多种学科原理、技术与经验的应用学科。生态工程在生态工艺与技术方面提出了加环(生产环、增益环、减耗环、复合环和加工环)这一概念，将相对独立与平行的一些生态系统连接成共生生态网络，调整内部结构，充分利用空间、时间、营养生态位，多层次分级利用物质、能量，充分发挥物质生产潜力、减少废物，使生产因地制宜，促进良性发展。我国生态工程虽然起步晚，但是发展很快，特别是在实际生产应用中取得了显著成效。例如，举世瞩目的五大防护林生态工程：三北防护林体系建设工程、太行山绿化工程、沿海防护林体系建设工程、长江中上游防护林体系工程和平原农田林网防护林体系，对防风固沙，减少径流，改善保护区内农田小气候，促进农业增产及多种经营，显示了良好的效益。

第二节　环境生态工程内涵与意义

一、环境生态工程的内涵

(一) 环境生态工程的概念

随着环境资源约束压力的不断增加和人类社会科技发展的进步，人们总是希望能够找到合适的方法来解决地方性、区域性和全球性环境污染问题。人们已经认识到每一次对于环境的破坏与干扰，污染物质的排放与物质不合理的利用，最后都会通过生态系统自身的规律与运动反作用于人类自身。人们目前面临着一系列全球性的环境问题与灾难，如全球性的温室效应、生物多样性的减少、人类流行性疾病的衍生、超级细菌的显现和酸雨区的扩大等都是由人类对生态系统不合理利用和开发所引起的。这些也进一步促使人类思考应如何科学地认识我们的生存环境，如何更加合理有效地利用我们的环境资源进行生产与生活活动，如何有效地采用生态、生物性的环境保护与治理的手段处理、利用、转化产生的废弃物。近年来，“零排放”或“近零排放”的呼声与要求日益高涨。“零排放”意义在于利用环境生态工程技术，实现对自然资源的完全循环利用，达到无限地减少污染物排放直至为零的目的，从而不给大气、水体和土壤遗留任何废弃物。目前，社会各界已经逐渐认识到仅仅依靠环境技术并不能彻底消除污染物。首先，解决污染控制问题的资源是有限的，尤其是发展中国家；其次，环境技术的原理通常是将污染物从一种介质(如空气)转移到另一种介质(如水体)。因此，我们必须寻求额外的手段来减少污染的不利影响，利用生态系统本身的特点及结构功能更加有效地做好环境污染物的处理，这也催生了环境生态工程的理念及技术手段，为解决污染问题提供了一种额外手段。

环境生态工程是结合环境工程和生态工程的理论、方法和技术，从系统思想出发，按照生态学、环境学、经济学和工程学的原理，将现代科学技术成果和现代管理手段以及相关专业的技术经验组装起来，致力于解决当今社会的环境问题，以期获得较高的社会、经济、生态效益的现代生态工程系统。它是环境学、生态工程理论、方法和工程技术体系在环境中的具体技术与措施的应用。它针对环境的特征以及存在的环境问题，应用生态系统、环境科学中的各项原理，利用工程学的方法，协调生态系统内多种组分的相互关系，解决农业污染、工业污染和流域污染等环境问题，维持生态系统的平衡，促进生态系统稳步发展。

环境生态工程以对自然生态系统的深刻理解为出发点，基于自然、生物、物理、化学和数学等基础科学及定量方法设计新的生态系统，利用少量的能源对环境污染进行控制，其能源驱动主要来自自然资源，系统的重要组成是生物物种。环境生态工程是对自然生态系统的管理，是对传统环境污染控制工程的一种独特补充。值得注意的是，设计的新生态系统仍符合生态系统的自组织原理，发展起来的新生态系统仍可能继续发生变化。环境生态工程能够创造出最能适应人类生活需要的生态系统，并充分发挥这些系统的多重价值。

环境生态工程是通过优化设计促使人类社会与自然环境和谐共处，而不是试图征服自然，工程建设的目的包括以下几个方面。

(1) 减少或解决污染问题对其他生态系统可能造成的伤害(如污泥处置、废水回收等)。

(2) 原有生态系统受到重大干扰后通过环境生态工程得到恢复(如煤矿复垦、湖泊河流恢复等)。

(3) 通过模仿自然生态系统构建人工生态系统(如人工湿地)。

(4) 在不破坏生态平衡的情况下利用原有生态系统的功能。

(二) 生态工程和环境工程的区别

环境工程(environmental engineering)是一门研究环境污染防治技术原理和方

法的学科，其内容广泛而复杂，涉及化学、物理学、生物学、医学、给排水工程、土木工程、机械工程和化学工程等学科的原理和手段。环境工程以环境污染综合防治作为基本指导思想，研究防治环境污染和公害的技术措施、自然资源的保护和合理利用、各种废物的资源化以及对局部的规划等，以获取最优的环境效益、社会效益和经济效益。其基本内容包括水污染防治工程、大气污染防治工程及其他公害防治技术，主要依靠沉淀池、除尘器、砂过滤器和混凝池等有价值的环境技术控制或预防环境污染问题。而生态工程是应用生态系统中物种共生与物质循环再生原理、结构与功能协调原则，结合系统工程的最优化方法，设计分层和多级利用物质的生产工艺系统。由此可见，在对于环境及生态的治理与保护方面，两者都是在运用环境学或生态学基本原理的基础上通过人工调控实施工程反应措施来达到环境保护或生态保护的目的。

(三) 生态工程和生物工程的区别

生态工程与生物工程也存在明显不同，两者之间的对比见表 1-1。生物工程技术在狭义上是通过遗传结构的改变发展新的物种或品种，广义上还包括不改变基因的生物系统操纵。就设计思路而言，生物工程立足于操纵细胞的遗传结构，其目的在于产生能够执行某些功能的新菌株和有机体。但其在细胞微观层面上的操纵所带来的巨大成本和潜在问题不容忽视。生态工程不涉及在基因层面上的操纵，仅将物种与其非生物环境的组合视为一个能够在人类帮助下可以自我设计的系统，从而使之适应外部力量带来的变化。生态工程不会引进自然界以前没有认识过的新物种，除了对已知生物进行重新组合，不会产生重大的实验室开发成本。

表 1-1　生态工程与生物工程比较

特征	生态工程	生物工程
基本单位	生态系统	细胞
基本原则	生态学	遗传学、细胞生物学
控制	有机体	基因结构
设计	在人类的帮助下自我设计	人为设计
生物多样性	保护	改变
维护和开发成本	合理的	巨大的
能源基础	太阳能	化石燃料

环境生态工程通常以物种优化组合与适应、食物链重构等为主要手段设计出一个新的生态系统，使原先受污染的生态系统向一个未知的美丽自然系统转变。

新的生态系统自建立以后开始独立操纵物理和化学环境因子，使自身生态环境变得更加美好。环境生态工程将人类社会和生态系统视为一个整体，强调整体生态观，大自然完成了环境生态工程的主要工作，而环境生态工程师只参与其中，扮演生态选择的产生者以及环境与生态系统匹配的促进者等角色。环境生态工程师需要大量的物种和生态系统用以保护生物多样性，同时必须认识环境生态工程的价值，才能真正保护生态系统。例如，湿地环境生态工程除了作为鱼类和野生动物的栖息地外，还具有防洪和改善水质的非生物价值，只有认识到这些价值，湿地环境生态工程才能获得更广泛的接受。

环境生态工程不需要像其他工程一样依赖人类能源投入，生态系统直接或间接地依靠太阳能及太阳能产物维持运行。如果这个系统不能自我维持，就意味着自然和人类之间和谐共处的模式尚未出现。图 1-1(a)和(b)分别展示了不利用和利用环境生态工程两种情况下自然生态系统、人类生活与环境污染之间的关系。显而易见，在有环境生态工程时，自然与人类和谐共处，环境污染出现“零排放”，污染治理投入及能源消耗大大降低。

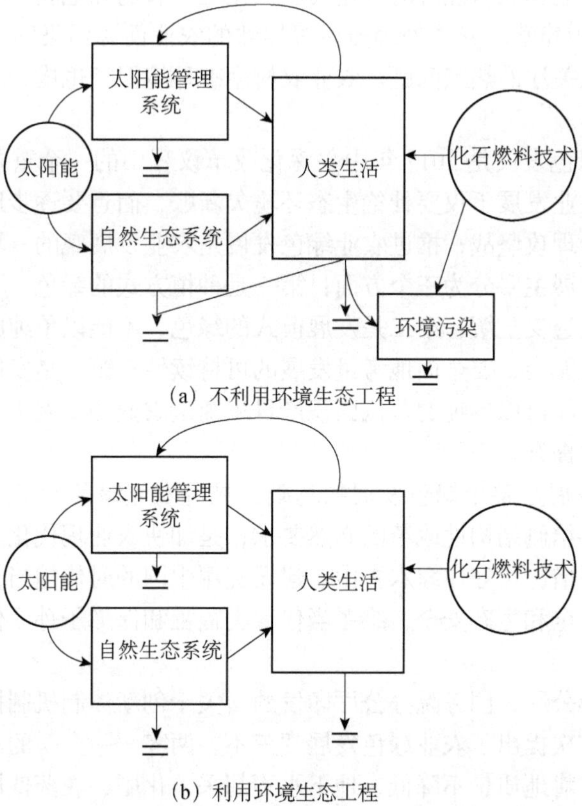

图 1-1　自然生态系统、人类生活与环境污染之间的关系

二、环境生态工程的建设意义

生态环境是自然环境重要的组成部分，是人类赖以生存和发展的基础。良好的生态环境、丰富的农业自然资源及其合理开发和利用，是保证社会经济持续、稳定、协调发展的必要条件。我国人均资源占有水平远远低于世界平均水平，资源的分布也不均衡，淡水、耕地和森林等资源人均占有量不到世界平均水平的1/3。人口基数大、增长速度快，农业后备资源不足，因此，在今后很长的一段时间内，人口、资源和环境的矛盾将困扰我国社会经济的发展。因此，重视经济建设与人口、资源和环境的关系，严格控制人口增长，大力提高人口质量，合理利用资源，坚持开发与节约并举，注重环境保护，加强污染治理，这不仅对促进我国可持续发展具有重要意义，而且对中华民族的生存发展也具有重大的战略意义。

（一）环境生态工程建设保障农业绿色发展

随着我国农业和农村经济的快速发展，化肥、农药和地膜等农用化学品的投入逐年增加，种/养殖废弃物处理滞后等导致的农业面源污染问题日益突出，并成为社会和公众关注的热点问题。农业农村生态环境保护也成为新时代生态环境保护的重要内容。

推进农业绿色发展是2017年中央深化改革议程中的一个重要议题，习近平总书记指出，农业发展不仅要杜绝生态环境欠新账，而且要逐步还旧账，要打好农业面源污染治理攻坚战；推进农业绿色发展是农业发展观的一场深刻革命。

农业绿色发展主要分为三个方面：第一是种植方式的绿色，不能对环境产生太多污染，不能透支土壤；第二是发展模式的绿色，不能以单纯的产量或价值来衡量农业的发展能力，要全面地考量发展的可持续性；第三是发展源头的绿色，对农业来说，不能再以单纯的单位面积产量来衡量农业的发展水平，应从创新的角度来进行技术提升。

农业绿色发展是整个绿色发展的基础，推进农业绿色发展是贯彻新发展理念、推进农业供给侧结构性改革的必然要求，是加快农业现代化、促进农业可持续发展的重大举措，是守住绿水青山、建设美丽中国的时代担当，对保障国家食物安全、资源安全和生态安全，维系当代人类福祉和保障子孙后代永续发展具有重大意义。

中共中央办公厅、国务院办公厅印发的《关于创新体制机制推进农业绿色发展的意见》中首次提出了农业绿色发展"三不、两零、一全"的总体目标，即耕地数量不减少、耕地质量不降低、地下水不超采，化肥、农药使用量零增长，秸秆、畜禽粪污、农膜全利用。同时从资源利用、产地环境、生态系统和绿色供给等方面，文件将总体目标细化为到2020年的具体目标和到2030年的远景目标。

环境生态工程旨在保护、改善和持续利用现有的生态资源，从而促进生态、经济和社会的协调发展。“十二五”以来，党中央、国务院高度重视农业资源保护和环境生态工程建设，不断加大投入力度，实施了高标准农田建设、旱作节水农业和退牧还草等一系列重大工程，取得了重要进展。《“十三五”生态环境保护规划》中指出要“打好农业面源污染治理攻坚战。优化调整农业结构和布局，推广资源节约型农业清洁生产技术，推动资源节约型、环境友好型、生态保育型农业发展。建设生态沟渠、污水净化塘、地表径流集蓄池等设施，净化农田排水及地表径流。实施环水有机农业行动计划。推进健康生态养殖。实行测土配方施肥。”这一系列举措说明环境生态工程建设是农业绿色发展的必然要求，也是推进农业绿色发展强有力的保障。

(二) 环境生态工程建设助推乡村振兴

乡村是具有自然、社会、经济特征的地域综合体，兼具生产、生活、生态和文化等多重功能，与城镇互促互进共同构成人类活动的主要空间。十九大以来，党中央提出实施“乡村振兴战略”，将乡村振兴战略作为新时代“三农”工作的总抓手，促进农业全面升级、农村全面进步、农民全面发展。2018年，党中央、国务院印发了《乡村振兴战略规划(2018—2022年)》，规划围绕“产业兴旺、生态宜居、乡风文明、治理有效、生活富裕”乡村振兴总要求，以建设生态宜居美丽乡村为导向，绘就一幅乡村振兴的新图景。

环境生态工程建设是乡村振兴的有力驱动器。乡村振兴是全方位、多角度、深层次的，不只是发展乡村经济，还须兼顾政治、社会、文化和生态文明等方面。要坚持节约资源和保护环境的基本国策，把生态文明建设融入乡村振兴的各个方面和全过程，加大生态环境保护力度，推动生态文明建设在重点突破中实现整体推进。要坚定不移地走技术密集、资源节约、环境友好的集约化道路，通过绿色化劳动推动自然资本增值，实现人与自然和谐发展。

乡村振兴必须大力发展生态友好型产业。乡村振兴，产业兴旺是重点，要谋划统筹好乡村发展布局，使农村土地、劳动力、资产和自然风光等要素活起来，确保生产空间集约高效、生活空间宜居适度、生态空间山清水秀。要把生态环境红线作为乡村产业准入的重要依据，凡不符合生态环境功能分区和布局要求、不符合生态环境标准要求的企业和项目一律不上；要把环境资源承载力作为乡村产业要素投入的基本保障，严格控制乡村产业水耗、能耗、地耗，严格控制排污总量，把节约、减排、生态作为乡村经济提质增效的重要途径；要把生态环境成本作为衡量乡村产业真实效益的重要指标，绝不以牺牲生态环境换取暂时的、虚假的经济效益。

乡村振兴必须注重环境生态工程建设因地制宜、循序渐进、量力而行。要结合当地农村人居环境的总体要求，按照当地生态环境条件和经济社会发展水平，科学确定不同地区的具体目标、方法和标准，充分发挥乡村的自主性和创造性，防止生搬硬套。2021 年 4 月 30 日，习近平总书记在主持中共中央政治局第二十九次集体学习时强调："生态环境保护和经济发展是辩证统一、相辅相成的，建设生态文明、推动绿色低碳循环发展，不仅可以满足人民日益增长的优美生态环境需要，而且可以推动实现更高质量、更有效率、更加公平、更可持续、更为安全的发展，走出一条生产发展、生活富裕、生态良好的文明发展道路。"

乡村振兴必须要注重环境生态工程建设统筹规划、分步实施。按照农村人居环境治理的阶段性规律，重点抓好农村饮用水水源保护、生活垃圾和生活污水处理、农村地区工业污染防治、规模化畜禽养殖污染防治和农作物秸秆综合利用等。要大力培育和推广乡村生态文明建设样板工程，如城乡垃圾"户集、村收、乡运、县处"一体化处理示范工程，粪污、秸秆等的无害化循环利用样板工程等。

环境生态工程建设和乡村振兴事关人民幸福。实施乡村振兴战略要切实提高对生态文明建设的认识，真正把生态文明思想引领摆在更加突出的位置，实现乡村振兴发展的生态经济化和经济生态化目标。

(三) 环境生态工程建设推动美丽中国建设

在人口压力不断加大的历史条件下，生态退化最终发展为农业社会的重要问题。当前，时代变化为逆转两千年以来的生态退化趋势带来了重大历史机遇。改革开放到今天，我国工业化、城市化已进入中后期，新型工业化、城镇化和农业现代化已逐步取代传统农业社会的经济增长模式；人类活动正向城市等局部地区集中；人民生活水平持续提高，广大群众对优美环境的需求日益迫切，生态文明理念深入人心。伴随"美丽中国"生态文明建设的深入推进，我国生态环境形势将迎来历史性转折。

国家发展和改革委员会、自然资源部联合印发的《全国重要生态系统保护和修复重大工程总体规划(2021—2035 年)》正在改变以往的环境生态工程布局模式，标志着我国环境生态工程建设已由局部区域、专项工程建设进入全方位、全过程工程体系建设的新阶段。实施重大环境生态工程是加速国家生态保护与恢复，推进"美丽中国"生态文明建设的重要举措。重大生态保护和修复工程对于遏制生态退化趋势，提高生态系统质量和稳定性，保护生物多样性具有不可替代的作用。

新时期的重大环境生态工程建设必须从以单一类型生态系统修复为主，转变为符合生态系统自然演替规律和内在机理的综合性治理，在统筹考虑生态系统完整性、地理要素的关联性和经济社会发展可持续性的基础上，系统布局山上山下、地上地下以及流域上中下游的生态系统保护和修复工作，彻底改变治山、治水、护田各自为战，生态保护和修复工作中条块分割、碎片化等问题，全面提高生态工程的治理效率。

目前，我国重点生态功能区的生态退化趋势已基本遏制，重点区域的生态环境问题仍然凸显。新时期的重大环境生态工程建设，以保障国家生态安全和建设“美丽中国”为目标，聚焦优化国家生态安全屏障体系，同时贯彻落实主体功能区、京津冀协同发展、长江经济带发展、粤港澳大湾区建设、长江三角洲区域一体化发展、黄河流域生态保护和高质量发展等国家重大战略，强化黄河流域、长江流域和海岸带的生态保护和修复，为“美丽中国”建设提供生态支撑。

我国的环境生态工程建设主要依赖国家投入，目前，多元化的投入机制尚未形成。新时期的重大环境生态工程建设需要从以国家投入为主的模式转变为政府主导、社会参与模式，在进一步明确各级政府支出责任、切实加大资金投入力度的同时，建立健全自然资源产权管理、用途管制、空间规划和生态补偿等制度，鼓励各地统筹多层级、多领域资金，吸引社会资本积极参与重大工程建设和管理，探索重大生态工程市场化建设、运营和管理的有效模式。

《全国重要生态系统保护和修复重大工程总体规划(2021—2035 年)》明确了重大工程建设的主要思路、47 项重点工程和重要目标。重大环境生态工程建设是一项整体性、系统性、复杂性、长期性的工作，只有强化党的领导，不断完善体制机制和执法监督体系，凝聚多方力量，持之以恒，久久为功，才能逐步发挥实际成效，推动“美丽中国”目标早日实现。

(四) 环境生态工程建设支撑“双碳”目标

随着世界各国工业化和城市化步伐的不断加快，碳排放将急剧增加，这势必加速全球气候变暖，威胁人类社会的可持续发展。作为抗击气候变暖的强有力行动，“碳中和”是指在规定时期内，人为 CO_2 移除量在全球范围抵消人为 CO_2 排放量时，可实现 CO_2 净零排放，对于人类未来意义重大。联合国政府间气候变化专门委员会(IPCC)发布的《全球升温 1.5℃特别报告》指出，实现 1.5℃温控目标有望避免气候变化给人类社会和自然生态系统造成的不可逆转的负面影响，而这需要各国共同努力在 2030 年实现全球净人为 CO_2 排放量比 2010 年减少约 45%，至 2050 年左右达到 CO_2 净零排放，即碳中和。为积极应对气候变化、坚定不移推动绿色低碳发展，中央经济工作会议将“做好碳达峰、碳中和工作”作为 2021 年的重点任务之一。

碳排放和其他污染物排放具有同源性，环境生态工程建设可在提升地区生态环境质量的同时，使碳排放强度出现大幅度降低。一些地区的实践证明了这一点，如重庆市在2015～2019年开展环境生态工程建设，在实现生态环境质量改善的同时，碳排放强度累计下降率超过17.9%。因此，为如期实现我国碳中和目标任务，必须紧紧依靠环境生态工程技术，大力发挥其对污染物与碳排放的协同控制优势，同时坚持加大减排力度和发展负排放技术“两手抓”。例如，通过深化“无废城市”等环境生态工程建设试点，实现固体废弃物的循环利用，建立健全城市清洁发展机制；运用环境生态工程学理论打造农村资源生态循环利用模式，提升畜禽粪便、秸秆综合利用率，同步推进化肥农药减量，减少农村农业碳排放。

总而言之，为了实现“提升生态系统碳汇能力”新部署，需要贯彻“山水林田湖草是生命共同体”的理念，积极开展环境生态工程建设，开展国土绿化行动，开展受污染耕地修复治理，加强生态保护红线监管，稳定提升生态系统质量和稳定性；调整优化农牧业生产结构，构建生产标准化体系，加快推进农牧结合，进而综合提升系统及产业碳捕集、利用与封存应用能力。我们应该充分认识到：做好环境生态工程建设工作是实现碳中和的内在需要、加快改善环境质量的重要手段。要充分发挥碳中和的引导和倒逼作用，走上碳汇吸收和碳移除等关键道路，顺利实现减污降碳的双赢局面，促进经济社会全面绿色转型。

(五) 环境生态工程建设促进可持续发展

传统经济模式不仅没有解决全球发展问题，反而使人类赖以生存的基础——地球生物圈越来越脆弱，如何摆脱这种失衡的经济增长模式，寻求一种新的发展模式，已成为世界各国关注的焦点。针对过去以损害生态环境为代价的生产方式所导致的能源、资源消耗，联合国环境发展委员会早在20世纪80年代在其报告《从一个地球到一个世界——世界环境与发展委员会的总看法》中，提出了经济社会的可持续发展战略，当前可持续发展思想已成为世界经济潮流。这一战略思想要求，协调经济增长、资源、环境、人口的关系，协调资源、价格、市场、计划、环境质量的关系，实现经济发展、技术进步、生态环境平衡之间的良性循环。

可持续发展可概括为：持续、稳定、适度、协调。持续发展是指在一定国际、国内经济环境与资源生态环境下，在一个时间序列演替中，经济保持进展演替状态。稳定发展是指国民经济主要经济、社会和生产指标，人均指标的增长速度的平均相对变动率在10%以下，没有大涨大落。适度发展是指经济在生产全过程中，各要素的量、质关系在相互适应、促进中发展，即进展速度与社会、经济、技术、资源和生态等相适应匹配。协调发展是指经济在生产结构要素之间，以及结构与功能之间，在非平衡稳态中实现环境资源、技术、生产、需求、人口之间的良性循环。

满足人类需求是可持续发展的总体目标，它由基本需求、发展需求和生态环境需求三个部分构成。基本需求包括衣食住行等物质需求，文化、教育和娱乐等精神需求，以及人口控制、环境意识培训等。发展需求包括物质资源需求、精神产品需求、生态资源开发更新目标、人口再生产指标、经济指标和社会指标等。生态环境需求包括环境污染防治、生态破坏恢复和自然景观生态保护等。

可持续发展是人类社会、经济持续发展的基础，没有农业、工业环境的持续发展，就不可能有人类社会、经济的持续发展。

各国的国情不同，对经济的发展有不同的要求，但共同点都是要求合理开发利用资源和保护环境，促使经济社会可持续发展。1991 年联合国粮食及农业组织在荷兰召开的“持续农业和农村发展”大会上，世界各国达成比较一致的看法，在共同发表的《登博斯宣言》中明确指出，持续农业是采取某种适用的维护自然资源的基础方式，以及实行技术变革和机制变革，以确保当代人类及其后代对农产品需求得到满足，这种可持续的发展维护了土地、水、动植物的遗传资源，是一种环境不退化、技术上应用适当、经济上能生存下去以及社会能够接受的农业。

近半个世纪以来，世界各地为解决环境污染问题已经投入了大量资金，但至今仍然缺少有效的解决方案。有限的资源、不断增加的人口以及能源危机迫使我们在污染和零污染这两个极端之间寻找一种平衡，既不能也不应该肆意污染环境，又不能转瞬完成污染零排放的目标，而环境生态工程强调对有限资源——自然生态系统和人类生活生产系统进行统筹优化，使两者都受益，可以为解决污染和能源危机提供更多的途径。

我们在环境生态工程方面的技术经验和理论认知还相当有限，尽管越来越多的环境生态工程实例给了我们很大希望，但是在未来的环境污染控制和环境管理规划中仍需要更多地结合生态学理论以及计算机技术，进一步推动环境生态工程的不断进步。未来使用环境生态工程解决复杂生态环境问题是必然的，但如何正确使用环境生态工程还面临着诸多挑战。生态学家往往不理解生态学技术应用的必要性，而环境工程师在环境技术发展和环境管理规划时常常没考虑到生态系统的需求和价值。因此，我们迫切需要一套生态学与环境工程相融合的环境生态工程课程教育体系。

我们期望本书中关于环境生态工程起源、概念特征、建设目的和意义，生态学、工程学、经济学基本原理，工程设计原则与管理，工程建模，生态监测评估，工程监理及经济评价等方面的知识介绍；农业、工业、流域等环境生态工程类型的分类讲解；环境工程建设规范标准、工程招投标等方面的实例分析，能成为环境生态工程发展的催化剂，唤起学术界、政府和社会各界更加重视以“大自然伙伴的角色”来寻找解决复杂环境污染问题的新方法。

思考与练习

1. 环境生态工程的概念及特征是什么？
2. 生态工程与传统环境工程、生物工程的区别是什么？
3. 环境生态工程建设的目的是什么？
4. 环境生态工程建设的意义有哪些？

第二章　环境生态工程基本原理

第一节　环境生态工程的生态学原理

环境生态工程以生态学为理论基础。生态学是一门研究环境与生物、生物与生物之间相互关系的学科，重点研究生物与环境之间、人类与环境之间的相互关系，特别是有关不同组成成分之间的物流、能流、信息流及价值流关系的一门学科。

生态系统是生态学研究中重点关注的内容。英国植物群落学家坦斯利(Tanstey)认为有机体不能与它们的环境分开，它们与特殊环境形成一个自然生态系统，这些生态系统在地球表面有多种多样的种类和大小。美国著名的生态学家奥德姆(Odum)认为：生态系统是指生物群落与生存环境之间，以及生物群落内生物之间密切联系、相互作用、通过物质交换、能量转化和信息传递，成为占据一定空间、具有一定结构、执行一定功能的动态平衡体。生态系统概念的提出为研究环境与生物的关系提供了新的观点和基础。

一、生态系统基本组成与结构特征

生态系统的基本组成部分可以分为两大类：环境组分与生物组分。环境组分提供生态系统所需要的物质和能量，如太阳辐射、大气、水、CO_2、土壤及各种矿物。生物组分可以分为生产者、消费者和分解者。

生产者主要是绿色植物，包括一些光合菌类，组成生态系统中的自养成分，它们能进行光合作用，把大气中的 CO_2 和水合成有机物质，把太阳光能转变成化学潜能。它为生态系统中一切生物提供了赖以生存的能量，其生产力的大小决定了生态系统初级生产力的大小。

消费者主要由各类动物组成，它是以初级生产者的产物为食物的大型异养生物。它们不能利用太阳能生产有机物，只能从植物所制造的现成有机物质中获得营养和能量，将初级生产转变为次级生产，因此，它也是生态系统中生产力十分重要的构成因素。

分解者主要是细菌、真菌、一些以腐生生活为主的原生动物及其他小型有机体，它们把有机成分中的元素和储备的能量通过分解作用又释放到无机环境中，供生产者再利用。

由于生态系统是生物与环境相互作用形成的综合体，因此，它存在着各种各样的形态，并且随着时间与空间的变化发生着改变。地球作为太阳系中唯一已知的具有生命有机体的星球，其最大的生态系统就是生物圈。生物圈包括了大气圈与水圈，是地球上全部生物及其生活领域的总和。通常根据生态系统的形态特征、地理位置、功能目标及人们的研究需要进行分类。例如，按照人工干扰的程度可分为：自然生态系统(森林、草原、沙漠和湿地等)、农业生态系统(农田、牧场、鱼塘及人工设施)与人工生态系统(城镇、工矿和温室设施)。

自然界的生态系统多种多样，其结构与功能也不尽相同。生态系统的结构主要是指构成生态系统的诸要素及其在时间、空间上的分布状况，包括生态系统内物质和能量流动的途径，主要包括物种结构、时空结构和营养结构。

一般的物种结构是指生态系统中的不同物种、类型、品种以及它们之间不同的量比关系所构成的系统结构。时空结构是指生物各个种群在空间和时间上的不同配置构成的生态系统在形态结构上的特点，表现在水平分布上的镶嵌性、垂直分布上的成层性、时间发展的演替性。营养结构是指生态系统中生物与生物之间，生产者、消费者和分解者之间以食物营养为纽带所形成的食物链和食物网。

生态系统具有一般系统所具有的共同性质，但又与其他系统不同。生态系统具有如下特征。

(1) 组织成分。它由有生命的和无生命的两种成分组成，不仅包括植物、动物、微生物，还包括无机环境中作用于生物物质的物理化学成分，只有在有生命存在的情况下，才能有生态系统的存在，这是最本质和最根本的一点。

(2) 生态系统通常与特定的空间联系，因而具有一定的自然地理特点和一定的空间结构特点。

(3) 生物的发展规律。生物具有生长、发育、繁殖和衰亡的特性，因而生态系统也可以区分出幼年期、成长期和成熟期等阶段，表现出明显的时间变化特征，有着自身的发展演化规律。

(4) 生物的营养和功能。生态系统具有代谢作用，其活动方式是通过生产者、大型消费者和小型消费者这三大功能类种群参与的物质循环和能量转化过程完成的。

(5) 具有复杂的动态平衡特征。生态系统中的生物存在着种内与种间的关系、生物与环境的关系，这些关系在不断地发展变化，以维持其相对平衡。这种平衡处在不断变化之中，存在着正反馈与负反馈的作用。任何自然力或人类活动干扰，都会对系统的某一环节或环境因子造成影响，甚至导致生态系统的崩溃，影响系统的生态平衡。

二、生态系统能量流动与物质循环

生态系统结构的合理性应有以下几个标志。

(1) 合理的生态系统结构应能充分发挥和利用自然资源和社会资源的优势，消除不利影响。

(2) 合理的生态系统结构必须能维持生态平衡。这体现为输入与输出的平衡，农林牧副渔的比例合理适当，保持生态系统结构的平衡，生态系统中的生物种群比例合理、配置得当。

(3) 合理的多样性和稳定性。一般来说，如环境生态系统及农业生态系统是组成成分多，生物及作物种群结构复杂，能量转化、物质循环途径多的生态系统结构，它们抵御自然灾害的能力强，环境系统比较稳定。

(4) 合理的生态系统结构应能保证获得高的系统产量和优质多样的产品，以满足人类的需要。要建立合理的农业生态系统结构就必须从四个方面入手：①建立合理的平面结构；②建立合理的垂直结构；③建立合理的时间结构；④建立合理的营养结构。

生态系统的食物链结构是生物在长期演化过程中形成的，如果在食物链中增加新环节或扩大已有环节，使食物链中各种生物更充分地、多层次地利用自然资源：一方面使有害生物得到抑制，可增加系统的稳定性；另一方面使原来不能利用的产品再转化，可增加系统的生产量。通常利用食物链的方式有两种：食物链加环和产品链加环。在食物链上加的环可以分为生产加环、增益环、减耗环和复合环。在产品链上加的环是指产品加工环，严格地说，产品加工环不属于食物链范畴，但与系统关系密切，它能直接决定该系统的功能。

生态系统能量流动遵循热力学第一定律和第二定律。热力学第一定律，即能量守恒定律，其基本内容是：在任何过程中，能量既不能被创造，又不能被消灭，只能以严格的当量比例，由一种形式转化为另一种形式，可用 $\Delta E=Q-W$ 来表达。即系统中能量增加量(ΔE)恒等于系统所得的总能量(Q)减去系统对外做功时所消耗的能量(W)。一个系统发生变化，环境的能量也同时发生相应的变化。系统能量增加，环境能量就减少，反之亦然。当日光进入生态系统后，一部分转变为化学潜能储存在有机体中，另一部分用于生命代谢活动散逸于环境中，但不会消灭。热力学第二定律，即能量传递方向和转换效率的规律，其基本内容是：在一个封闭系统内能量的传递和转化过程中，除了一部分可以继续传递和作为做功的能量(自由能)外，总有一部分不能传递和做功，而以热的形式消散，使熵的无序性增加，因此任何能量都不能百分之百地转化为化学潜能，能量消耗的不可逆性，决定了能量流动的单向性。

能量的流动是生态系统存在、演化与发展的动力，一切的生命活动都依赖于生物与环境之间的能量流通和转换。生物与生物、生物与环境之间不断进行物质循环和能量转化的过程，不但使生物得以维持生存、繁衍与发展，也使得生态系统保持平衡与稳定。生态系统中的物质循环与能量流动是生态系统的基本功能。研究和应用物质循环与能量流动的规律，是发展生产、保持与改善生态环境的根本。

在生态系统中，能量流动主要是从初级生产者向次级生产者流动。能量的流动渠道主要通过“食物链”与“食物网”来实现。在目前的生态系统中，能量流动的主要渠道通常有以下三种形式。

(1) 捕食食物链。从植物到草食动物再到肉食动物所有捕食关系构成的链条，如稻田中的“青草—昆虫—青蛙—蛇—人”。

(2) 寄生食物链。由大有机体到小有机体进行能量的流动，如“人体—蛔虫”“哺乳动物—跳蚤”。

(3) 腐生食物链。由利用尸体的微生物组成，并通过腐烂分解，将有机体还原成无机物的食物链。

在生态系统中食物链不是唯一的，由于某一消费者不只取食一种食物(或生物)，每种食物(或生物)也被许多生物所食，因此形成相互交错、彼此联系的网状结构，故称食物网。

能量从一个营养级(如水稻、杂草)到另一个营养级(如昆虫、老鼠)流动的过程中，有一部分被固定下来形成有机物的化学潜能，而另一部分通过多种途径被消耗，直到最后耗尽为止，平均每个营养级的能量转化效率为10%，这就是著名的“十分之一定律”。因此，营养级由低级到高级，依据个体数目、生物量与能量的分布，形成了底宽而顶尖的金字塔形，称为生态金字塔或能量金字塔，即顺着营养级位序列(食物链)向上，能量急剧递减。在每个营养级中将所含有的生物量或活组织连接起来，随着营养级的增加，其生物量随之减少，形成生物量金字塔，这种金字塔在陆地生态系统和浅水生态系统中最为明显。

生物为了自身的生长、发育和繁殖必须从周围环境中吸收各种营养物质和能量。就生物所需要的物质来讲，主要有氮、氢、氧、碳等构成有机体的元素，还有钙、镁、磷、钾、钠、硫等大量元素以及铜、锌、锰、硼、钼、钴、铁、氟、碘等微量元素，生物及其他生产者从土壤中吸收水分和矿物质营养，从空气中吸收 CO_2 并利用光能制造各种有机物，并随着食物链或食物网使这些物质从一种生物体转移到另一种生物体中。在转移进程中未被利用及损失的物质又返回环境重新为植物所利用。

一般把各种化学元素从环境到生物体，再从生物体到环境以及生态系统之间进行流动和转化的运动，称为物质的生物地球化学循环，或简称为“环”。在循环过程中物质被暂时固定、储存的场所，称为物质储存的“库”。而物质和能量以一定的数量由一个库转移到另一个库中，这个过程叫作“流”，即所谓的物质流和能量流。

目前在生态系统中物质的循环基本上以三种类型为主，即水循环、气循环和沉积循环。

(1) 水循环。由于大多数的营养物质多溶于水或随水移动，其主要的循环储存库为水体或土壤水分库。

(2) 气循环。以 O_2、N_2、CO_2 以及其他气体和水蒸气为主，循环完全，范围广，储存库是大气。交换库主要是有生命的动植物，如碳循环、氮循环。

(3) 沉积循环。生物需要的多数矿物元素都参与这种循环，其循环不完全，储存库是土壤岩石，交换库多为水与陆地动植物。

在生态系统物质循环过程中，污染物的生物富集作用是一个重要方面。农业生产中大量使用外源物质(如各种杀虫剂、杀菌剂、除草剂和化肥等)，使得大气、水体和土壤遭受(废水、废气和废渣)污染。污染物质进入农业生态系统被植物吸收后，会沿着食物链中的各个营养级与环节陆续传递，在传递过程中有害物质会逐渐积累浓缩。

三、生态系统层次性原理

生态系统是有层次的，宏观上其层次结构包括横向层次和纵向层次。横向层次具有系统的水平分异特性，是指同水平上的不同组成部分；纵向层次有着系统的垂直分异特性，是指不同水平上的组成部分。生态位是生态学研究中广泛使用的名称，通常是指生物种群所占据的基本生活单位。对于生物个体及其种群来说，生态位是指其生存所必需的或可被其利用的各种生态因子或关系的集合。每一种生物在多维的生态空间中都有其理想的生态位，而每一种环境因素都给生物提供了现实的生态位。这种理想生态位与现实生态位之差，一方面迫使生物去寻求、占领和竞争良好的生态位；另一方面也迫使生物不断地适应环境，调节自己的理想生态位，并通过自然选择，实现生物与环境的世代平衡。因此，在环境生态工程的构建中，生物的利用构成中要考虑其环境生态位的特点，特别是在半人工或人工的生态系统中，人为的干扰控制使其物种呈现单一性，从而产生了较多的空白生态位。在环境生态工程设计及技术应用中，如果能合理运用生态位原理，把适宜系统环境、具有经济与环境处理及美化价值的物种引入系统中，填充空白的生态位就可能阻止环境污染物的输入以及病虫、有害生物的侵袭，那么就可以形成一个具有多样化物种、种群稳定的生态系统，从而保持环境中的生物与水体、土壤环境的稳定平衡。

生态位是生态系统的层次结构在小尺度上的体现。在生态系统中，各种生态因子都具有明显的变化梯度，这种变化梯度中某种生物能够占据利用或适应的部分称为其生态位。例如，一片荒山在定植乔木树种以后，树冠中的隐蔽条件和食叶昆虫等就给鸟类提供了适宜的生态位，林冠下的弱光照、高湿度给喜阴生物提供了适宜的生态位，枯落物堆积又给动物(蚯蚓、辐虫等)提供了适宜的生态位。通常情况下，同种环境中物种的生态位是保守的、相对恒定的，通过生物生态位的进化相对较小。在特定的生态区域内，自然资源是相对恒定的，如何通过生物种群匹配，利用生物对环境的影响，使有限资源合理利用，增加转化固定效率，减少资源浪费，是提高人工生态系统效益的关键。例如，乔、灌、草结合，实际就是按照不同植物种群地上、地下部分的分层布局，充分利用多层次空间生态位，使有限的光、气、热、水和肥等资源得到合理利用，最大限度地减少资源浪费，增加生物产量、发挥防护效益的有效工程措施。果-菇工程，就是利用果园中地面弱光明、高湿度、低风速的生态位，接种适宜的“食用菌”种群，并加入栽培食用菌的基料(菌糠)，由此，在释放出 CO_2 及果树所需的养料的同时又给果树提供适宜的生态位。我国太行山低山丘陵地区利用疏林环境，进行了多次围栏养鸡试验，每亩[①]林地养鸡 450 只，使养鸡饲料用量比对照降低 20%～30%。同时，林地昆虫种群密度明显下降，养鸡产生的鸡粪提高了土壤肥力，使植被覆盖率明显增加。

层次结构理论认为，组成客观世界的每个层次都有其特定的结构和功能，形成自己的特征，都可以作为一个研究对象和单元。对任何一个层次的研究和发现都可以有助于对另一个层次的研究与认识，但对任一层次的研究和认识都不能代替对另一个层次的研究和认识。因此，层次结构理论为我们对自然界进行综合性研究和人工模拟，提供了有用的指导原则。注意事物的层次性和一件事物在整个层次结构中的位置及其与其他事物的联系，才可能取得对问题的更全面的认识。在环境生态工程设计、调控过程中，合理运用生态系统的层次性原理，使各种生物之间巧妙配合，构成一个具有多样化种群的稳定而高效的生态系统，才能充分发挥系统内各物种在处理环境问题中的作用。

四、生物多样性原理

在自然生态系统中，由生产者、消费者和分解者所构成的食物链，从生态学原理看，既是一条能量转化链、物质传递链，也是一条价值增值链。绿色植物被草食动物所食，草食动物被肉食动物吃掉，植物和动物残体又可为小动物和低等动物分解，以这种吃与被吃形成了食物链关系。但是食物链并非一种单一的、简单的关系，如水稻—蝗虫—鸟类，而是形成了一张复杂的食物网。

林德曼著名的“十分之一定律”说明，能量从一个营养级向下一个营养级转

① 1 亩≈666.67 m^2。

化的比率只有十分之一，因此自然界很少有长达 4 个营养级以上的食物链。在人工生态系统与环境生态工程中，这条食物链进一步缩减，缩减了的食物链不利于能量的有效转化和物质的有效利用，同时还降低了生态系统的稳定性，加重环境污染。因此，根据生态系统的食物链原理，在生态系统中，可以将各营养级因食物选择而废弃的生物物质和作为粪便排泄的生物物质，通过加环由相应的生物进行转化，延长食物链的长度，并提高生物能的利用率。例如，在经济树林中养殖土鸡、鸡粪喂猪、猪粪制造沼气，沼渣肥田、稻田养鱼、鱼吃害虫，保障水稻丰产，从而形成了一种遵从以人为中心的网络状食物链的种养方式，其资源利用效率、经济效益与环境效益要比单一方式大得多。

生物种类繁多且食物链网络纵横交织的复杂生态系统是最稳定的。当外部环境发生变化时，生态系统通过多种自我调控机制，如食物链、生物间相互关系、物种的多样性和耐受性等，实现其自组织功能，使各生物种群密度与群体增长率间尽可能保持一种平衡关系，并最大限度地减轻(或强化)这种变化带来的影响，这也是一个成功的环境生态工程应具有的一大特征。

在自然生态系统中，不同的食物链借助一些节点相互交织在一起形成复杂的食物网，也正是这种食物链关系使得生态系统中各物种维持着动态平衡。按照食物链原理，用人工食物链和环节取代自然食物链和环节，或通过加环与相应的生物进行转化延长食物链的长度，可以大大提高生态系统的效益，也可以使被破坏的环境回归到健康的食物链状态，这也是环境生态工程的出发点之一。

提升物种多样性会大大提高生态系统对任何外来干扰和压力的自我调节、自我修复和自我延续的能力。如果一个生态系统的生物种类相对不多，构成要素较少，结构比较简单，则会导致该系统自我调节、自我修复的功能低而且不稳定，抵御自然灾害的能力弱，系统生产力受自然因素的影响也比较大。农田生态系统的生态特征就是一个典型的例子。因此，农田生态系统更容易按人的意志管理和控制。人类对农田生态系统的改造和调控要比对森林、草原和海洋等自然生态系统来得简易和有效。也就是说，系统的不稳定程度与人为控制的简易程度取得了统一。我们的祖先种植作物时就强调“种谷必杂五种，以备灾害”，这是生物多样性在农业生产上应用的最早范例。又如，最近十几年胶东半岛和辽东半岛松干蚧活动猖獗，严重时可以引起油松林和赤松林大面积死亡。而在同地带天然针阔叶混交林中松树却生长旺盛。这是因为在针阔叶混交林中，阔叶树可以为松干蚧的天敌——异色瓢虫、蒙古光瓢虫、捕虫花蝽等提供补充食物和隐蔽的场所，又可隔断害虫传播，其抗性远高于纯林。由此可见，丰富物种多样性对提升生态工程处理环境问题的效益和维持生态系统的稳定性至关重要。

每种生物均有生态需求上的最大量和最小量，即生物对环境因子的耐受性有上限和下限，两量之间的幅度，为该种生物的耐性限度。由于环境因子的相互补偿作用，一个种的耐性限度是变动的，当一个环境因子处于适宜范围时，物种对其他因子的耐性限度将增大，反之，则会下降。例如，热带兰在低温时，可以在强光下生长，而在高温环境时，其仅能在阴暗的光照下生存，此时，强光对其具有破坏作用。物种的繁殖阶段是一个敏感期，总体的耐性限度较小。许多海洋动物可以在咸水中生活，但繁殖时必须回到淡水环境。在生物界，耐性范围广阔的生物，其分布通常会很广；耐性范围狭窄的生物，其分布范围相对较窄。在环境生态工程中进行生物设计时，通常考虑选择生态适应性宽的生物，从而尽可能提高所涉生态系统的自组织功能，以达到生物防治的效果。

美国亚利桑那州凯巴布高原“鹿与狼的故事”是没有考虑时间尺度而导致的生态系统失稳的经典实例(Mitsch and Jorgensen，1989)。1918 年约有 4000 只鹿生活在该高原，这一数量低于该地区的承载能力(约 3 万只鹿)，但是由于鹿的天敌——狼等食肉动物被大量捕杀，鹿的数量在 1924～1925 年增加至 10 万只(超过其承载能力的 3 倍)。食物的严重缺乏，导致在之后两年内 6 万只鹿饿死，直到 1940 年该地区生态系统才基本稳定，约 1 万只鹿幸存在这一地区(图 2-1)。在生态系统中，竞争同一生态位的物种之间的多样性，与接近物种生存时间的环境因子周期性波动相关。当环境因子周期性波动频率接近生物更替时间时，生物多样性保持不变，但当其变化速度快一个数量级时，生物多样性则减少。

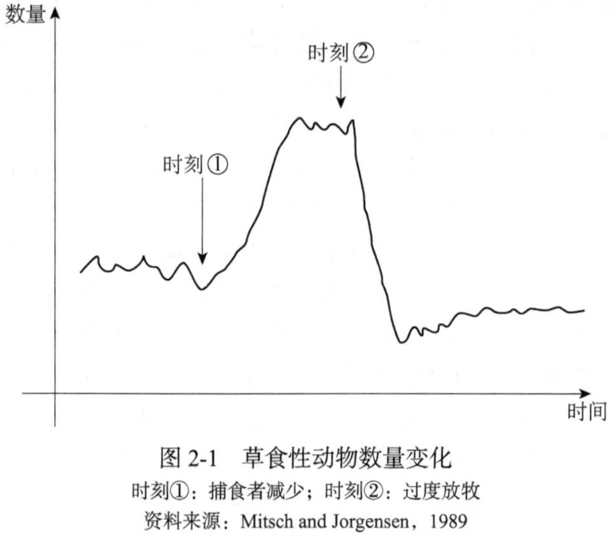

图 2-1　草食性动物数量变化

时刻①：捕食者减少；时刻②：过度放牧

资料来源：Mitsch and Jorgensen，1989

维持生态系统的空间格局对保护有价值的动植物物种同样至关重要。例如，森林能够保持土壤的湿度，树木被砍伐的地方，土壤就会因暴露在太阳的直接照射下而变干，有机物因此被大量分解。湿地可以降低水的运输速率，有利于有机物的形成。当湿地被排干后，土壤变干，有机质迅速分解，新有机质的生成速率显著降低。因此，大规模的林地开垦和湿地排干都将会加剧土地荒漠化进程。要克服这些问题，就需要对生态系统资源的空间形态进行管理。湿地消失带来的生态影响不会立即显现出来，而是会逐渐显现，直到湿地生态系统功能在景观尺度上丧失。处于地理边缘的生态系统通常最为脆弱，当使用环境生态工程操纵生态系统时，如果主要物种处于某个地理范围的中间位置，那么生态系统的稳定性可能得到增强。反之，如果大量物种处于地理范围的边缘地带，尤其是边缘地带存在稀有物种和濒危物种，那么环境生态工程将不适用于该生态系统。

五、限制性因子原理

一种生物的生存和繁衍，必须得到其生长和繁殖需要的各种基本物质，在稳定状态下，当某种基本物质的可利用量小于或接近所需的临界最小量时，该基本物质便成为限制因子，如光照、水分、温度、CO_2和矿质营养等均可成为限制因子。不同的物种及其不同的生活状态对基本物质和环境条件的需求不同。在基本物质、环境因子和生物生活状态的变化下(即不稳定状态下)，限制因子是可以变动的，如在水体富营养化进程中，氮、磷和CO_2等因子可以迅速地相互取代而成为限制因子。由于因子之间的相互作用，某些因子的不足，可以由其他因子来部分代替，其他因子充足时，也可以提高生物对限制因子的利用率，从而缓解其限制作用。例如，在锶丰富的区域，软体动物会利用锶代替一部分钙，作为壳体的组成。

同样地，有毒废物的倾泻也是生态系统的一个限制因子。纽约长岛海峡的南大湾为我们提供了一个“鸭与牡蛎”的事例。当地人们在沿着流入海湾的支流沿岸建造了许多养殖鸭场，使大面积的河水富营养化，导致浮游植物密度增加。由于海湾流动性差，营养物质很难流入大海，多半沉积下来。初级生产力的增加，本应带来好处，但事实并非如此，新增加的有机营养物和低氮磷比使生产者的类型完全改变，这个海区由硅藻、绿鞭毛藻和腰鞭藻组成的正常的混合浮游植物几乎完全被非常少见的微球藻属和裂丝藻属的绿鞭毛藻所取代，常年生长繁盛的著名蓝点厚牡蛎因不能食用新兴的藻类而逐渐消失，该水域中其他的贝类也渐渐减少。

限制因子原理应当包括最小因子定律和耐性定律，它们同时对生物起作用。限制因子是人们掌握生物与环境复杂关系的钥匙。若人们找到了某环境区域消纳污染物的限制因子或导致某环境问题的关键元素，也意味着找到了环境生态工程的关键性因子。

六、边缘效应原理

边缘效应即在两个或两个不同性质的生态系统交互作用处，由于某些生态因子或系统属性的差异，系统的种群密度、生产力和生物多样性等发生较大的变化。进行交互作用的相邻生态系统之间的过渡带即为生态交错带。水平方向上的水陆之间、沙漠与绿洲之间、森林与草原之间，垂直方向上的土地与大气之间，经济结构上的城市与农村之间、发达地区与不发达地区之间，都存在生态交错带，这也体现了生态交错带的强度、规模、方式与类型的多样性。

边缘效应通常以激烈的竞争开始，以和谐共生结束。因此，生态交错带通常是一交叉地带或种群竞争的紧张地带，其群落结构复杂，且群落成分多以镶嵌式分布。相邻生态系统之间相互作用的空间、时间及强度决定着生态交错带的特征。

相邻生态系统间的差异性使生态交错带起着流通通道的作用，能量、物质(尘埃、雪等)和有机体(花粉、小动物等)沿压力差方向移动，相邻差异越大，这种流动速度越快。因此生态交错带可以缓冲邻近生态系统带来的冲击。

沙漠生态绿洲的扩展就是生态交错带边缘效应原理的一个典型应用。人工构建的环境生态工程的发展既可减轻自然生态的压力，维护自然生态又可有效地保护人工生态。因此，环境生态工程设计中也应充分发挥生态交错带的优势，将人工生态与自然生态友好结合，使得二者间的资源利用起到互补增效的作用。

七、景观生态学原理

生态系统是环境生态工程的主体部分，因而环境生态工程的建设效果与环境因子的调控密切相关。目前的工程设计主流为功能派设计，即主要依据客户的要求建造工程。而环境生态工程则应把当地居民的需求与生态环境统一起来进行考虑，在解决环境问题的同时，又能满足居民的生产、生活等需要。

景观是由相互作用的斑块或生态系统组成的，并以相似的形式重复出现，具有空间分异性和生物多样性效应。景观生态学是研究景观单元的类型组成、空间配置及其与生态学过程相互作用的综合性学科，强调空间格局、生态学过程与尺度之间的相互作用。

美国景观生态学家福尔曼(Forman)和法国生态学家戈德伦(Godron)将景观生态学的基本原理总结为下述七点：①景观结构与功能原理；②生物多样性原理；③物种流动原理；④养分再分布原理；⑤能量流动原理；⑥景观变化原理；⑦景观稳定性原理。

环境服务、生物生产和文化支持是景观生态系统的三大基础功能。在环境生态工程的设计和建设过程中，在考虑其生态效益、社会效益、经济效益的同时，也需要考虑其景观效益，并借助景观的特征将该工程注入特定的文化内涵，使该工程既解决环境问题，又体现生态文明、生态文化的建设，从而达到品味生态的最终目标。

八、自然调控原理

环境生态工程技术调控通常是指通过对现有环境及生态系统中的某个环节或几个环节，进行扩大、缩小、置换、添加或功能变换以及对其所处的生态环境进行适当的改变，最终达到不断地提高环境生态工程整体生态与经济效益的目的。

生态系统的协调稳定既受到自然规律的支配，又受到社会经济规律的调节，因此环境生态工程的调控是自然调控与人工调控相结合的。

根据控制论观点，一切有生命与无生命的系统都是信息系统，一切有生命与无生命的系统都是反馈系统。反馈就是把系统运行中偏离目标的信息，传递给控制装置，并做出下一步决策，修正下一步的行动。任何一个自然过程都是一种自然转换过程，有转换性能的结构可以看作是一种转换器，对转换器性能进行调节的部件称为调节器；控制调节器的人和物称为调节者。对环境生态工程而言，植物、微生物是生态系统的转化器，转化的效率及成果则有赖于人类的调节，环境设施、水利设施、机械工具及作为劳动者的人一起构成了调节器。生产单位的管理人员是环境系统调节机制的控制者。生物物种本身的巧妙控制机制使其与外界条件相适应，环境系统中的转换器多是从生态系统中继承下来的，其转换性能不能完全按人的需要进行调控，但随着科学技术的发展，人类对生态系统与环境生态工程的调控将会越来越深入。

生态系统在其自然发展过程中，有趋于稳定的性能，即受到干扰后能维持稳定，恢复到原态的能力，这称为稳态调控。一般这种稳态调控有多种作用机制，从基因、酶、细胞、组织到个体、种群、群落都有着丰富的表现形式，稳态调控中最主要的环节就是内部的反馈机制，即系统的输出成分被回送，重新成为同一系统的输入成分，成为同一系统输入的控制信息。

正反馈使系统输出的变动在原变动方向上被加速反馈，如种群的增长，在正反馈机制作用下使种群数量迅速增加，远离原来的水平。

负反馈使系统输出的变动在原变化方向上减速或逆转，环境系统中种群的数量在负反馈机制的作用下减少，并使种群数量稳定在平衡点水平(k)，如图 2-2 所示。

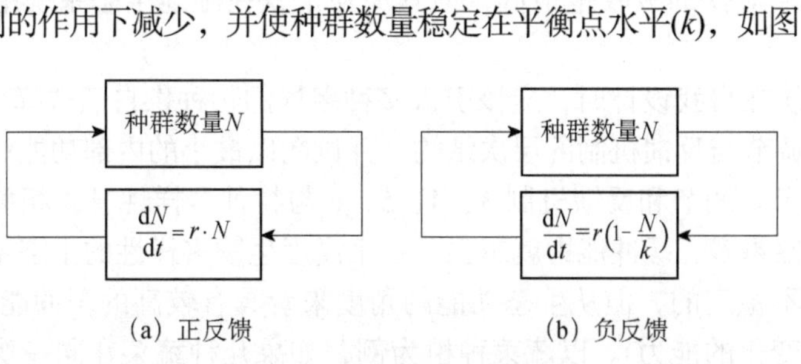

图 2-2　生态系统正负反馈

r 为内禀增长率；t 为时间

资料来源：杨京平和刘宗岸，2011

在现实系统中，种群数量的动态变化往往由正反馈与负反馈共同调节，一般来说在种群数量(*N*)较低的情况下，正反馈起主要作用；随着种群数量的增长，因为营养与空间的限制作用，负反馈的作用越来越大，使种群数量迅速稳定接近环境容量，从而达到与环境的相对稳定与平衡。

外部函数的改变会引起生态系统状态变量的剧烈变化，生态系统的非生物和生物结构最终由系统的外部函数(包括温度、营养盐输入等)决定。以水体富营养化过程为例，氮、磷大量输入会在一定程度上改变水体营养盐比例构成，进而影响水体营养结构和生物群落结构，而氮磷之间的耦合作用也制约着生态系统的主要过程并受环境及水生生物调节。苕溪是太湖流域以农业面源污染为主的重要入湖河流，其水环境问题日益突出。苕溪入湖区总氮(TN)浓度均值达 3.1 mg/L，总磷(TP)浓度则高达 0.3 mg/L，藻类生长不受氮磷营养盐限制，同时河水水动力学条件发生急剧的变化，水流速度逐渐下降，水体交换能力减弱，因此苕溪入湖区域水体在适宜的气候条件下暴发蓝藻水华的风险非常高。

生态系统的反馈调节机制赋予了其适应和自我设计的能力，并尽可能地减小了生态系统功能的变化。通常，这种自我设计的能力可以有效解决污染问题。①土壤有机污染物修复问题。有毒废物污染土壤的问题在一些工业发达国家局部地区表现得十分严重。被污染的土壤虽然可以转移到另一个危害较小的地方，但从生态角度来看，这是一种昂贵且存在二次污染风险的解决方案。此时，可以利用环境生态工程技术来解决这一问题。如果有毒物质是有机物，如二甲苯，那么在许多情况下能找到可降解这种有毒物质的微生物进行净化。②土壤重金属修复问题。植物可以吸收土壤中的重金属，甚至在吸收完毕后通过燃烧能够回收金属资源。例如，大戟科植物[续随子(*Euphorbia lathyris*)和乳浆大戟(*Euphorbia esula*)]含有大约 37%的碳氢化合物，将其应用于环境生态工程每年每公顷可获得相当于 5000 L 的碳氢化合物燃料，去除土壤 10 kg 以上的铅、镉等有毒重金属；在利用香蒲控制煤矿酸性排水的湿地环境生态工程中，人们发现虽然香蒲每年对铁的吸收量很低，但其加强了铁在湿地生态系统中的沉淀和稳定过程。

生态系统在自我设计时，应该引入多种多样的物种供自然选择。表 2-1 描述了生态系统调节与反馈机制的层次结构，并试图以最小的内部功能调整来满足外部因素的要求。调节和反馈机制 3、4、5、6 与物种多样性息息相关。生态系统拥有的可能性越多，缓冲能力就越强。一个高度生物多样性的生态系统在种群动态意义上是不稳定的，但从生态功能的角度来看具有较高的缓冲能力(即缓解外部函数剧烈变化的能力)。以蔬菜种植为例，如果几种蔬菜在同一块地里种植，每一种蔬菜就不容易受到害虫的攻击，洋葱和豆类一起种植后，受害虫攻击的比例与单独作物种植相比可以减少 50%以上。

表 2-1　生态系统调节与反馈机制的层次结构

序号	调节与反馈机制
1	调节速率，如藻类对养分的吸收
2	速率的反馈调节，如藻类的养分浓度高，吸收速率就会减慢
3	适应过程，如营养素摄取速率对温度的依赖性
4	物种对新环境的适应，如昆虫对滴滴涕(DDT)的适应
5	物种组成的改变，能适应新环境的物种将更具优势
6	显著的物种组成变化，将导致生态系统结构的变化
7	可供选择的遗传库的变化

相比于恒定模式的生态系统，脉动模式的生态系统通常具有更高的生物活性和化学循环能力，因而具有更高的生产力。例如，具有脉动干湿交替的水田湿地系统生产力最高。

生态系统能够应对与大自然本身组成部分有关的问题，但在应对人造的化学物质(如对硫磷和对硝基酚等有机农药)方面往往有困难，此时在环境生态工程实施时需要添加能降解有机农药的菌株，帮助生态系统完成物质转化。

生态系统的自组织或自我设计是系统不借外力自己形成的、具有充分组织性的有序结构，即生态系统通过反馈作用，依照最小耗能原理，建立内部结构和生态过程，使之发展和进化的行为。自我优化是具有自组织能力的生态系统，在发育过程中，自然系统向能耗最小、功率最大、资源分配和反馈作用分配最佳的方向进化的过程。自组织理论在环境生态工程中的作用极其重要，环境生态工程的本质可以说是生态系统的自组织。在一个环境生态工程的设计与建设中，人类干预仅是提供系统一些组分间匹配的机会，其他过程则由自然通过选择和协同进化来组织系统。当建立一个特定结构和功能的生态协调系统解决特定环境污染问题时，人们在一定时期对自组织过程的干涉或管理必须保证其正确的演替方向，使得设计的生态系统及其结构与功能维持可持续性。

自我调节属于生态系统自组织的稳态机制，在有利的条件和时期加速生态系统的发展，同时在条件和时期不利时也可实现最大限度的自我保护，使生态系统对环境变化有较强的适应能力，维护生态系统的相对稳定性和有序性。

生态系统的自我调节主要表现在以下三个方面。

1) 同种生物群间密度的自我调节

同种生物群间密度自我调节的种群增长率随着密度上升逐渐按比例下降，种群在一个有限空间内增长时，生活条件的种内竞争也将随着种群数量增长及密度增加而增大，有限空间、资源和其他条件将降低种群的增长率，直到它达到一个生态系统环境条件允许的最大种群密度值，即环境承载力(environmental carrying capacity)时，种群不再增长。当超过环境承载力时，种群密度将下降。定量描述这种种群动态变化的模型是种群生态学中有名的逻辑斯谛增长方程(logistic growth equation)，即

$$\frac{dN}{dt}=\frac{rN(K-N)}{K} \tag{2-1}$$

式中，N为种群现存个体数量；t为时间变量；r为增长率；K为环境承载力(饱和密度)。

逻辑斯谛增长方程的“S”形曲线直观地体现了种群变化通常分为五个时期：①开始期。种群个体数很少，密度增长缓慢，又称潜伏期。②加速期。随个体数增加，密度增长加快。③转折期。当个体数达到饱和密度一半($K/2$)时，密度增长最快。④减速期。个体数超过饱和密度一半($K/2$)后，增长变慢。⑤饱和期。种群个体数达到K值而饱和。

应用这一种群动态变化原则，可以利用培养凤眼莲，采取分区分批轮收办法，人为调控种群密度来净化污水。凤眼莲的周转期为7天，将凤眼莲种植区分为7块，每日轮收一块，每块收取一半，使其种群密度保持在$K/2$的状态。7天后，当它增长至环境承载力时，正好又是该块轮收，再使之恢复到$K/2$的状态，这样促使凤眼莲高产，大大发挥了凤眼莲对污染水体的净化作用。这种基于自生原理的环境生态工程措施已被证明是一种污染水体生态恢复的有效技术。

2) 异种生物种群之间的数量调节

食物链联结的类群或需要相似生态环境的类群之间存在着相生相克作用，如互利共生、他感作用和竞争排斥等，因而在不同动物与动物之间，植物与植物之间，以及植物、动物和微生物三者之间普遍存在合理的数量比例问题。以此原理为依据，在富营养湖中可放养肉食性鱼类，摄食以浮游动物为食的鱼类和幼鱼，降低其数量，使浮游藻类的摄食者——浮游动物数量增加，从而抑制水体中浮游藻类的数量，控制水体富营养化。

3) 生物与环境之间的相互适应调节

所有生物都有相应的生存环境要求和一定的生态适应性。生物与环境之间的相互适应调节主要体现在生物和环境的相适应性和协调性，生物种群数量与环境承载能之间的平衡性。

除以上自组织机制外，一切生态系统对任何外来干扰和压力都有一种自我调节、自我修复的能力，使这个系统得以延续存在下去。这种机制也可称为系统的内稳态机制，即系统抵抗变化和保持平衡状态的机制。内稳态机制普遍存在于生物个体体内和生态系统中，如植物通过膨压变化，气孔开闭，形成角质层或通过落叶来调节水分盈亏等。

第二节　环境生态工程的工程学原理

通常的工程是指按照人们要求，利用不同材料，遵循设计原理与材料特征而建造的具有一定结构的工艺系统。环境生态工程的工程学原理不是常规的原理，而是工程中的环境因子调控原理。

一、太阳能充分利用原理

太阳能储量无限，几乎不产生任何污染，且利用技术代价不高。资源的有限性和环保的严格要求使得太阳能成为备受关注的理想的替代能源。

太阳能充分利用原则是指从工程空间到内部结构充分考虑最大限度地使用太阳能。在环境生态工程布局方面，生物的选择，太阳能建筑材料的使用，取暖、取光等方面都要做出调整。例如，利用薄膜吸收太阳能的日光温室，透光性和热性能较好的“超级窗户”，以及其他天然能或生物质能的使用，各种节能灯、节能材料在处理环境污染物中的应用，使工程既有良好的生态效益，又有相当好的经济效益。目前也有一些节能型建筑在兴起，生态建筑就是其中的一个新兴事物，如浙江省安吉县的生态屋、英国的生态住房等。

二、水资源循环利用原理

环境生态工程设计中要求强调水的节约和高效利用，尽可能进行水资源的循环利用。水资源循环利用原理主要体现在水资源优化配置、节约用水、清洁生产、废污水资源化等方面。

为了推动污水资源化利用，实现高质量发展，通过将丰水期多余的水储蓄到枯水期使用，或利用调水工程将某一区域的水输送到水资源相对匮乏的区域使用，或借助特定技术和管理措施调整使用对象，提高单位水资源消耗的产出可达到水资源的高效配置，使水的使用功能在时间、空间和使用对象上达到最大化。

2019 年我国农业用水消耗量占全国用水总量的 61%，灌溉水的有效利用系数仅为 0.5，而发达国家为 0.7～0.8，这说明我国还需大力发展节约用水产业。在环境生态工程的设计与运行中，采用各种软、硬件措施，避免跑水、冒水、滴水和漏水等现象，通过喷灌、滴灌和微灌等技术，充分挖掘节水潜力。

水资源循环利用原理中的清洁生产、废污水资源化强调减少取用新水，降低废污水排放，其有效途径就是循环用水、重复用水，提高水资源的利用率。我国 2017 年工业用水的平均重复利用率与世界先进水平(90%～95%)相比差距较大，废污水处理率与美国、瑞士和荷兰等发达国家(90%)相比差距也较显著。因此，在环境生态工程的设计与运行中，既要达到净化污水的目的，又要注重合理的用水结构，减少水足迹，保障水资源可持续开发利用的低消耗性和高效率性。

三、绿色工艺原理

绿色工艺是在兼顾环境影响和资源消耗的基础上，制订出的最优工艺，即无污染工艺，清洁生产。该工艺在确保加工的质量的基础上，占用极低的加工成本、极小的加工时间，产生对环境的影响很小，资源的利用率极高的效果。绿色工艺是对生产全过程和产品整个生命周期进行全过程的主动控制，人们在设计和建设环境生态工程的整个过程中均需考虑绿色工艺原理，也只有如此，才能从根本上解决环境污染的问题。

绿色工艺具体体现在以下三个方面。

(1) 技术先进性。技术先进性是工程运转的前提，选择无污染的工艺设备，从技术上保证安全、可靠、经济地实现工程的各项功能和性能。

(2) 绿色特性。绿色特性包括节约资源和能源、生态环境保护和劳动者保护三个方面，强调选择无毒、低毒、少污染的能源和原料，包括常规能源的清洁利用、可再生能源的利用、新能源的开发和利用以及各种节能技术的开发和应用，并减少能源的浪费，避免这些浪费的能源可能转化为振动、噪声、热辐射以及电磁波等，体现资源最佳利用原则、能量消耗最少原则、“零污染”原则以及“零损害”原则。

(3) 经济性。绿色工艺突出环境效益的同时，也强调经济效益和社会效益，要求成本低。经济性也是环境生态工程必须考虑的因素之一，一个环境生态工程措施若不具备社会可接受的价格，就不可能被接纳，更不可能走向市场。

绿色工艺的实施更加体现了环境生态工程的绿色特性，提高了其可持续发展的能力和市场竞争能力，达到了环境效益、经济效益和社会效益多赢的目的。

四、生物有效配置原理

生物有效配置原理即充分利用生态学原理，发挥生物在工程中的众多功能，将污染物消纳于系统内，进而优化生产和生活环境。

生物设计是环境生态工程设计的核心。如何针对特定的环境问题，充分发挥不同生物在生态系统及生态工程中的作用就成为环境生态工程成功与否的关键所在。为了减少农药、化肥和除草剂等对农村面源污染的贡献，生产无公害粮食和水产品，人们运用生态系统共生互利原理发展稻田养鱼，这一生态工程就是一个典型的例子。在稻田养鱼生态模式中，将鱼、稻、微生物优化配置在一起，互相促进，达到稻鱼增产增收，既促进了稻田生产生态系统的良性循环，又提高了稻田的综合效益。

五、人工调控原理

在环境生态工程的建设中，自然生态系统稳定性的调节机制是基础，人工调节必须与系统内部的自然调控相结合，人工调控途径按其调控对象分为环境调控、生物调控、结构调控、输入输出调控和复合调控等。

(1) 环境调控。改善生态环境，满足生物生长发育的需要，如植树造林，改善小气候，地膜覆盖，提高地温与土壤水汽。

(2) 生物调控。通过良种选育、杂交良种应用和遗传与基因工程技术，创造出转化物质与废弃物效率高、能适应外界环境的优良物种，以达到对环境净化、资源的充分利用。

(3) 结构调控。通过调整生态系统结构，可以改善系统中能量与物质的流动与分配，增强系统的机能。

(4) 输入输出调控。生态系统与环境中输入的光、热、水和气等因子还非人工所能控制，但输入的肥料、水源、土壤和种子等在其质与量上可以部分地受到人为调控，如果输入符合系统的内部运行机制与规律，那么其输出有利于环境质量的改善和系统功能的增强，但如果输入不符合系统的运行规律，那么输出则会使环境质量降低，系统功能削弱。

(5) 复合调控。生态工程的复合调控是自然调控与社会调控两者之间交互联结而成的调控，不仅要考虑系统的自然环境还要考虑各种社会条件，如政策和法律、市场交易和交通运输等。

复合调控的机制也明显地分出三个层次来进行调控，第一层次的自然调控、第二层次的经营者直接调控和第三层次的社会间接调控相互联系密切。因此在进行环境生态工程建设与技术调整时，经营者在制订计划和实施直接调控时除了要考虑系统的自然状况外，还必须考虑各种社会条件，经营者的行为和决策总要受到不同程度的市场等因素的制约。

第三节　环境生态工程的经济学原理

一、生态经济平衡原理

生态经济平衡是指生态系统及其物质、能量供给与经济系统对这些物质、能量需求之间的协调状态，是生态平衡与经济平衡的协调统一。

在生态经济平衡中，一方面，生态平衡是第一性的，经济平衡是第二性的，即经济平衡从属于生态平衡。从发展时序上讲，生态系统先于经济系统存在，经济系统是从生态系统中孕育产生的。另一方面，生态平衡是经济平衡的自然基础，经济平衡反过来影响生态平衡的实现。经济平衡并非消极和被动地去适应生态平衡，而是人类主动利用科学技术和经济宏观调控去保护、改善或者重建生态平衡。人类经济越发展，其对生态系统的主体作用越强大，相应要求承受经济主体的生态基础越加稳固和越具有耐受能力。环境生态工程所涉及的生态系统的可持续发展不仅要靠其自身的调节，而且还要靠经济力量促进。生态平衡和经济平衡同时也存在矛盾，主要表现为人类需求的无限性和资源供给的有限性之间的矛盾。在解决环境问题的同时，环境生态工程的设计和运行还应注意因地制宜地发挥当地自然资源和社会经济资源的优势，使其所涉及的生态经济系统结构得到进一步优化，功能得到进一步提高。

二、生态贡献价值原理

生态系统服务是人类从生态系统中所获得的各种惠益。与人类活动直接相关的服务类型有供给服务、调节服务和文化服务。生态系统的服务功能和利用状况说明生态资源是有价值的。生态资源价值是目前待解决的生态经济理论问题。从普通经济学的劳动价值理论或商品价值理论的观点出发，没有经过人类劳动加工的自然生物资源(如物种、种群、群落)，其所具有的使用价值或效益是没有价值的。自然生态系统(如森林)涵养水源、调节气候、保护天敌和保持水土等生态效益的表现，既不是使用价值，也不表现为价值。如果不从理论上解决自然资源及环境质量的价值问题，在实际生产中不能把资源成本和环境代价这些潜在的价值表现出来，也就不能恰当地对人为活动的功利性进行评价，那么人们就不可能改变对大自然的习惯性消耗，滥用、破坏自然资源的现象就不会杜绝，自然的无情报复就难以避免。

人们愿意为某种商品或服务支付的最大货币量称为支付意愿。从经济学上讲，生态系统应该具有多种价值，如木材、户外活动、野生动物和美学等，但这些价值应当包括生态系统在当前和未来两方面可能获得的收益。如果商品或服务的未来价值具有较大的不确定性，消费者的支付意愿是有限的，很可能只愿意支付一定的现值确保将来使用的安全性。

在环境生态工程实践中，需要向消费者充分说明该环境生态工程建设后所具有的贡献、价值，增加他们的支付意愿。生态系统贡献价值包括在维持大气和水生态环境质量、控制洪水、维持物种遗传库以及食物网和营养循环等方面的支持作用。贡献价值既体现生态系统的长期发展过程，又帮助消费者认识到两种或两种以上物种相互作用所产生的协同作用，这种协同作用产生的利益是不能单独产生的。

生态系统贡献价值大小与其在整个系统中的物理、化学和生物作用直接相关，对贡献值评估需要理解生态系统在一个综合生态经济系统中的作用及其对扰动的反应能力，采用“生态-经济”模型评估时，模型描述的详细程度和分辨率必须能够评估对经济上重要的生态系统商品输出和便利设施的影响。

当某个生态系统遭到破坏时，可以根据该生态系统的贡献价值向破坏责任方收取费用。这些费用可以以信托基金的形式购买其他地方等量的生态系统贡献价值。当然，责任方可以通过证明实际损失低于破坏评估价值，或者通过实施有效技术以减少破坏损失为由来降低支付费用。

三、生态经济效益原理

环境生态工程的目的就是通过复合调控在取得良好的环境生态效益的基础上，实现良好的经济效益。环境及自然资源在被人类利用进行生产的过程中，不仅具有被人类直接利用的经济价值，而且具有间接地服务于人类的生态价值，这种具有双重价值的资源可以称为生态资源，从经济学的角度来看，生态环境也是具有价值的。同时经济的活动过程及生态环境的质量，必然要受到人类各种有目的的经济活动所产生的生态效益(包括正效益和负效益)影响。当人类经济活动所产生并不断积累的负值的生态效益(如环境污染、水土流失、资源枯竭和草原荒漠化)超过一定数量时，这个生态环境就不利于人类的生存，使其降低或失去使用价值。为了继续利用，人类必须付出一定量的劳动来进行生态环境的保护和建设。环境生态工程的建设与发展，就是为了在促使经济过程的发展的同时不破坏环境，使生态环境的质量达到人类正常生存和发展所必需的标准。

环境生态工程的建立与技术应用进行的是一种环境商品生产，进行交换的产品：一方面是自然力作用与转换的结果；另一方面也是社会生产力作用的结果。因此，应用环境生态工程技术的目的既促进经济价值的交换，又促进生态价值的交换。它是经济的商品流转，又是生态的物能转移。不同的生态系统相互间的作用与联系，包含着复杂的生态交换，在进行经济交换的同时，又具有生态交换的意义。

生态经济效益是评价各种生态经济活动和工程项目的客观尺度，对任何一项环境生态工程项目都需要进行近期和长期的生态经济效益的比较、分析与论证，在解决环境问题的同时，取得最佳生态经济效果，促进社会经济发展。

生态经济效益是生态效益和经济效益的综合与统一，生态经济效益的好坏可以用作衡量环境生态工程优劣的指标。生态经济效益指标体系可分为结构指标、功能指标和效益指标三大类。结构指标包括生态、技术和经济等，功能指标包括物质、能量流动状况指标和价值增值等，效益指标包括生态效益、经济效益和社会效益三大指标。

生态效益可以用价值形态的指标来度量，如市场价值、机会价值和资产价值等。森林可更新氧气，将人工制造氧气的成本作为其机会价值，就可估算森林的生态效益的价值。

以解决环境问题为前提，如果所有经济资源的投入均符合生态系统反馈机制的需求，经济资源与生态资源的组合也有利于形成有序的生态经济系统结构的良好循环，那么环境生态工程所涉及的生态系统的生产力就能得到最大限度的发挥。

环境生态工程建设的目标是在环境与生物、人类与社会之间构建一个具有较强的生物自然再生和环境自然净化、物质循环利用及社会再生产能力的系统。在环境效益方面要实现生态再生，使自然再生产过程中的环境、自然资源更新速度大于或等于利用速度。在经济效益方面要实现经济再生，使社会经济再生产过程中的生产总收入大于或等于资产的总支出，保证系统扩大再生产的经济实力不断增强。在社会效益方面要充分满足社会的要求，使农产品供应的数量和质量大于或等于社会的基本要求，通过环境生态工程的建设与生态工程技术的发展，三大效益能够协调增长，实现环境系统持续稳定的发展态势。

思考与练习

1. 环境生态工程的生态学原理有哪些？
2. 环境生态工程的工程学原理有哪些？
3. 环境生态工程的经济学原理有哪些？

第三章　环境生态工程设计与管理

第一节　环境生态工程设计原则

环境生态工程设计是以环境的治理与保护为目标，从生态、环境与区域经济发展的视角，利用环境学和生态学基本原理，通过人工设计的生态工程措施来达到环境保护或生态保护的目的。环境生态工程设计根据工程实施的对象，可分为污水处理、城市垃圾处理、湖泊或水源地治理等生态工程设计。

环境生态工程设计通过研究环境与生物之间的相互关系，以及污染物在生态系统中迁移、转化和积累的规律，来确定环境对污染物的负荷能力，预测环境质量的变化，并与其他学科相互渗透，采用各种工程措施，改善生存环境的质量和生态环境资源状况，既包括对原有自然生态环境的保护与改善，也包括对人们生产、生活中存在的环境污染问题的治理。其特点是把某个区域作为一个生态系统，综合考虑系统的结构和功能，因势利导，恢复、改进生态环境系统中失调的环节。

环境生态工程的设计和实施需要按照整体、协调、自生、循环和因地制宜的原理，以生态系统自我组织、自我调节功能为基础，在人类少量辅助下进行，其强调了对生态环境的保护，充分利用自然生态系统的自有功能，内容重点在于污染物的处理与利用。环境生态工程的目的是将生物群落内不同物种共生、物质与能量多级利用、环境自净和物质循环再生等原理与系统工程的优化方法相结合，达到资源多层次和循环利用的目的。环境生态工程根据生态工程实施地的自然条件、社会条件和经济条件，优化组合各种技术，使之相互联系成为一个有机系统，多层次、多目标地分级利用，促进良性循环，兼顾经济效益、生态效益和社会效益。其内容包括开发、设计、建立和维持新的人工生态系统，该系统可用于污水处理、矿区污染治理及废弃物的回收、海岸的保护，以及生态修复、物种多样性的保护等。

一、因地制宜原则

因地制宜原则是指紧紧围绕当地的自然、社会和经济条件进行环境生态工程设计的基本原则。生物的有效配置是环境生态工程设计的核心，而生物的分布、生存、生活和繁育均受到自然环境条件和当地土著生物的制约。环境生态工程同时也对环境过程进行人为的设计、组装和运行管理，参与设计的所有人员的素质和意识至关重要。在设计过程中，必须依据当地的自然条件、管理水平和社会需求，提出适宜的环境生态工程类型。

环境生态工程作为生态型的经济建设活动，在发展中国家和经济不发达地区，其经济效益的高低在很大程度上起着决定性作用。因此，在环境生态工程设计初期，考虑高效处理环境问题的同时，必须结合当地的经济条件对其相关价值链进行调查和对比分析，以确定该工程的目标产品和辅助产品类型。例如，我国应用鲢鳙这类摄食浮游植物的鱼类，将水中的藻类转化为鱼饵，增加水体中营养盐的输出，促进营养物的输入输出平衡，达到了防止水体富营养化的生态效益。而饲养的鱼类随后捕捞并销售，既优化了水环境又具有一定的经济效益，是环境生态工程成功的范例。但这种经验在美国并不适用，虽然其自然条件也适于养殖鲢鳙，可这类淡水鱼在美国没有需求，不能进入流通环节。因此，这类鱼不能成为商品，在客观上美国就不可能用其来促进水体中营养盐的输入输出平衡。又如，应用芦苇作为湿地中的过渡带，净化地表径流入湖的污水，其收割后可作为造纸、编织等原料。径流中营养盐经芦苇转化再输出，有利于促进水体中营养盐的收支平衡，同时由于收割芦苇调整了芦苇的密度，其生长率、生产量及净化能力得到进一步提高。在一些欧美国家，虽然也有将芦苇用于净化地表径流入湖污染的，但由于这些国家一般不用芦苇造纸，生长地的芦苇往往是自生自灭，不予收割，由此可能造成二次污染，最终使得芦苇的生产率、生产量及净化能力降低。

环境生态工程着眼于社会经济自然生态系统的整体效率、效益及功能，优化组合各个环节，以生态建设促进产业发展，将生态环境保护融于产业工程及有关生产之中。由于各地的自然条件、污染物的种类和数量、经济状况、市场需求及社会条件各不相同，环境生态工程的设计需要根据本地区的自然、经济和社会等条件，因地因类制宜，优化组合以充分合理地利用资源，变废为宝，产生经济效益又解决环境问题，达到人与自然高度和谐，人与生态系统的健康与财富、文明的辩证统一。

二、生态学原则

环境生态工程的设计主要是根据生态学的整体、协调、自生及循环再生等理论及原则，按照预期的环保目标，多方面人为干预，因地因类制宜地调整生态系统的结构和功能，联结原本无直接联系的不同成分和生态系统形成互利共生网络，分层多级利用物质、能量、空间和时间，以达到生态、经济和社会的综合效益。因此，一项成功的环境生态工程离不开下述生态学原则的指导。

1) 适当输入辅助能的原则

无论是环境生态工程还是生态工程，主要能源均是太阳能。而在技术利用和设计手段上适当地输入辅助能，建立辅助能流路线，可以人为改变生态系统的网络结构，增加反馈机会，提高生态系统主要能流途径的效率，同时，也可以获得多种经济产品，使环境生态工程不断增值。

2) 再生循环及商品生产原则

发达国家环境生态工程以环境保护为主，一般不注重原料的可利用性或生产商品，即使生产一些商品，也是绝非必要的。我国环境生态工程的目标是同步取得生态环境、经济和社会三个方面效益，通过再生循环从根本上解决环境污染问题，依靠再生与循环，尽量高产、低耗、优质、高效地生产适销对路的商品或可利用的原料，化废为宝，且参照市场状况，废物转化后的一些物质适销对路或能为另一生产环节所用，输出的途径畅通且有保证。只有这样，才能实现环境生态工程的自净、无废，实现可持续发展。

3) 生物多样性原则

环境生态工程首先必须解决特定的环境问题。因此，在环境生态工程的运行初期，生物多样性往往较低。为了保证所涉及生态系统的稳定性和抗逆性，保护和增加生物种类，不断增加生物多样性和食物链网的复杂性对该工程的成功与否至关重要。

4) 环境因子的时间节律与生物的机能节律原则

环境因子与生物机能都不是一成不变的，其变化规律十分明显，对环境因子而言，这种变化方式被称为环境因子的时间节律，而生物的机能变化被称为生物的机能节律或称为律动。

很多生物的生命活动显示出 24 h 循环一次的规律，被称为日周期。例如，大森林中一些昆虫在日间活动，食虫鸟也大多在日间活动，一些肉食性鹰、鹤也在日间活动与采食；而鼠类、蚊虫和蛾类在夜间活动，一些以这些小动物为食的猫头鹰、蝙蝠也在夜间活动，这些都显示了日周期现象。一些植物除了光合作用以外，其叶子和开花的时间日周期也是十分明显的。

在环境生态工程中，对种群的选择与匹配应合理地利用不同生物的机能节律，并与当地环境节律合理配合，这样就可以做到环境资源的合理利用。北方干旱、半干旱地区春季干旱少雨，造林成活率极低，如果采取一些技术手段使造林绿化避开春季严酷的环境，改在雨季进行，就可以使成活率成倍提高。例如，太行山造林绿化生态工程采取了塑料袋集约化育苗，雨季造林，树苗成活率可显著提高，达 85%以上。

5) 生物种群选择原则

环境生态工程是一个目的性极强的工程项目。生物种群选择的原则一般有两条：①根据工程建设的主要目的来选择。所选择的生物种群都要服从这一主要目的。同时，在保证主要目的达成的情况下应尽量考虑其他对人类有益的作用，也就是常讲的“多功能”。即对同样可以达到主要目的的种群进行选择时，要尽量选择兼有其他功能的种群。②根据环境生态工程所处的自然环境特征来选择。选定适生种群，这就是常说的因地制宜。这两条原则并不是主从关系，而是处于同等重要的地位。有些地带以前者居先，如一些生态较好的地区；有些则以后者居先，如一些环境脆弱、恶劣的地域。太行山白果树生态工程试验区在进行立体林业工程的生物种群选择时，根据当地干旱贫瘠、降雨集中的情况，确定主要目的是以水土涵养为主，尽量增加林地覆盖率，兼顾中短期经济效益，做到在改善生态环境的同时改善当地山区人民的生活条件。为此，人们选定了火炬树(兼具美化效果)和兼顾经济效益的果树(石榴、山桃、山杏、毛樱桃)及中药材山茱萸作为主要种群，排除了在当地经济性状不良的刺槐和没有成林希望的侧柏、油松。

6) 种群匹配原则

种群过分简单是农田、人工林等人工生态系统稳定性差的关键原因。目前，复合群体的应用已为很多人所接受并显示出良好的结果。因此，当一项环境生态工程的主要种群选定后，如何匹配次要种群就成为一门关键技术。可以根据生物共生互生、生态位等原理，选择匹配次要种群，也可以根据中医药学说中“君、臣、辅、佐、使”的相互关系，建造复合群体，形成互惠共存的群落，这是环境生态工程效益高低、结构是否稳定的关键。四川黄连农场匹配的白马桑、海南橡胶园中选定的茶树、太行山白果树生态工程试验区选定的多种豆科牧草、果园中加入的食用菌等都体现了很高的经济效益和生态效益。

目前，在生物种间关系研究方面，一些种间关系机理还不清楚，这项工作也很难一次到位。然而，随着社会发展的需要，人工生物群落中的种间关系机理有可能被作为一个专门学科来进行研究，这将对种群匹配工程产生重大的影响。目前状况下除了借鉴天然生态系统的组合，向大自然学习外，种群匹配主要采用广泛试验方法选定。

7) 人工压缩演替周期原则

生态系统的形成和演替是一个很长的过程。例如，从裸露岩石演替到多层次森林群落阶段可耗费百万年，即使从草本群落阶段开始，也需要几个世纪。环境生态工程是在人为干扰下形成的一个新的生态系统，可以模拟自然生态系统形成的演替规律，人工压缩演替周期的方法。例如，在某一环境生态工程项目中，可以根据环境资源现状，以抗性较强的先锋树种或牧草代替以高密度乔木为主的林分面建成第一期工程，利用生物对环境的改良作用，提高当地的生态位。然后再进行第二期生态恢复工程。现在许多地方规定“不死不少树”，砍又不敢砍，生长又处于停滞状态，这种局面完全是由不考虑环境资源，盲目种植造成的。假如，一开始用旱生的柠条、胡枝子、沙棘和沙打旺等豆科植物建成第一期工程，就能在产生抗风沙作用的同时改善环境，增加土壤肥力，在此基础上再引入乔木树种形成疏林结构，就能形成一个乔、灌、草结合，营养互补的高效工程。这种做法虽然较其他工程慢了一些，但总体上是稳妥且高效的，是对自然演替的促进和压缩。

8) 种群置换原则

自然生态系统的生物种群是野生自然种群，这些复合群体的群落组成是经过长期的种间竞争逐渐达到和谐与平衡的。环境生态工程是针对特定的环境问题建造高效的人工复合生态系统。在种群选择上要本着以人工选择的组分代替自然种群，以结构的人工合理调控代替种间种内竞争的原则，从而减少耗损。例如，以豆科作物、豆科牧草或中草药植物代替地被物，以经济灌木或小乔木组成下木，以食用菌代替腐生性低等生物等，人工控制株行距，减少竞争，这样建成的生态系统既具有自然生态系统的物种多样性，又可以提高系统的经济效益。这种利用习性相同的生物之间的选择与置换来建造新的生态系统的方法，将随着环境生态工程的发展逐步完善与成熟。

9) 经济效益原则

在发达国家，生态工程的价值往往是自然环境保护和自然景观的美化，很少直接与经济效益挂钩。遵循经济效益原则，我国发展环境生态工程应既能净化与保护环境，又能产出一些商品，如农业、牧业、水产业、林副业及工业等相关商品，获得一些利润和经济效益，这样既有利于环境生态工程被当地居民接受，也有利于该工程的逐步完善和可持续发展。

环境生态工程的调控包括生物调控、系统结构调控、输入与输出调控等，由自然调控和社会调控交互联结而成。环境生态工程设计应以生态系统的共同发展为主旨，既要考虑系统的自然环境，还要考虑各种社会因素，包括当地居民的生活、生产、就业、文化与福利等，体现人工调控和多种技术在生态系统的恢复或污染物消纳中的功能，建设与生物和人类社会最吻合的环境系统，使其健康持续发展。

三、创新性原则

地球生态系统是经过几十亿年演化而成的复杂的生态系统，其生物与生物之间，生物因素与非生物因素之间，非生物因素与非生物因素之间，有着相互联系、相互制约的微妙关系，它们纵横联系、丝丝相通，是一张看似清晰，实际上很难理清的生命之网。当前，人类对这张生命之网的认识和研究还不到位，有些规律还没有被发现。生物设计是环境生态工程设计的核心，系统的生命活性和因地因类制宜的优化组合的要求赋予环境生态工程设计不断地创新性的特性，使得任何一个成熟的环境生态工程设计都无法完全被照搬到另一个环境系统中。因此，坚持创新研究是环境生态工程的重要原则。

第二节 环境生态工程设计路线与方法

一、环境生态工程设计路线

(一) 设计目标

环境生态工程的建设对象是“社会-经济-自然”复合生态系统，是由相互促进而又相互制约的三个系统构成。因此，任何环境生态工程都必须重视复合系统的整体协调，即环境是否被保护、经济条件是否有利、社会系统是否有效等，并据此确定相应的目标。

(二) 背景调查

因地制宜是环境生态工程顺利实施的前提条件，只有正确了解和掌握当地的社会、经济和生态环境条件，才能充分发挥和挖掘当地的潜力，实现预先设定的目标。背景调查要包括以下两个方面。

(1) 当地的自然资源条件。其主要包括生物资源、土地资源、矿产资源和水资源等。在有充足的土地资源和水资源的地区，若生物资源和矿产资源严重不足，在该地区的工程实施就需要增加生物资源的数量，或引进新的经济品种，或开发该地区已经存在的，但资源数量比较少的生物品种。相反，在生物资源比较丰富的热带地区，土地资源可能相对不足，则需要在环境生态工程的设计上寻找突破点。

(2) 生态环境情况。当地的生态环境情况是工程实施的依据，生态环境工程最重要的目标是生态环境的治理，因此生态环境的情况，包括气候条件、土壤条件和污染状况等都需了解清楚。生态工程的基础是生态系统，生态系统的中心是生物种群，而生物种群的存活、繁殖和生长均受到生态环境条件的制约。

(三) 系统分析

在背景调查的基础上，对生态系统进行系统分析，也是环境生态工程规划与设计的基础性工作，其主要内容有以下几点。

(1) 明确环境系统所包含的资源数量、质量及时空分布特性，做出定性和定量的分析和评价，确定资源的开发利用价值和合理利用限度。

(2) 分析环境对系统的限制约束因素和影响程度，特别是不利影响和障碍因子及其作用的大小，确定约束的临界值或极值等，预测环境的发展变化，重点关注人类活动对环境产生的积极和消极影响，如对环境污染及破坏的分析和趋势预测，寻求趋利避害，利用和保护相结合的环境政策和对策。

(3) 找出系统现实状态功能和理想状态功能之间的差距和造成这种情况的原因，提出要解决的关键问题和问题的范围，初步提出系统的发展方向和目标。

(四) 工程建设与运行

在系统分析的基础上，通过对各子系统及其相应关系进行的必要调整和对局部进行的改造，协调系统内各子系统之间的关系、系统与环境之间的关系以及系统内各发展阶段之间的关系，以便实现最终设计目标。

(五) 工程的更新

环境生态工程的更新包括两个方面的含义：①系统由有序向更高有序状态过渡，即根据生态工程系统演替的客观规律和发展要求，促进生态系统的更新，使新的生态系统较原有系统具有更稳定的结构与生产力；②根据社会日益深化的环境意识和不断提高的环境质量标准，不断调整环境生态工程系统对污染物的同化范围与水平，这也是环境生态工程优于常规环境污染治理措施的又一重要特征。

二、环境生态工程技术方法

目前，环境生态工程应用领域已经包括陆地和水生等多个生态系统，在富营养化控制、污泥处置、饮用水安全和水产养殖等方面展现出明显的工程与技术优势。

(一) 人工湿地

湿地是指受地表水和地面积水浸淹的频度和持续时间很充分，在正常环境中能够供养适应于潮湿土壤的植被区域，通常包括灌丛沼泽、腐泥沼泽、泥炭藓沼泽以及其他类似的区域。湿地由于出色的净化与保育能力，被誉为“地球之肾”。湿地围垦、生物资源的过度利用、大江大河流域内的水利工程建设、城市建设与旅游业的盲目发展等，导致湿地生态系统退化，造成湿地面积缩小。全球近 90%湿地已消失，守护“地球之肾”法律、科技缺一不可。

近年来，为发挥湿地的环境生态效益，主要用于水质改善功能的工程化湿地被广泛运用，这类湿地称为人工湿地。绝大多数人工湿地均由五个部分组成：①具有各种透水性基质，如土壤、砂、砾石；②适于在饱和水和厌氧基质中生长的植物，如芦苇；③水体(在基质表面下或表面上流动的水)；④无脊椎或脊椎动物；⑤好氧或厌氧微生物种群。

人工湿地主要可分为四类：表面流人工湿地、水平潜流人工湿地、垂直流人工湿地和复流人工湿地。实质上人工湿地是三个相互依存要素的组合体，即土壤、植物和微生物。生活在土壤层中的微生物(细菌和真菌)在有机物的去除中起主要作用，湿地植物的根系将氧气带入周围的土壤，但远离根部的环境处于厌氧状态，形成处理环境的变化带，加强了人工湿地去除复杂污染物和难处理污染物的能力。大部分有机物的去除是靠土壤中的微生物来实现的，但某些污染物，如重金属、硫和磷等可通过土壤、植物作用降低浓度。

湖库富营养化控制是环境污染治理领域的世界性难题。化学沉淀除磷、离子交换及反硝化减氮等环境技术在一定程度上可以降低入湖库营养盐的负荷。但由于农业面源污染的不断增加，仅仅依靠这些工业废水氮磷减排的常用环境技术难以完全控制富营养化的发生。此时，需要借助人工湿地等环境生态工程技术调节湖库水的蓄留时间、流动速率，这样才能更有效地控制湖库的富营养化(图 3-1)。

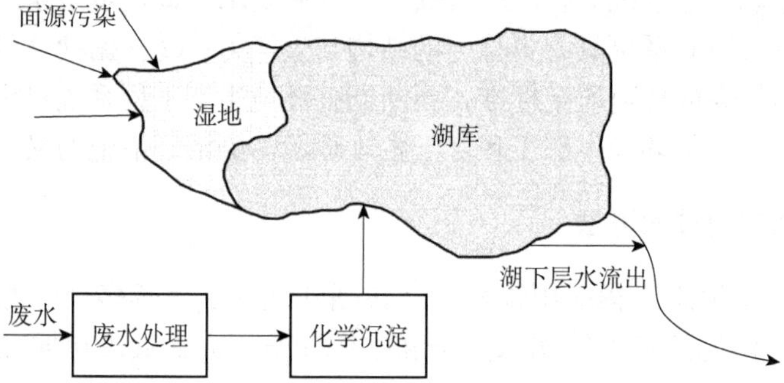

图 3-1　湖库富营养化控制

环境技术对饮用水硝酸盐去除的常用方法是离子交换法或反硝化法。离子交换法操作成本高，产生的再生溶液需做沉淀处理。反硝化法的设备及安装费用昂贵，需要 4～8 h 的滞留时间，而且需要对水进行预先消毒。常用的环境生态工程技术方法是人工湿地。为了提升人工湿地系统有机物的反硝化潜力和植物根部的离子交换作用，可以在湿地 1 m 深处填充纤维素层。然后在下层设置约 1 m 的沙土层，这样可以有效去除微生物和有机物，进一步净化水质。人工湿地表面植被为反硝化作用提供了必需的碳源，整个人工湿地环境生态工程可以自己维持运行(图 3-2)。

(二) 生态沟渠

人工湿地的建设工程量较大，有场地的限制。建立生态沟渠是另外一种农业污染控制的途径。在长江下游地区农业的主要栽培方式是小麦(或油菜)-水稻轮栽，为满足灌溉和排水的需要，这一地区分布着纵横交错的沟渠水网。在农田非点源输送和迁移转化过程中，沟渠是农业污染物的排放和受纳水体。由于有充沛的降雨和适宜的气候条件，这些地区的沟渠水网中生长着多种类型的水生植物，

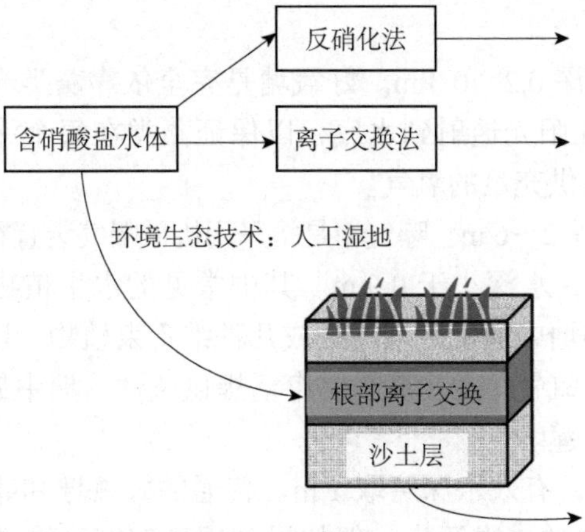

图 3-2　人工湿地对水体硝酸盐的去除

大型水生植物主要是芦苇、菖蒲和茭白，小型水生植物主要有水花生、水葫芦和浮萍等，这些植物在生长过程中吸收大量的氮、磷等营养物质，从而构建了“生态沟渠”，对水体起到了一定的净化作用。生态沟渠可以作为另外一种形式，为农业污染物迁移控制提供了新的方法。

(三) 生态氧化塘

生态氧化塘又称稳定塘或生物塘。它是利用库塘等水生生态系统对污水的净化作用，进行污水处理和利用的生物工程措施。氧化塘作用的基本原理是生物降解。当废水入塘后，可沉淀的固体沉至塘底，其中有机物厌氧分解，产生的沼气逸出水面，产生的 CO_2、氨气等溶解于水中。溶解或悬浮于水中的有机物经微生物作用有氧分解，同时释放的氨气和 CO_2 溶解于水中，供水中藻类营养摄入和繁殖。藻类进行光合作用放出的 O_2 供微生物分解有机物。

生态氧化塘由于基建、运行、管理费用低廉，节能，操作简易，性能稳定可靠，具有广谱和高效的去除能力，不仅能降低生化需氧量，还能有效地去除氮磷等营养物质、病原菌、病毒和难降解的有机物，再通过种植水生植物，养鱼、虾、贝和鹅等，实现污水的资源化。

生态氧化塘可以分为以下几类。

(1) 兼性塘，水深 1～2 m。兼性塘由上层好氧区、中层兼氧区和底部厌氧区组成，在其相应部位形成了好氧菌群落、兼氧菌群落和厌氧菌群落，因而比只依靠好氧菌群落的处理系统具有更广泛的净化功能。

(2) 厌氧塘，水深 2.5～5.0 m。厌氧塘用于高有机负荷污水，是以厌氧菌作用为主的污水处理塘。有机物的降解包括了两个过程，兼性厌氧产酸菌将复杂的有机物降解为以有机酸为主的简单有机物，然后厌氧的甲烷菌再把有机酸转化为甲烷和CO_2。

(3) 好氧塘，水深0.2～0.3 m。好氧塘是完全依靠藻类光合作用供氧的稳定塘，其水深应该保证阳光透射到水底，以保证藻类在每个深度都能进行光合作用，为净化有机质提供充足的氧气。

(4) 曝气塘，水深2～6 m。曝气塘是指采用机械曝气装置补充氧气的人工塘。

(5) 水生植物塘，水深小于0.9 m。其中常见的水生植物包括藻类和水生维管束植物。水生植物塘中通常种植一种或几种维管束植物，以其同化和储存污染物，向根部区域输送氧气，并为微生物存活提供条件。塘中最常见的水生植物是水葫芦，其次是水浮莲。

(6) 生态调蓄塘，有效水深可取1 m。普通的好氧塘和兼性塘缺乏对藻类的控制，造成承接水体的二次污染，但如果利用稳定塘系统进行水产养殖，就可以在水体中形成由原生动物、浮游动物、底栖动物、鱼类和禽类等参与的食物链，完成物质在生态系统中的循环，在有效去除污染物的同时，实现了污水的资源化。

在水产养殖中，藻类死亡和鱼粪容易造成水质恶化，而这个问题可以采用生态养殖的方式解决(如投放草食性鱼类)。草食性鱼类的鱼粪可作为其他鱼类的饲料，这样就在能量和物质循环的角度减少甚至是消除了污染(图3-3)。

(四) 废弃物堆肥

随着城市的高速发展，人口的增多，城市垃圾产量增加、成分的迅速变化使垃圾处理难度增加，给城市的发展和管理带来了困难，并严重威胁着城市居民的生存和健康。污泥是污水处理厂在净化污水时得到的沉淀物质。垃圾和污泥中含有较丰富的氮、磷及多种微量元素和大量有机物质，可作肥料和土壤改良剂，具有正效应，但同时也因含有病原菌和寄生虫(卵)、重金属、盐分及某些难分解的有机毒物，且易腐烂发臭而具有负效应。

堆肥化是一种把有机废物分解转化成类腐殖质的过程，该分解过程在多种微生物共同参与下完成。在好氧堆肥与厌氧堆肥两种操作系统中，以好氧系统更为常见。通过该操作系统而产生的堆肥产品可以成为有效的土壤改良剂和肥料。在垃圾和污泥堆肥化工艺流程中需要加入调理剂和膨胀剂。调理剂是指加进堆肥化物料中的有机物，可以减少单位体积的质量，增加碳源及与空气的接触面积，以利于好氧发酵。脱水污泥发酵中常用的调理剂有木屑、秸秆、稻壳、粪便、树叶和垃圾等有机废料。膨胀剂是指有机物或无机物做成的固体颗粒，当它加入湿的堆肥化物料中时，能够保证物料与空气的充分接触，并能够依靠粒子间的接触起到支撑作用。常用的膨胀剂有木屑、团粒垃圾、破碎成颗粒的轮胎、花生壳、秸秆、树叶、岩石及其他物质。

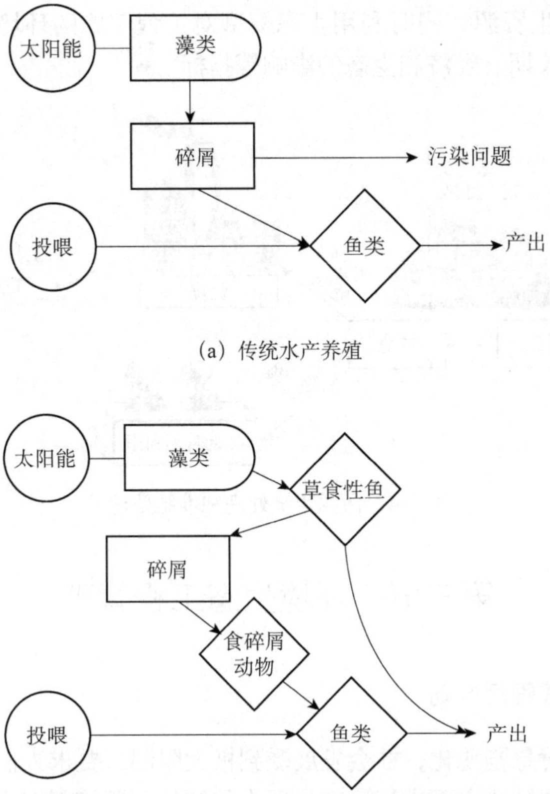

(a) 传统水产养殖

(b) 生态氧化塘养殖

图 3-3　传统水产养殖与生态氧化塘养殖的区别

土壤施加垃圾和污泥堆肥，不仅可以肥沃土壤，有利于作物增加产量，同时，还可缓解化肥紧张。然而，垃圾等堆肥中仍含有较高的有害物质，如重金属等，施加堆肥会对作物品质产生影响，这制约着土壤对堆肥的消纳量，因此需要确定土壤施加堆肥的允许负荷。土壤允许负荷是指土壤所能负载污染物的最大容量，在这里土壤承载的是堆肥，因而又是指土壤负载堆肥的最大容量。而决定土壤中堆肥容量的是土壤中堆肥的临界值，这主要取决于农产品的卫生质量及作物产量(以减产幅度不超过 10%为准)，因此，这两项指标是确定土壤堆肥的决定性标准，在这两项标准中，只要有其中一项指标率先达到了临界值(极限值)，即认为此时的堆肥施用量达到了土壤允许堆肥的容量(负荷量)。

废水处理厂产生的污泥往往会引起周边大气污染问题，若焚烧炉渣和灰还会产生大量沉积物，环境生态工程技术的解决方案是将污泥视为营养盐和有机物资源，将其回用在农业土地上以实现污染废弃物资源的循环利用(图 3-4)。

每个环境生态工程的设计都应该明确涉及的污染控制办法，量化涉及的可再生资源和不可再生资源，同时利用生态模型对工程实施的环境影响进行定量评估，包括短期和长期、经济和生态的影响等指标。

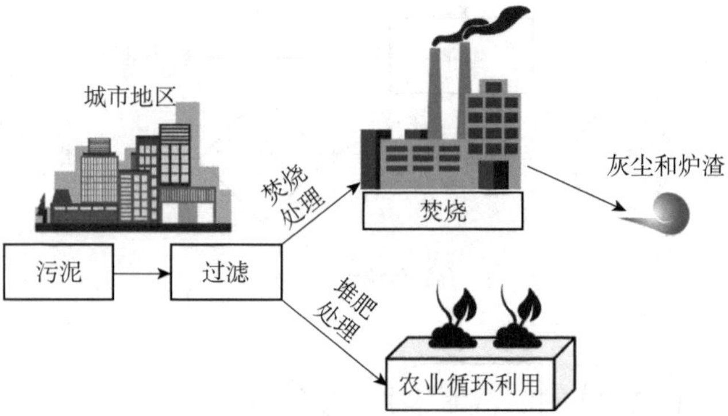

图 3-4　污泥焚烧处理和堆肥处理

第三节　环境生态工程管理

一、环境生态工程管理原则

由于生态环境急剧恶化，社会发展受到极大限制，要求人们在对待生态系统的思维方式、管理模式方面进行改变，即由传统的资源管理模式向生态系统管理模式转变，在此背景下，生态系统管理得以产生和发展。生态系统管理要求融合生态学、经济学、社会学和管理学的知识，把人类和社会价值整合进生态系统。生态系统管理的对象是一定空间范围内一个集合体中所有生物体和非生物体及其生态过程组成的整体，是一个由自然生态系统和社会系统耦合而成的复合生态系统。生态系统管理的目标是维持生态系统组成、结构、功能和过程的整体性、多样性和持续性，维持生态系统的健康和生产力，更好地提供生态系统产品和服务。生态系统管理的时空尺度应与管理目标相适应。生态系统管理要求生态学家、社会经济学家和政府工作人员通力合作。生态系统管理要求通过生态学研究和生态系统监测，不断深化对生态系统的认识，并据此及时调整管理策略，以保证生态系统功能的实现。在生态系统管理理论和实践的发展过程中，由于不同生态学者所从事领域和研究对象不同，所提出的原理原则也不尽相同，但大部分的核心思想还是相同的。

与环境生态工程管理相关的原则主要内容包括以下几点。

(1) 环境生态工程管理必然要将自然科学的工具和数据与政治和社会科学的技术相融合，在物理学、生态系统生物学事实与人类因素之间必须要找到一个平衡点。

(2) 环境生态工程管理要求积极地管理，这既针对自然的系统(或者内部的动态)，也针对与这个系统所发生作用的人为因素或外部影响。

(3) 生态系统的功能应该用两个参数度量，即生物多样性和生产能力。尽管生物多样性容易监测和定量化，但环境生态工程管理的观点却要求无论是分析还是决策时都要考虑生态系统的功能和过程。

(4) 环境生态工程管理认为识别阈值是必要的，阈值是指当生态系统退化到这个水平以下时，某些主要的性质或功能就会丧失。生态系统科学家及管理者的一个重要职能就是开发用以识别阈值的工具，为生态系统确定出不同的阈值水平，并将所获得的数据提供给决策者。

(5) 环境生态工程管理要求系统地、科学地研究人类对生态系统的利用以及对其造成的影响。环境生态工程管理要让二者达到均衡。

(6) 环境生态工程管理最终要提供备选和折中的方案，也要对这些选择的成本和收益情况进行评估和监测。理解和接受损失是环境生态工程管理的一个组成部分。

(7) 因管理目标和管理对象的变化，环境生态工程管理的尺度必须有足够的弹性。没有哪一个空间尺度本身就能满足环境生态工程管理的需要。同样，时间尺度也必须有足够的可调节性，以允许灾变干扰后重构一个完整的生态系统循环。

(8) 可调节性管理是环境生态工程管理的一个基本组成部分。规则和标准不仅要有足够的弹性以适应生物物理状态、人类行为及行为对象的不断变化，还要适应科学的发展。环境生态工程管理需要一个能从本身所犯错误中学习的系统，是一个具有反馈作用的非僵化的系统。

二、环境生态工程管理步骤

不同的学者和机构依据环境生态工程管理所应遵守的原则提出了一些具体的实施环境生态工程管理的行动步骤。一般认为环境生态工程管理有以下步骤。

(1) 定义可持续的、明确的和可操作的管理目标。环境生态工程管理以生态系统的可持续性为总体目标，有一系列的具体管理目标，如涉及生态系统的结构、功能、动态的可持续性及其所提供服务的可持续性的一系列目标。这些目标共同构成了一个生态系统可持续性管理的目标体系，但必须要把人类及其价值取向整合到其中。

(2) 确定管理的时间尺度和空间尺度。生态系统的管理计划是与其时间尺度和空间尺度密切相关的，涉及的尺度不同，管理的措施也不相同。就时间尺度而言，几年和几十年的管理计划是不同的；就空间尺度而言，对一片林地的管理计划与对整个流域森林生态系统的管理计划是不同的。因此，管理尺度的确定是环境生态工程管理工作中一个非常重要的环节。

(3) 生态系统及其服务状况评估。生态系统服务功能是生态系统与生态过程所形成及所维持的人类赖以生存的自然环境条件与效用。它不仅为人类提供了食品、医药及其他生产生活原料，更重要的是维持了人类赖以生存的生命支持系统，维持生命物质的生物地球化学循环与水文循环，维持生物物种与遗传多样性，净化环境，维持大气化学的平衡与稳定。生态系统及其服务功能与人类福祉之间的联系是生态系统评估的核心。以生态系统及其服务变化对人类福祉状况的影响为重点，对生态系统的历史变化、当前状态以及未来的变化趋势进行科学的评估，是制订环境生态工程管理计划的基础。

(4) 分析生态系统及其服务变化的驱动因素。影响生态系统及其服务的驱动因素，包括直接驱动因素和间接驱动因素两大类。直接驱动因素包括局部地区的土地利用和土地覆被变化、本地物种绝灭、外来物种入侵、气候变化、森林采伐、采集林副产品和施用化肥及农业灌溉等；间接驱动因素包括人口增长、经济发展、社会体制变革、技术进步及文化和宗教信仰等。

(5) 确定管理计划。根据科学分析，制订出一整套科学、具体、切实可行的环境生态工程管理计划是环境生态工程管理工作的核心。该计划应当有具体的目标、各阶段的任务、负责的单位和个人、经费的来源和配套的政策、法规等。

(6) 实施管理计划。即在管理计划制订以后，应当认真实施。在实施过程中，一是要承认管理计划的权威性，不应随意改动计划；二是要保证实施管理计划所需要的各种条件，如管理队伍、所需设备等；三是要严格按照管理计划的要求，认真完成管理计划中所规定的各项任务。只有这样，管理计划才不会流于形式，环境生态工程管理工作才能真正得到改善。

(7) 监测和研究管理措施的效应及影响。对管理措施导致的生态系统变化进行监测，并研究管理工作和系统变化之间的作用机理，对于了解管理计划的成效，发现管理计划尚存在的问题，进一步提出改进措施是十分重要的。

(8) 对实施管理的生态系统服务进行评价。因为改善生态系统及其服务是实施环境生态工程管理的核心，所以，在监测和研究管理措施的效应及影响时，特别应当关注对生态系统服务进行评价。任何一项环境生态工程管理措施都会有正面和负面的影响，因此在这一工作中，应当特别注意这些正面负面影响的相互关系，对制定的整套管理措施进行综合评价并权衡利弊。

(9) 调整管理计划。通过监测和研究管理措施的效应和影响，综合评价管理措施给生态系统及其服务可持续发展带来的利弊，扩大或加强对生态系统可持续发展有利的管理措施，同时避免或减弱有害的管理措施，调整管理计划是完善环境生态工程管理的重要步骤。

对于不同的生态系统，以及对于同一生态系统不同区域、地理环境的某一特殊生态系统而言，实施环境生态工程管理的行动和步骤也要随之改变，针对具体生态系统而进行具体分析，但应基本遵循上面的相关步骤与内容。

思考与练习

1. 环境生态工程的设计，需要考虑哪些原则？
2. 列举在环境生态工程设计过程中，有哪些最主要的方法？这些方法的原理是什么？
3. 什么是环境生态工程管理？简述环境生态工程管理的主要原则。

第四章　环境生态工程建模

第一节　环境生态工程建模方法

生态系统是极其复杂的，预测生态系统的污染物排放对环境产生的影响是一项艰巨的任务，这时需要构建环境生态工程模型将污染物排放与对生态系统的影响联系起来(图 4-1)，通过选择最适合的生态技术方法为解决特定环境问题提供决策依据。即环境生态工程模型是通过选择环境技术和生态技术的最优组合方式来应对污染的强大工具。

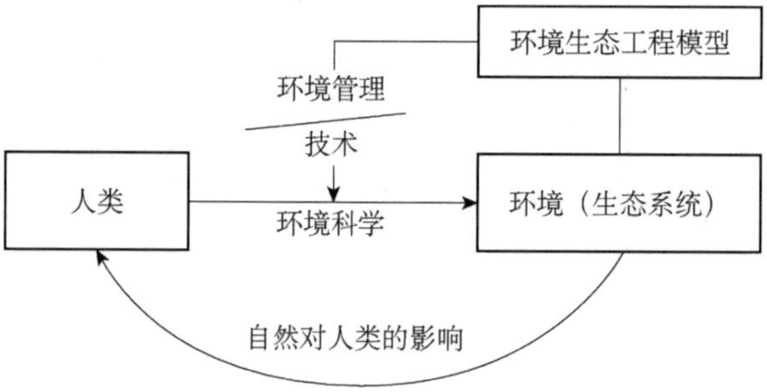

图 4-1　环境生态工程建模与环境管理的关系

一、环境生态工程建模要素

(一) 外部函数

外部函数是影响生态系统状态外部性质的函数。环境生态工程模型需要回答的基础问题是：如果某些外部函数发生变化，对生态系统的状态将会产生什么影响？例如，当外部函数随时间变化时，环境生态工程模型应预测生态系统会发生什么样的变化。向某一个生态系统输入污染物，化石燃料消耗、温度、太阳辐射和降水都是外部函数，但这些是环境生态工程师无法操纵的。通常，可以被人为控制的外部函数称为控制函数。

(二) 状态变量

状态变量描述了生态系统的状态，变量的选择对模型结构至关重要，但大多数情况下，变量是很容易确定的。例如，模拟湖泊富营养化时最基本的状态变量是浮游植物的浓度和营养物质的浓度。但大多数湖泊富营养化评估模型都包含其他营养物浓度、浮游动物浓度、水文、温度、太阳辐射和透明度等多个状态变量，从而将营养物质的输入与浮游植物浓度变化之间的复杂关系建立起来。

(三) 数学方程

生态系统中的生物、化学和物理过程状态变量和外部函数之间的内在关系可以用数学方程表示出来。数学方程式在环境生态工程模型中通常比较简单，有时同样的数学方程式可用于不同的环境生态工程模型中，这主要是因为生态系统过程太复杂，目前我们尚不能充分、详细地理解，所以只能使用简化的数学表达式。

对于特定的生态系统，数学表达式中的参数基本是恒定的。例如，浮游植物的最大生长速率参数值在一定范围内是已知的。对某些未知的参数需要进行校准。通过校准，可以找到状态变量计算值和观察值之间的最优一致性。参数最优值校准可以通过试错法或使用软件进行。在生态过程静态模型中，过程速率是给定时间间隔内的平均值，而在动态模型中，模型的校准至关重要，原因有以下几点。

(1) 在大多数情况下，参数只能在一定范围内已知。

(2) 不同种类的动植物参数不同，且存在全年不同时间的变化，无法找到确切的平均值，而大多数生态模型不区分种类。在这种情况下，参数最优值校准有可能找到动植物动态变化参数的极限。

(3) 校准可以将对状态变量影响较小的生态过程考虑在内，为最敏感的参数设定切合实际的范围，并通过敏感性分析确定参数或外部函数的变化对最关键的状态变量的影响。

大多数环境生态工程模型中的数学方程式均包含通用常数，如气体常数或分子量。这些常数是不需要校准的。

二、环境生态工程建模过程

环境生态工程建模是不断试错和完善的过程，基本流程如图 4-2 所示。

其中，第一步是确定拟解决的关键问题以及在空间和时间上的参数。模型参数不宜选择过多，随着模型中参数的增加，不确定性也会增加。这些参数必须根据基于田间实验的勘测值或实验室试验数据来估计，由于参数估计存在误差，这些误差代入模型后会增加模型预测值的不确定性。后续对模型校对是对模型内部逻辑的测试。例如，在河流生态系统氧平衡模型中，校对阶段的典型问题是：增加的有机物排放是否会使氧浓度降低？模型预测结果是否长期稳定？建模的最后一步是验证，验证必须与校对区分开，验证是指对模型输出与数据吻合程度的客观测试。

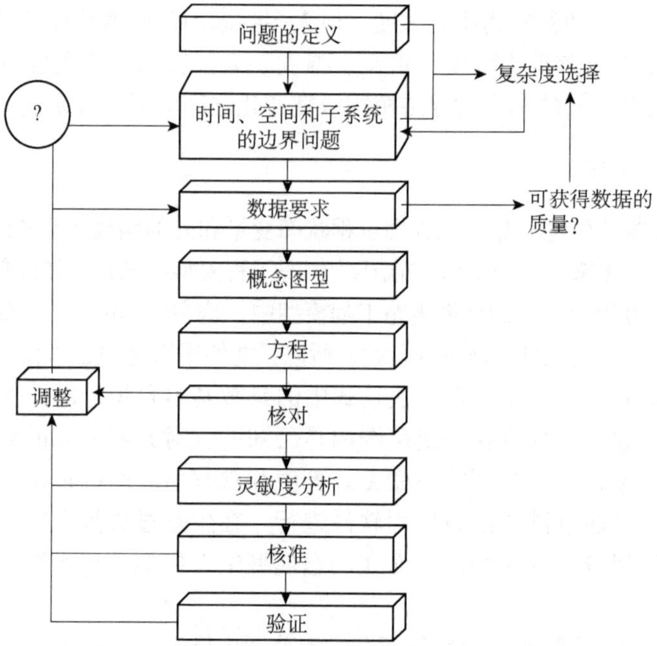

图 4-2 环境生态工程建模过程的基本流程

? 指模型校对，是对模型内部逻辑的测试

环境生态工程模型的复杂度由环境问题复杂程度、生态系统的基本属性和数据的可用性等决定。构建一个能够解释真实生态系统完整的输入-输出行为，并在所有实验框架中都能够得到有效验证的模型是不太可能的，建模者有时可能因无法扩展可用数据的数量而不得不简化模型。

三、环境生态工程模型分类

表 4-1 展示了目前环境生态工程模型类型及其特点。随机模型包含随机输入干扰和随机测量误差(图 4-3)，如果这两者都假设为零，随机模型就会简化为确定性模型。确定性模型意味着系统未来的响应完全由当前状态和未来测量输入的内容决定，其建立的前提应是参数是准确的，而不是估计的。

表 4-1 目前环境生态工程模型类型及其特点

模型类型	描述
研究模型	用作研究工具
管理模型	用作管理工具
确定性模型	预测值是精确计算出来的
随机模型	预测值取决于概率分布
分部模型	定义系统的变量由时变微分方程量化

续表

模型类型	描述
矩阵模型	数学公式中使用矩阵
简化模型	尽可能简化相关细节
整体模型	使用一般原则
静态模型	定义系统的变量不依赖于时间
动态模型	定义系统的变量是时间(或者空间)的函数
分布式模型	参数被认为是时间和空间的函数
集总式模型	参数在规定的空间位置和时间内被视为常数
线性模型	连续使用一阶方程
非线性模型	存在一个或多个非一阶方程
因果关系模型	输入、状态和输出通过因果关系相互关联
灰箱模型	输入扰动只影响输出响应，不需要因果关系
自主模型	导数不明确地依赖于自变量(时间)

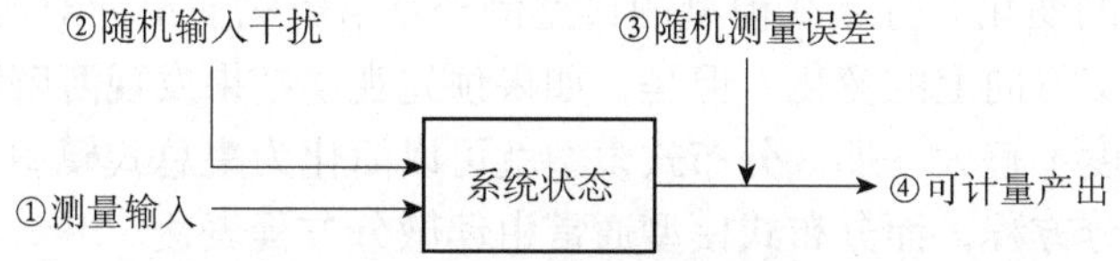

图 4-3　随机模型示意图
随机模型考虑①～③，确定性模型假设②和③为零

分部模型和矩阵模型的差异在于模型应用时的数学表达式不同，但这种分类没有得到广泛应用。简化模型和整体模型的分类模式是基于分类模式背后的科学理念差异。简化模型尽可能合并系统细节，认为生态系统的属性是所有细节的总和。整体模型是利用一般系统原理将整个生态系统的属性包括在模型中，侧重考虑系统的属性，而不是所有细节的总和。

动态模型和静态模型的分类模式是根据生态系统状态区分的，生态系统状态变化过程为初始状态先变成暂时状态，最后变成在稳态附近振荡的状态(图 4-4)。其中，暂时状态阶段只能用动态模型来描述，用微分或差分方程来描述系统对外界因素的响应。微分方程用来表示状态变量随时间的连续变化，而差分方程使用离散时间步长。稳态对应的所有导数都等于零。稳态周围的振荡可以用动态模型来描述，稳态本身可以用静态模型来描述，当所有的导数都等于零稳态时，静态模型可简化为代数方程。静态模型假设所有的变量和参数都与时间无关。静态模型的优点是，它可以通过消除模型关系中的一个自变量来简化随后的计算工作，如计算废水排放、温度和河流流量条件的平均常量模型，该模型作为一种管理工具可以比较各种稳态情况，但不能预测这些情况会何时发生。如果要应用预测系统，就必须使用具有时变状态变量特征的动态模型。

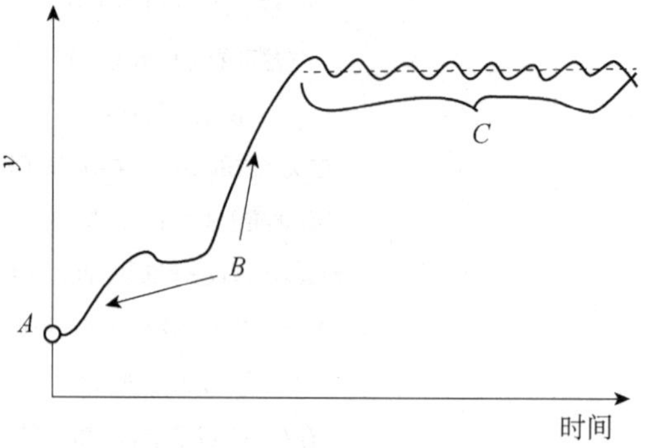

图 4-4　生态系统状态变化

y 为以时间为函数的状态变量；A 为初始状态；B 为暂时状态；C 为在稳态附近振荡；虚线对应于稳态，可以用静态模型来描述

分布式模型和集总式模型的差别在于分布式模型解释了生态系统状态变量在时间和空间上的变化。分布式模型的典型例子是溶解物质沿河对流-扩散模型，它包括三个正交方向上的变化。但是，如果预先观察结果发现溶解物质沿一个或两个方向的梯度不够大，那么分布式模型就可以简化为集总式模型。集总式模型通常基于常微分方程，而分布式模型通常由偏微分方程表达。

因果关系模型描述了输入变量如何连接到状态变量，而灰箱模型仅反映了输入对输出响应产生的影响。因果关系模型提供了过程行为内部机制的描述，灰箱模型只处理可测量的输入和输出，如将营养物输入与水库中浮游植物浓度直接联系起来的模型就是灰箱模型，如果在对外部函数(营养物输入)和浮游植物浓度的统计分析的基础上，使用方程来描述过程的关系，该模型则属于因果关系模型。在有关流程的知识相当有限的情况下，建模者可能更喜欢使用灰箱模型，但其缺点是在应用于其他类似的生态系统时有一定的限制。在环境生态工程中，因果关系模型比灰箱模型应用得更广泛，主要是因为因果模型能够使模型用户了解生态系统的功能关系。

自主模型和非自主模型的区别在于其运行结果是否明显依赖时间变量。自主模型不明显地依赖于时间(自变量)，即

$$\frac{\mathrm{d}y}{\mathrm{d}t}=ay^b+cy^d+e \tag{4-1}$$

非自主模型包含 $g(t)$ 项，使导数依赖于时间，即

$$\frac{\mathrm{d}y}{\mathrm{d}t}=ay^b+cy^d+e+g(t) \tag{4-2}$$

当导数为线性函数时，分别用齐次模型和非齐次模型的表达式来表示自主模型和非自主模型。

表 4-2 给出了另一种环境生态工程模型分类，即生物统计学模型、生物能量学模型和生物地球化学模型。这三种模型的区别在于状态变量的选择。生物统计学模型的目标是对个体、物种或物种类别的数量进行描述。生物能量学模型的目标是描述能量流，状态变量通常以千瓦或千瓦每单位体积或面积表示。生物地球化学模型的目标是描述物质流，通常包括一个或多个元素循环，状态变量用 kg、kg/m^3 或 kg/m^2 表示。模型中对物质描述在一定程度上可以用 1 kg 的生物材料具有的相应的能量替代。因此，将生物地球化学模型转换成描述能量流的生物能量模型一般比较简单，两种模型类型之间差异很小，通常与设计要求有关。

表 4-2　模型的识别

模型的类型	组织	模式	测量
生物统计学模型	物种或遗传信息的保存	生活周期	个体或物种的数量
生物能量学模型	能量的保存	能量流动	能量
生物地球化学模型	质量的保存	元素周期	质量或浓度

第二节　环境生态工程建模实例

本节以水田湿地生态系统氮素转化为例介绍环境生态工程的建模过程。水田湿地生态系统氮素流失模型的构建必须考虑以下几个关键点：①模型参数的选取必须具有合理性，以符合水田氮素转化的特点；②模型需要综合考虑氮素流失的全部过程和途径，尽量明晰氮素流失的分配；③模型需要充分利用现有的或易获取的田间数据进行建模及验证；④模型的建立必须既简单又综合，以增强其实用性。

本节以氮素一级动力学转化理论和水氮耦合平衡理论为基础，构建尿素氮施入水田湿地后的过程模型，氮素转化过程主要包括尿素水解、氨挥发、硝化、反硝化、固定、矿化和吸收等，流失途径包括下渗淋溶、侧渗和径流(含排水)。

一、模型构建及组成

(一) 模型主要结构

本节构建模型的主要结构可分为三个部分，即数据输入部分、氮迁移转化系数率定部分以及氮流失通量计算部分(图 4-5)。其中，数据输入部分包括气候、作物生长、土壤性质及水肥管理等数据；氮迁移转化系数率定部分包括尿素的水解系数、氨挥发系数、下渗淋溶系数、侧渗淋溶系数以及径流系数等；氮流失通量计算部分则根据水氮耦合平衡的原理将上述两个部分进行综合，计算各个途径中的氮损失通量。

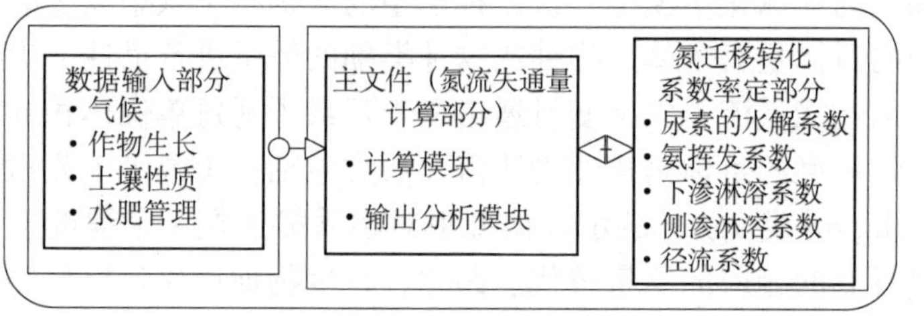

图 4-5　模型主要结构

1) 水平衡模块

水田湿地水平衡可以用式(4-3)表示：

$$\mathrm{FD}=R+\mathrm{IR}-\mathrm{ET}-\mathrm{VL}-\mathrm{LS}-\mathrm{AD}-\mathrm{SR} \tag{4-3}$$

式中，FD 为田面水深度；R 为降水量；IR 为灌水量；ET 为蒸腾量；VL 为下渗淋溶量；LS 为侧渗淋溶量；AD 为人为排水量；SR 为地表径流。各项单位采用深度单位：mm，时间步长为 1 天(因为水田湿地长期淹水，淹水水势大于土壤深层的毛细管作用，所以平衡中未考虑毛细管力对地下水的提升作用)。

(1) 地表径流。

水田湿地中的地表径流属于蓄满产流，即只有降水量超过田埂高度时才能产生地表径流。因此，地表径流(SR)可表示为

$$\mathrm{SR}=R-\mathrm{BH} \tag{4-4}$$

式中，BH 为田间持水量。

(2) 下渗淋溶量。

水田湿地下渗淋溶一般是指土壤水垂直运移出水稻根层的过程，下渗淋溶量的大小主要取决于土壤饱和导水率(与土壤质地和结构相关)和田面淹水的深度。下渗淋溶量一般用达西定律进行计算，即

$$\mathrm{VL}=-k_{\mathrm{s}1}\frac{\mathrm{d}h}{\mathrm{d}z} \tag{4-5}$$

式中，$k_{\mathrm{s}1}$ 为土壤垂直饱和导水率；$\frac{\mathrm{d}h}{\mathrm{d}z}$ 为土壤垂直方向上的水势梯度。

该模型根据前期田间多点试验结果，取土壤垂直饱和导水系数值为 5.4 mm/d。

(3) 侧渗淋溶量。

水田湿地长期淹水以及耕作层扰动，使耕作层底部形成了致密的犁底层，该层极大地阻碍了土壤水的下渗运移，增加了水平侧渗潜能。因此，在水田湿地边

界透水性较好的状况下，水田湿地侧渗淋溶量是比较可观的。理论上，侧渗淋溶量也可以用达西定律进行计算，即

$$LS = -k_{s2}\frac{dh}{dy} \tag{4-6}$$

式中，k_{s2}为侧渗率，即土壤水平饱和导水率；$\frac{dh}{dy}$为土壤水平方向上水势梯度。

根据前文所述，该模型建立的侧渗率与田面水深度和降水量之间的统计关系为 k_{s2}= 0.34 ×(田面水深度+日降水量)−12.6。

(4) 人为排水量。

在水稻生长期内需要进行人为排水以促进水稻生长，水田湿地当天人为排水量为前一天田面水的剩余量。

(5) 蒸腾量。

蒸腾量是土壤水分蒸发和作物叶面水分蒸腾之和。对水稻而言，蒸腾量大小主要取决于气候条件，维持一定量的蒸腾量有助于确保水稻的产量。本试验中的真实 ET 值用潜在 ET(PET)值表示，即

$$PET = K_c \times ET_0 \tag{4-7}$$

式中，K_c为作物系数；ET_0为作物参考蒸腾量，由修正的 Penman-Monteith 方法求得。

根据联合国粮食及农业组织确定的谷类作物系数(表 4-3)，水稻K_c值为：种植后前 14 天($K_{c\ ini}$)取 1.05，第 15～80 天($K_{c\ mid}$)取 1.20，80 天以后($K_{c\ end}$)取 0.90。

表 4-3　谷类作物系数

谷物类别	初期系数 $K_{c\ ini}$	中期系数 $K_{c\ mid}$	晚期系数 $K_{c\ end}$
平均值	0.3	1.15	0.4
大麦		1.15	0.25
燕麦		1.15	0.25
春小麦		1.15	0.25～0.40
冬小麦			
冻土	0.4	1.15	0.25～0.40
非冻土	0.7	1.15	0.25～0.40
玉米		1.20	0.35～0.60
甜玉米		1.15	1.05
粟		1.00	0.30

续表

谷物类别	初期系数	中期系数	晚期系数
	$K_{c\ ini}$	$K_{c\ mid}$	$K_{c\ end}$
高粱		1.00～1.10	0.55
水稻	1.05	1.20	0.60～0.90

2) 氮平衡模块

氮平衡模块中涉及氮素在水田湿地土壤、水、植物、气各个界面的迁移转化关系。水田湿地土水系统可以分为：①田面淹水层(50～70 mm)，该层是氮素发生水解、硝化和氨挥发的关键层；②土水界面氧化层(小于 10 mm)，该层主要发生硝化反应，但由于厚度较小，一般不予考虑；③土壤耕作层(300～400 mm)，该层主要涉及有机氮矿化、氨氮固定、硝氮反硝化、氮素淋溶和作物的吸收。

水田湿地氮平衡公式可表示为

肥料氮+土壤矿化氮=氨挥发+硝化氮(反硝化损失+流失氮+土壤硝氮残留)
+氮固定+氮吸收+土壤氨氮残留　　(4-8)

基于肥料去向的氮平衡可表示为

肥料氮(尿素水解)=氨挥发+硝化氮(反硝化损失+流失氮+土壤硝氮残留)
+氮吸收+土壤氨氮残留　　(4-9)

假设上述转化过程均在水相中进行，且属于一级或准一级动力学反应，则

尿素水解：$\mathrm{UNH_4} = U[1-\exp(-K_\mathrm{h} t)]$

氨挥发：$\mathrm{UNH_3} = \mathrm{UNH_4}[1-\exp(-K_\mathrm{v} t)]$

硝化作用：$\mathrm{UNO_3} = \mathrm{UNH_4}[1-\exp(-K_\mathrm{n} t)]$

反硝化作用：$\mathrm{DNI} = \mathrm{NO_3}[1-\exp(-K_\mathrm{d} t)]$　　(4-10)

作物吸收：$\mathrm{UTNH_4} = \mathrm{ET} \times \mathrm{NH_4}$

下渗淋溶：$\mathrm{VLNO_3} = \mathrm{VL} \times \mathrm{NO_3}$

侧渗淋溶：$\mathrm{LSNO_3} = \mathrm{LS} \times \mathrm{NO_3}$

地表径流：$\mathrm{SRN} = \mathrm{SR} \times (\mathrm{Urea} + \mathrm{NH_4} + \mathrm{NO_3})$

人为排水：$\mathrm{ADN} = \mathrm{AD} \times (\mathrm{Urea} + \mathrm{NH_4} + \mathrm{NO_3})$

式中，U 为尿素施用量；t 为施用后时间；K_h 为尿素水解速率常数；K_v 为氨挥发速率常数；K_n 为硝化速率常数；K_d 为反硝化速率常数；Urea 为尿素。

3) 模型运作流程

水氮耦合平衡模型中氮素主要转化过程如图 4-6 所示。

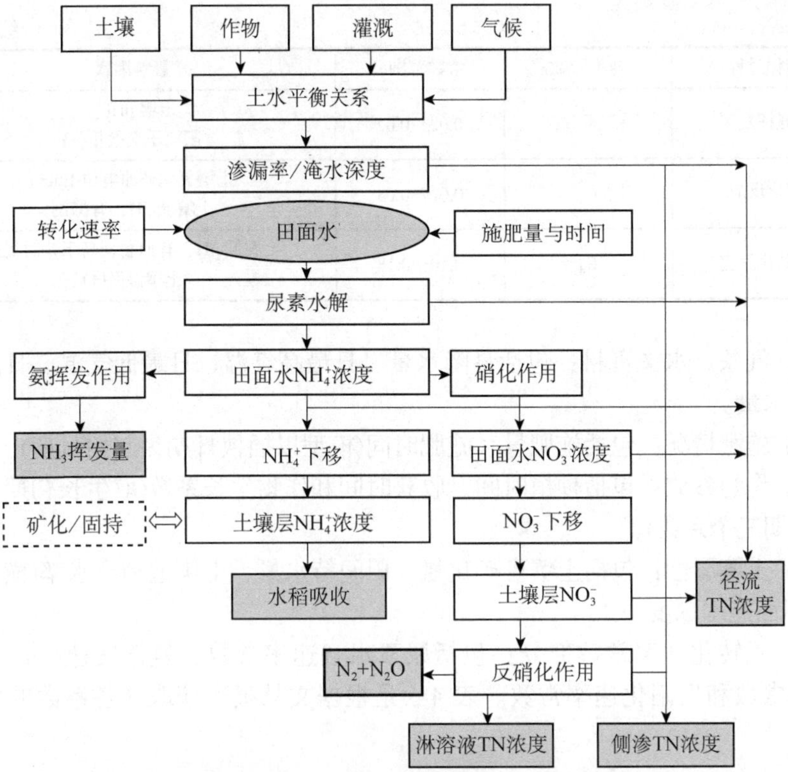

图 4-6　水氮耦合平衡模型中氮素主要转化过程

4) 模型输入参数

模型所需输入参数包括两个部分，即基本参数部分和氮素转化速率常数部分(表 4-4 、表 4-5)。基本参数部分由以下几个参数组成。

表 4-4　模型所需输入参数

参数	所需数据
气候	日降水量、日最高气温、日最低气温和日照时数
水分管理	日灌溉量、日排水量和田面淹水深度
施肥管理	施肥量、施肥时间
作物	种植时间、收获时间和作物生长系数
土壤	土壤可矿化氮、田间持水量、土壤饱和导水率(横向和纵向)

表 4-5　氮素转化过程可取参数

转化过程	速率常数	常数范围/d	影响因素
尿素水解	K_h	0.40～0.80	土壤 pH(+) 土壤温度(+) 土壤水分(+) 土壤黏粒量(+)

续表

转化过程	速率常数	常数范围/d	影响因素
氨挥发	K_v	0.02～0.07	土壤 pH(+) 阳离子交换量(−)
硝化反应	K_n	0.02～0.08	土壤氧化还原电位 Eh(+) 土壤低 pH，有抑制
反硝化反应	K_d	0.10～0.18	土壤低 pH，有抑制，高于 7 时促进 土壤温度(+)

(1) 气象、水文资料：包括日降水量、日最高气温、日最低气温、日灌溉量和日排水量。

(2) 施肥情况：包括施肥量、施肥时间(模型以插秧日期为起始日期)。

(3) 作物参数：包括种植时间、收获时间和作物生长系数(取生长初期、中期和成熟期三个系数)。

(4) 土壤属性：包括土壤可矿化氮、田间持水量、土壤饱和导水率(横向和纵向)、田面淹水深度。

(5) 氮转化速率常数部分：包括尿素水解速率常数、氨挥发速率常数、硝化速率常数和反硝化速率常数。表 4-5 是根据文献报道获取的各系数的可选择范围。

(二) 模型验证方法

以嘉兴综合试验点第 3 年田间观测数据为模型的验证数据。

1) 小区设计

取单位面积为 20 m^2 的试验田，共计 15 个，随机排列，以田埂相隔，田埂用防水薄膜包被，溢出口超高 25 mm。

2) 施肥方案

以尿素为氮肥，参照当地施肥量 180 kg N/hm^2，设计对照 0 kg N/hm^2、90 kg N/hm^2、180 kg N/hm^2、270 kg N/hm^2 和 360 kg N/hm^2 五个处理，分三次施入，设三个重复。磷肥为过磷酸钙，一次性施入 40 kg P/hm^2。

3) 样品采集

氨挥发量采用密封室法测定所用装置如图 4-7 所示，其原理是用抽气减压的方法将田面挥发到空气中的氨吸入装有 2%硼酸的洗气瓶，使其吸收固定于硼酸溶液中，再用标准酸滴定硼酸所吸收的氨量，即为氨挥发损失量。水田湿地采气时调节挥发室体积和抽气流量，使换气频率控制在 15～20 r/min。施肥后每天上午、下午各抽气 2 h，将吸收液用标准酸滴定以计算挥发的氨。直到各处理与对照间无明显差异为止。各施肥处理扣除对照处理氨挥发量，即化肥氮的氨挥发损失。

反硝化损失测定采用密封箱法。将密封箱(图 4-8)放在底座上并将内置风扇通电，使密封箱内的气体与挥发出的氧化亚氮等气体混合均匀。采样时记录下当时的环境温度和土壤温度。每次采样时间间隔为 10 min，用真空瓶和双通针管进行采样并记录下采样时的箱内温度，连续操作三次，并取一个空白作为背景值。

图 4-7　田间采集氨气装置

图 4-8　反硝化损失测定密封箱

验证方法：以 180 kg N/hm^2 处理下获得的信息作为率定氮转化速率常数的基础，然后用其他几个施肥处理进行验证。验证目标定为一个生长季内水稻氮的吸收量，下渗、侧渗、径流、排水等流失通量，氨挥发量，土壤残留量和剩余损失量。

灵敏度分析：调节各转化速率常数，分析硝氮淋溶量变化判定灵敏度大小。

(三) 模型主要界面

模型有三个主要界面：主界面、参数输入界面和计算结果输出界面。

主界面主要介绍模型名称、模型建立者和单位以及模型的主要功能、特点和优势。该模型主要利用水氮耦合平衡理论以及氮素一级动力学转化理论，建立水田湿地尿素氮肥输入与氮素环境输出之间的关系，输出途径包括土壤、植物、气体和水体部分，并根据水田湿地生态系统的特殊性，将水环境去向的氮素细分为径流(含排水)、侧渗和下渗三个途径的流失量。

模型的分界面中参数输入界面涵盖了表 4-4 和表 4-5 中的所需参数，这些参数输入后与另一个界面计算结果输出界面进行关联，在计算结果输出界面中嵌套了关联计算式。输出结果以日为步长，并成图显示各输出量的时间变化趋势，生长季总量输出结果以日输出累计计算而得。

二、模型参数校准

图 4-9 描述了浙江省嘉兴市某农场水稻季日降水量和日蒸腾量的变化，将这些数据输入到模型中，调整并率定氮转化速率常数，率定通过对比模拟结果与实

际监测结果进行。本试验中采用常规施肥量 180 kg/hm² 处理下的实测数据进行率定，表 4-6 为最终氮转化速率率定结果。从一季累计量看(表 4-7)，模型模拟结果较符合实际监测结果。

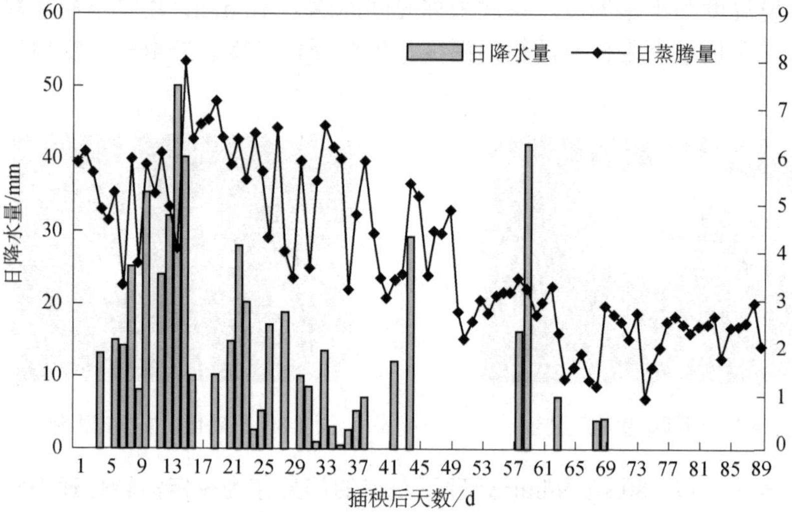

图 4-9　浙江省嘉兴市某农场水稻季日降水量和日蒸腾量

表 4-6　水田湿地氮转化速率常数率定结果　(单位：d^{-1})

氮素转化速率常数	率定结果
尿素水解(K_h)	0.576
氨挥发(K_v)	0.070
硝化(K_n)	0.078
反硝化(K_d)	0.150
矿化(K_m)	0.002
固持(K_i)	0.150

表 4-7　180 kg/hm² 施肥处理下水田湿地氮素各平衡项观测值与模拟值比较

项目	水田湿地氮素平衡项						
	作物吸收	氨挥发	径流损失	侧渗损失	下渗损失	反硝化损失	土壤残留①
观测值/(kg/hm²)	80.7	47.8	11.8	9.4	8.7	7.3	14.4
损失比/%	44.8	26.6	6.5	5.2	4.8	4.0	8.0
模拟值/(kg/hm²)	80.0	44.6	14.7	9.8	8.5	7.2	15.1
损失比/%	44.5	24.8	8.2	5.4	4.7	4.0	8.4
误差/%	0.8	6.7	−24.9	−4.5	2.1	0.6	0.5

① 土壤残留的氮可由差减法得到。

图 4-10 描述了模型模拟的氨挥发量、硝酸盐淋溶量、氮素侧渗量以及作物吸收量的变化趋势。氨挥发量占施肥量的 24.1%[图 4-10(a)]，且 75%以上发生在施肥后 7 天以内，挥发过程持续 15 天左右，在施肥后 3～5 天有明显的峰值出现，这可能与尿素水解初期增加了田面水 pH 有关。硝酸盐淋溶量占施肥量的 5.0%左右[图 4-10(b)]，主要发生在施肥后 7 天以内，淋失持续 15 天左右，峰值出现时间与氨挥发量相比迟 1 天左右，可能是因为硝化作用完成时间需要 1 天左右；氮素侧渗量与下渗淋失量相当，占施肥量的 5.8%[图 4-10(c)]，但趋势变化的构形略显复杂，可能是侧渗水与田面水的关系更密切，其硝酸盐的变化量受田面水氮转化作用的累积效应影响更为明显。如图 4-10(d)所示中的作物吸收量是一个累积变化，从图中可知，施肥后水稻吸收氮量迅速增加，在水稻种植 50 天后基本停止吸收氮素，累积吸收量达 83.6 kg/hm^2，占施肥量的 46.4%。施肥后水稻吸氮量增加的原因可能与根际可供吸收的氮量增加和作物蒸腾作用增加有关，而 50 天后呈现氮吸收停滞状态则可能与此时离最后一次施肥时间较长、根际溶液中可吸收氮量较少有关。此外，从图 4-10 看，当两次施肥间隔时间较短时，第二次施肥过程中氨挥发量，硝酸盐淋溶量、氮素侧渗量以及作物吸收量的变化均受上一次施肥的影响。

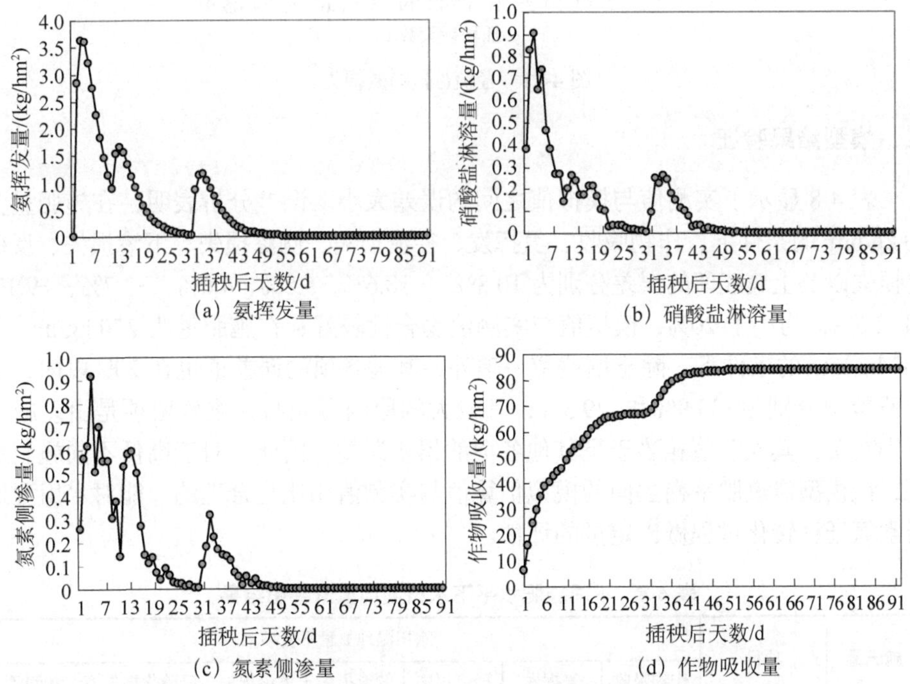

图 4-10　浙江省嘉兴市某农场水田湿地氮转化模拟结果

分次施肥量：(118+36+36)kg/亩

图 4-11 显示水田湿地径流的氮流失在时间上不具有连续性，产径流次数共 4 次，其中有 3 次是由于被迫排水产生的。单次的氮径流失量在 2～7 kg/hm^2，其大小与降雨施肥之间的间隔以及降雨量大小有关。4 次径流累积氮流失量为 15.6 kg/hm^2，占施肥量的 8.7%。水田湿地产径流的不连续性和产径流次数与水田湿地田埂排水口的高度有关，仅当短时降雨量超过排水口高度时，降雨径流才会形成，同时，为了水稻生长需要，田面水深度必须维持一定的深度，一般在 5～7 cm，若降雨后淹水过深则需要进行人为的被迫性排水。

水田湿地反硝化损失量占施肥量的 3.7%，水田湿地反硝化量的大小与水田湿地土壤水分保持条件密切相关。

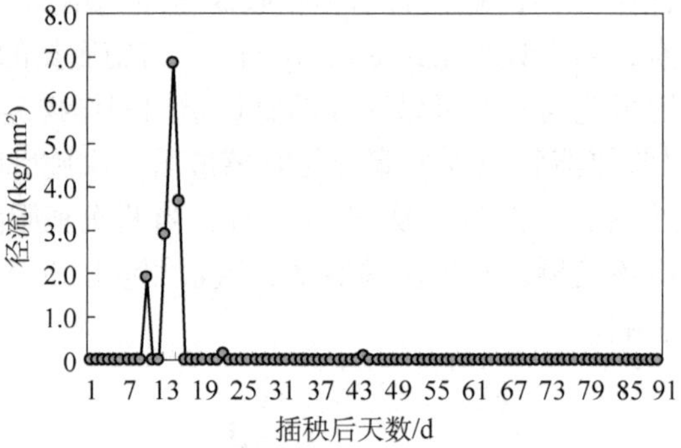

图 4-11　径流(排水)氮损失

三、模型结果验证

表 4-8 显示了实测值与模拟值之间的误差大小。误差分析表明，在施肥量为 90 kg/hm^2 的条件下，作物吸收、氨挥发、径流损失、侧渗损失、下渗损失、反硝化损失以及土壤残留的误差分别为 10.8%、−18.6%、5.8%、4.6%、−3.7%、−9.1% 和−2.5%，均小于 20%，模拟值与实测值吻合性较好；在施肥量为 270 kg/hm^2 和 360 kg/hm^2 的条件下，除土壤残留一项外，其他各项的误差值也在 20%以内，土壤残留项分别为−33.9%和−29.3%，其较大的原因可能与土壤残留项是由差减法得到有关，其误差值相当于是其他各项的累积误差。因此，对于高低不同施肥水平，该模型对氮肥平衡去向的模拟估算值与实测值相比是合理的，能对水田湿地尿素氮迁移转化过程做出定量的评估。

表 4-8　不同施肥水平下水田湿地氮素平衡结果

施肥量	项目	水田湿地氮素平衡项						
		作物吸收	氨挥发	径流损失	侧渗损失	下渗损失	反硝化损失	土壤残留[①]
90 kg/hm^2	观测值/(kg/hm^2)	35.7	26.5	5.1	4.7	4.4	3.9	9.8

续表

施肥量	项目	水田湿地氮素平衡项						
		作物吸收	氨挥发	径流损失	侧渗损失	下渗损失	反硝化损失	土壤残留①
90 kg/hm²	损失比/%	39.7	29.4	5.6	5.2	4.9	4.4	10.9
	模拟值/(kg/hm²)	40.0	22.3	5.4	4.9	4.2	3.6	9.6
	损失比/%	44.5	24.8	6.0	5.4	4.7	4.0	10.6
	误差/%	10.8	−18.6	5.8	4.6	−3.7	−9.1	−2.5
270 kg/hm²	观测值/(kg/hm²)	108.6	72.7	19.3	14.3	10.7	10.1	34.4
	损失比/%	40.2	26.9	7.1	5.3	4.0	3.7	12.7
	模拟值/(kg/hm²)	120.1	66.9	22.1	14.7	12.7	10.8	22.7
	损失比/%	44.5	24.8	8.2	5.4	4.7	4.0	8.4
	误差/%	10.5	−7.9	14.6	3.1	18.4	7.5	−33.9
360 kg/hm²	观测值/(kg/hm²)	137.7	103.6	27.9	17.9	15.4	14.9	42.8
	损失比/%	38.2	28.8	7.7	5.0	4.3	4.1	11.9
	模拟值/(kg/hm²)	160.1	89.2	29.4	19.6	16.9	14.4	30.3
	损失比/%	44.5	24.8	8.2	5.4	4.7	4.0	8.4
	误差/%	16.3	−13.8	5.6	9.8	10.2	−2.8	−29.3

① 土壤残留的氮可由差减法得到。

四、模型灵敏度分析

模型灵敏度分析能够看出一个模型的主要控制过程和关键参数。模型参数的灵敏度分析见表 4-9，由表 4-9 可知，尿素水解速率常数与氮素下渗和侧渗两个通量之间均呈现较弱的正相关关系，氨挥发速率常数和反硝化速率常数与这两个通量之间均呈现较弱的负相关关系，而硝化速率常数与这两个通量之间均呈现较强的正相关关系，说明硝化速率常数的大小在水田湿地氮素下渗和侧渗淋失通量中起着关键作用。

表 4-9 模型参数的灵敏度分析

尿素水解速率常数			氨挥发速率常数			硝化速率常数			反硝化速率常数		
K_h	N_{VL}①	N_{LS}②	K_v	N_{VL}	N_{LS}	K_n	N_{VL}	N_{LS}	K_d	N_{VL}	N_{LS}
0.2	7.87	9.58	0.02	10.60	12.54	0.02	2.99	3.56	0.06	9.67	11.26
0.3	8.46	10.20	0.03	10.17	11.98	0.03	4.27	5.06	0.08	9.48	11.04

续表

尿素水解速率常数			氨挥发速率常数			硝化速率常数			反硝化速率常数		
K_h	N_{VL}[①]	N_{LS}[②]	K_v	N_{VL}	N_{LS}	K_n	N_{VL}	N_{LS}	K_d	N_{VL}	N_{LS}
0.4	8.76	10.41	0.04	9.77	11.47	0.04	5.43	6.41	0.10	9.30	10.82
0.5	8.93	10.48	0.05	9.41	11.00	0.05	6.49	7.64	0.12	9.11	10.61
0.6	9.04	10.50	0.06	9.08	10.58	0.06	7.46	8.74	0.14	8.93	10.40
0.7	9.13	10.51	0.07	8.78	10.19	0.07	8.36	9.76	0.16	8.75	10.19
0.8	9.2	10.51	0.08	8.50	9.83	0.08	9.18	10.68	0.18	8.58	9.99

① 氮素下渗(kg/hm^2)。

② 氮素侧渗(kg/hm^2)。

本节构建的模型是一个既简单又综合的工具模型，可以用来描述尿素氮施入水田湿地后的迁移转化行为，有效地评估不同施肥量、不同施肥时间与次数对水田湿地氮素转化过程的影响，为水田湿地生态系统水肥管理优化措施的制订提供了科学依据。我们利用该模型定向定量估算了尿素氮施入水田湿地经过转化后进入水、土、气、植的通量，发现在常规施肥水平 180 kg/hm^2 处理条件下，径流(排水)、侧渗和下渗途径的氮素流失分配各占施肥量的 8.7%、5.8%和 5.0%左右；另外，氨挥发比重较大，占施肥量的 24.2%，作物吸收占施肥量的 46.4%，反硝化损失占施肥量的 3.7%，土壤残留占施肥量的 6.2%。氮素流失和挥发损失主要发生在施肥后一周以内，损失持续时间为 15 天左右。

该模型的创新之处在于将氮素流失通量做了三维的分配，即对径流、侧渗和下渗通量分别做了估算，为农田氮素流失控制提出了更为针对性的参考数据。在今后的研究中应充分发挥该模型的优势，在其他水田湿地生态系统进行应用，并利用 3S 技术[地理信息技术(GIS)、遥感技术(RS)和全球卫星定位技术(GPS)]将空间数据嵌套进入该模型，实现模型的空间计算功能，这也是水田湿地氮素迁移转化一般模型的一个重要的发展方向。

思考与练习

1. 简述环境生态工程建模主要包括哪些步骤。
2. 思考如何构建面向水田湿地生态系统磷流失的模型。

第五章 环境生态监测与评价

第一节 环境生态监测

环境生态监测是指从不同尺度上对各类生态系统结构和功能的时空格局的度量，主要通过监测生态系统条件的变化、对环境压力的反映及其趋势而获得。生态监测实际上是环境监测工作的深入与发展，由于生态系统本身的复杂性，要完全对生态系统的组成、结构和功能进行全方位的监测是十分困难的，然而生态学理论的不断发展与深入，特别是景观生态学的发展，为环境及生态监测指标的确立、生态质量评价及生态系统的管理与调控提供了基本框架。

一、环境生态监测的内容

(1) 生态环境中非生命成分的监测。生态监测包括对各种生态因子的监控和测试，既监测自然环境条件(如气候、水文和地质等)，又监测物理、化学指标的异常(如大气污染物、水体污染物、土壤污染物、噪声、热污染和放射性等)。这不仅包括了环境监测的监测内容，还包括了对自然环境重要条件的监测。

(2) 生态环境中生命成分的监测，包括对生命系统的个体、种群、群落的组成、数量和动态的统计与监测，污染物在生物个体当中量的测试等。

(3) 生物与环境构成系统的监测，包括对一定区域范围内生物与环境之间构成的系统组合方式、镶嵌特征、动态变化和空间分布格局等监测，相当于宏观生态监测。

(4) 生物与环境相互作用及其发展规律的监测，包括对生态系统的结构、功能进行研究。既包括监测自然条件下(如自然保护区内)的生态系统结构、功能特征，也包括对生态系统受到干扰、污染或恢复、重建、治理后的结构和功能的监测。

(5) 社会经济系统的监测。人类在生态监测这个领域扮演着复杂的角色，既是生态监测的执行者，又是生态监测的主要对象，由人类所构成的社会经济系统是生态监测的内容之一。

二、环境生态监测的类型

根据监测对象的不同，从监测的尺度来看，环境生态监测可以分为以下几类。

(1) 宏观生态监测是在区域(大至全球范围)内对各类生态系统的组合方式、镶嵌特征、动态变化和空间分布格局及其在人类活动影响下的变化等进行监测。3S 技术是宏观生态监测发展的方向，它充分利用计算机技术把遥感、航空摄影、卫星监测和地面定点监控有机结合起来，依靠专门的软硬件使生态监测智能化，使生态资料数据传上网络，实现生态监测化是目前以及今后相当长的一段时间内监测人员的重点工作内容。

(2) 微观生态监测，其监测对象的地域等级最大可包括由水域、陆域等几个生态系统组成的景观生态区域，最小也应代表单一的生态类型。它是对某一特定生态系统或生态系统集合体的结构、功能特征及其在人类活动影响下的变化进行监测。

宏观生态监测必须以微观生态监测为基础，微观生态监测又必须以宏观生态监测为主导，二者相互独立，但又相辅相成，一个完整的生态监测应包括宏观监测和微观监测两种尺度所形成的生态监测网。

第二节 环境生态评价

随着人口的增长和社会工业化程度的提高，人类活动的范围和强度空前扩大，人口、资源与环境矛盾日益尖锐，生态问题更加突出。为了解决这些问题，人类需要更深入地理解生态系统结构、功能和过程，因而环境生态评价研究逐步在全球范围内开展起来，这一部分将在第八章进行深入的探讨和分析。

从环境生态评价对象来看，由于人们最初面临的生态问题影响范围较小，评价对象多是尺度较小的农田生态系统、森林生态系统等，之后随着生态问题的广泛化和全球化，评价对象尺度逐步增大，现已形成从地块到区域、国家以及全球的多层次评价模式。其中研究较多的是对农业、森林、城市、湿地、流域、湖泊、山区、干旱区、森林公园、自然保护区和行政区等生态系统的评价。

从环境及生态评价的研究进程来看，总体上可以分为两类：一是对生态系统所处的状态进行评价；二是对生态系统服务功能进行评价。

一、生态系统状态评价

由于生态系统状态方面的评价研究较早，在评价的理论与技术方面都比较成熟。在评价方法上，最常用的方法是多线性加权法，其基本思路是首先根据评价的目的建立评价指标体系，然后确定各指标的权重，并对评价指标进行量化与标准化，最后根据评价模型进行评价。此外还有两种评价方法：一是景观空间格局法。它以景观生态学理论为基础，根据不同的生态结构将研究区域划分为景观单元板块，通过定量分析反映景观空间格局与景观异质性特征的多个指数，从宏观角度给出区域生态状况。二是欧氏距离法。其实质是把评价因子作为欧氏空间的

n维向量，而将评价标准作为欧氏空间的基点，用评价因子组成的n维向量与评价标准组成的基点之间的距离来度量。距离越短，表明评价值越接近评价标准。

二、生态系统服务功能评价

生态系统服务是指生态系统与生态过程所形成及所维持的人类赖以生存的自然环境的条件与效用。它不仅给人类提供生存所必需的食物、医药及工农业生产的原料，而且维持了人类赖以生存和发展的生命支持系统。综合国内外的研究成果，通常将生态系统服务功能划分为生态系统产品和生命系统支持功能。生态系统产品是指自然生态系统所产生的，能为人类带来直接利益的因子，包括食品、医用药品、加工原料、动力工具、欣赏景观和娱乐材料等。生命系统支持功能主要包括固定CO_2、稳定大气、调节气候、对干扰的缓冲、水文调节、水资源供应、水土保持、土壤形成、营养元素循环、废弃物处理、授粉、生物控制、提供生境、食物生产、原材料供应、基因储备、日常活动等。

对生态系统服务价值进行评估，是对生态系统服务功能进行估计的具体手段。生态系统服务价值的量化可将生态系统产品和生命支持功能，转化为人们具有明显感知力的货币值，能较好地反映生态系统和自然资本的价值，有助于人们了解和认识生态系统的服务功能及其价值，减少和避免损害生态系统服务功能的短期经济行为的发生，促进生态系统可持续发展和管理。根据生态服务价值的构成，可以将其分为以下几类。

(1) 直接使用价值主要是指生态系统产品所产生的价值，即生物资源价值。它包括食品、医药及其他工农业生产原料，这些产品可在市场上交易并在国家收入账户中使价值得到反映，但也有部分非实物直接价值(无实物形式，但可为人类提供服务，可直接消费)，如动植物观赏、生态旅游和科学研究等。直接使用价值可用产品的市场价格来估计，是人类从古至今生存所依赖的基础，也是造成过度采掘猎捕，并导致生物多样性减少和生物资源日益衰竭的根本原因。

(2) 间接使用价值主要是指生态系统给人类提供的生命支持系统的价值。这种价值通常远高于其直接生产的产品资源价值，它因生命支持系统而存在，如维持生命物质的生存和地球化学循环与水文循环。间接使用价值的评估常常需要根据生态系统功能的类型来确定。

(3) 选择价值是指人们为了将来能直接利用和间接利用某种生态系统服务功能的支付意愿。例如，人们为将来能利用生态系统的涵养水源、净化大气以及游憩娱乐等功能产生的支付意愿。人们通常把选择价值喻为保险公司，即人们为确保自己将来能利用某种资源或效益而愿意支付的一笔保险金。选择价值又可分为三类：自己将来利用、子孙后代将来利用及为别人将来利用。它是一种关于未来的价值或潜在的价值，是在做出保护或开发选择之后的信息价值，是难以计量的价值。

(4) 存在价值亦称内在价值，是人们为确保生态系统服务功能能够继续存在产生的支付意愿。存在价值是生态系统本身所具有的价值，是一种与人类的开发利用无直接关系，但与人类对其存在的观念和关注相关的经济价值，如生态系统中的物种多样性与涵养水源能力等。

(5) 遗产价值是指当代人为将某种自然物品或服务保留给子孙后代而自愿支付的费用或价格。遗产价值还可体现在当代人为他们的后代将来能受益于某种自然物品或服务的存在而自愿支付的保护费用，遗产价值反映了一种人类的生态或环境伦理价值观——代间利他主义。

根据对价值构成的评述可知，一般来说，生态系统服务功能的总价值是其各种价值的总和。但在实际评估中，总价值尚存在争论。现有的评价技术可以区分使用价值和非使用价值，但企图分开选择价值、存在价值和遗产价值是有问题的，它们之间在某种意义上存在一定程度的重叠，在实际操作上，需要注意它们重叠的部分。

第三节　环境生态监测实例分析

一、环境生态功能定位

根据我国省级环境功能区划(如《浙江省环境功能区划》)可知，环境功能区可划分为生态保护红线区、生态功能保障区、农产品安全保障区、人居环境保障区、环境优化准入区和环境重点准入区六类。

二、水生生态调查与分析

水生生态调查内容一般为河流或流域的常规水质指标检测、浮游植物、浮游动物、底栖生物、水生维管束植物、鱼类、重要水生生物及其生境。采样点一般设置在河流或流域的上、中、下游段。

1) 水质监测方法

水质监测指标包括 pH、温度、浊度、电导率、UV_{254}和总有机碳(TOC)，其中 pH、温度、浊度和电导率可通过便携式 pH 计、温度计、浊度仪和便携式电导率分析仪现场进行测定。UV_{254}和 TOC 应采水样带回实验室立即测定，UV_{254}的检测可使用紫外分光光度计在 254 nm 波长下测定吸光度，TOC 可使用 TOC 分析仪进行测定，水样在进行 UV_{254}和 TOC 的测定前都需用 0.45 μm 的微孔滤膜过滤。

UV_{254}是指水中一些有机物在 254 nm 波长紫外光下的吸光度，反映的是水中天然存在的腐殖质类大分子有机物以及含 C═C 双键和 C═O 双键的芳香族化合物的含量，单位 AU/cm。与水中化学需氧量(COD)和 TOC 有一定的相关性。

TOC是指以碳表示水体中溶解性有机物的总量。由于TOC的测定采用燃烧法，因此能将有机物全部氧化，它比5日生化需氧量(BOD_5)或COD更能直接表示有机物的总量，通常作为评价水体有机物污染程度的重要依据。

2) 水生生物调查

水生生物调查包括浮游植物、浮游动物、着生生物和底栖生物等采样、样品保存、定性和定量方案，参照《淡水浮游生物调查技术规范》《淡水生物资源调查技术规范》《浙江省主要常见淡水浮游动物图集(饮用水水源)》《淡水微型生物图谱与底栖动物图谱》《湖泊富营养化调查规范》等。

浮游生物的调查直接采集表层水样用于分析，坝前水体采集水面下0.5 m处水样。浮游生物样品定性定量分析参照《淡水浮游生物调查技术规范》。

底栖生物作定量定性采集，每点连续采挖2次，所用采泥器为改良版彼得生采泥器(图5-1)，面积为1/16 m^2。每次采集的样品用40目分样筛将泥沙去除后放入铝制水桶中，加贴标签，带回实验室挑拣出底栖生物，在显微镜或解剖镜下观察。定性采集采用三角拖网，方法同定量分析。

着生藻类调查需要采集附有藻类的石头、植物和木块作为附着基质，将基质带回实验室，用硬质毛刷将附着物刷到盛有蒸馏水的试剂瓶中，加入鲁哥氏液固定，镜检，确定种类。

水生维管束植物的采集所用的工具为螺旋杆式采草器和抓斗式采草器(图5-1)。

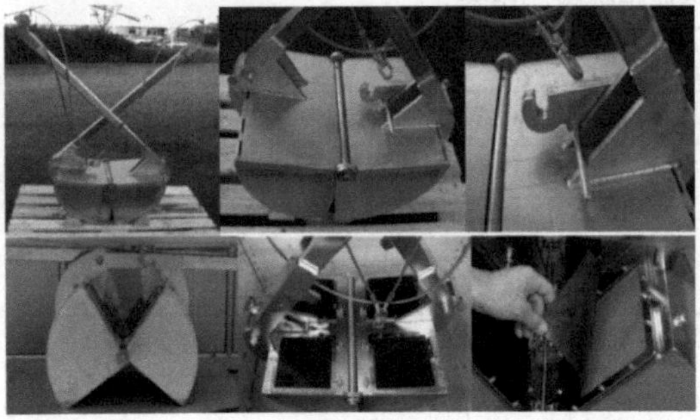

(a)

(b)

图5-1　彼得生采泥器和抓斗式采草器

(a)为采泥器，(b)为采草器

3) 鱼类调查

鱼类调查方法按照《水库渔业资源调查规范》《内陆水域渔业自然资源调查手册》进行，采用多层刺网捕捞结合社会调查等方式，调查当地的主要鱼类，分析其种群组成、种类及分布情况。鱼类鉴定依据《中国鲤科鱼类志》《中国淡水鱼类检索》《浙江动物志——淡水鱼类》等文献资料。

4) 重要水生生物及其生境

调查鲫鱼、鲤鱼和光唇鱼等重要水生生物，其资源状况调查以社会调查为主，生境调查以现场调查为主。

5) 生物多样性计算

采用 Margalef 种类丰富度指数 D、香农-维纳(Shannon-Wiener)多样性指数 H'、Pielou 均匀度指数 J' 和辛普森(Simpson)优势度指数 d 来进行生物多样性研究，公式如下：

Margalef 种类丰富度指数 D：$D=(S-1)/\ln N$

Shannon-Wiener 多样性指数 H'：$H'=-\sum(P_i\cdot\ln P_i)$

Pielou 均匀度指数 J'：$J'=H'/\ln S$

Simpson 优势度指数 d：$d=1-\sum P_i^2$

式中，S 为种类数；N 为群落中全部物种个体数；P_i 为 i 种浮游生物占总生物的比例。

6) 调查结果与评价

以浙江某河段为例，该段水质功能要求为Ⅲ类，经调查可知该段水域采样点的水质情况良好(表 5-1)，可达Ⅲ类水体要求。

表 5-1 水质指标检测结果

采样点	pH	DO/(mg/L)	COD_{Mn}/(mg/L)	氨氮/(mg/L)	总磷/(mg/L)
1	7.6	7.2	3.88	0.891	0.115
2	7.6	7.2	4.43	0.830	0.124
3	7.4	7.2	4.00	0.640	0.124
Ⅲ类标准	6～9	≥5.0	≤6	≤1.0	≤0.2

注：DO 表示溶解氧；COD_{Mn} 表示用高锰酸钾作化学氧化剂测定的 COD。

通过对水样进行分析，3 个采样点的浮游植物定性样品共鉴定出 27 种，隶属于 4 门 18 属，在所有采样点中，尤以硅藻门和绿藻门种类最多(图 5-2～图 5-4)，优势种为优美平裂藻、小环藻、泽丝藻、单角盘星藻具孔变种、丰富栅藻、模糊直链藻和脆杆藻。

该河段下游的浮游植物种类最多，为 16 种，其中硅藻门为 9 种，上游和中游均为 13 种。从浮游植物丰度上看，下游丰度最高，为 3.51×10^4 cells/L，由于上游硅藻生物量较大，导致上游的生物量最高，为 30.68 μg/L。Margalef 指数的三个采样点无明显差异，而 Shannon-Wiener 多样性指数和 Pielou 均匀度指数，均显示下游明显低于上游，说明浮游植物在种群多样性和分布上受到河流环境变化的影响。

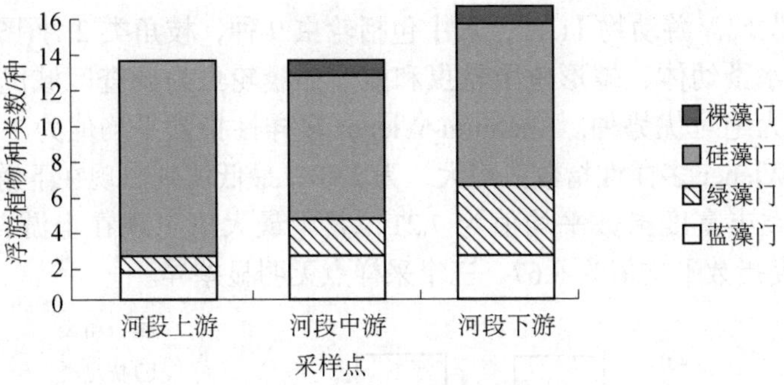

图 5-2　浮游植物种类及比例

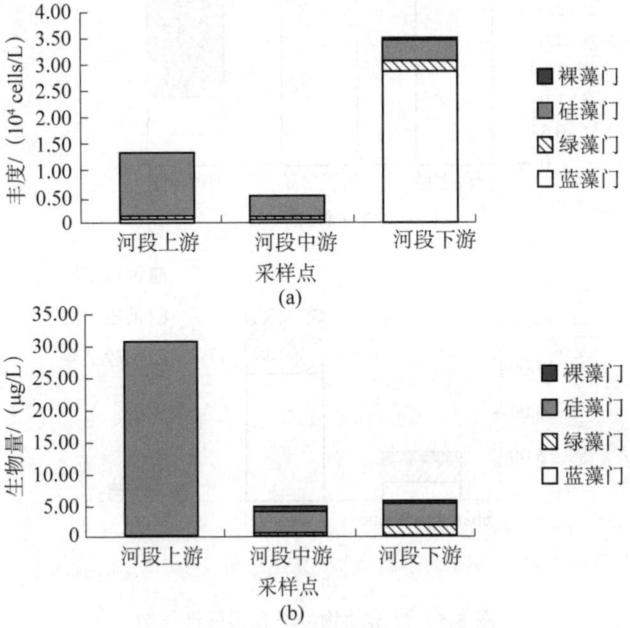

图 5-3　浮游植物丰度和生物量

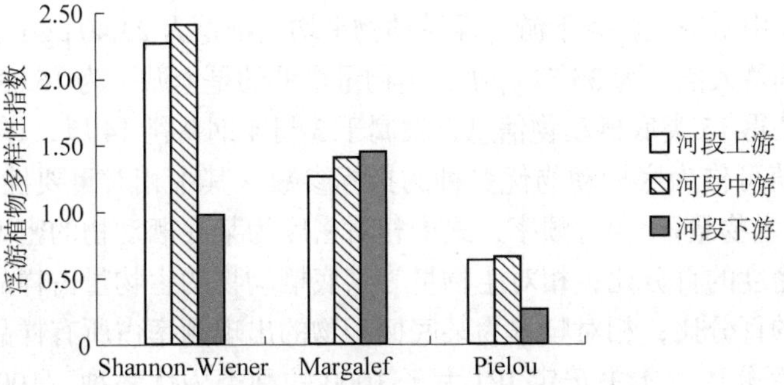

图 5-4　浮游植物多样性指数

经鉴定发现浮游动物 11 种，其中包括轮虫 9 种，枝角类 2 种(图 5-5)。长额象鼻溞、剑水蚤幼体、螺形龟甲轮虫和前节晶囊轮虫为调查区域优势种，其中长额象鼻溞为绝对优势种。Shannon-Wiener 多样性指数平均值为 1.88，其中中游 Shannon-Wiener 多样性指数值最大，为 2.40，最低值则出现在下游，为 1.10；Margalef 种类丰富度指数平均值为 7.21，其中最大值出现在上游，达 14.32；Pielou 均匀度指数平均值为 0.67，三个采样点无明显差异。

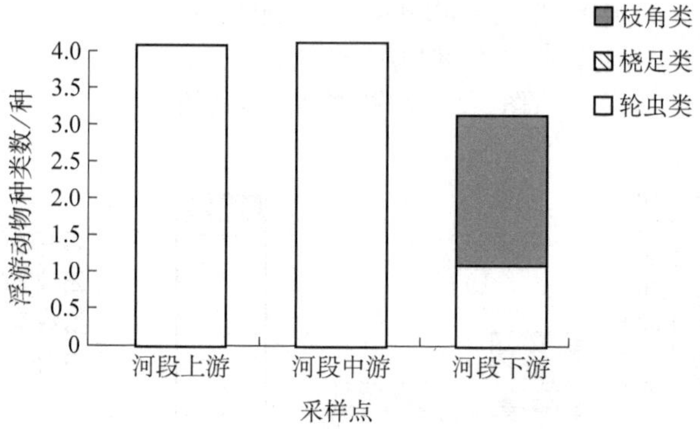

(a)

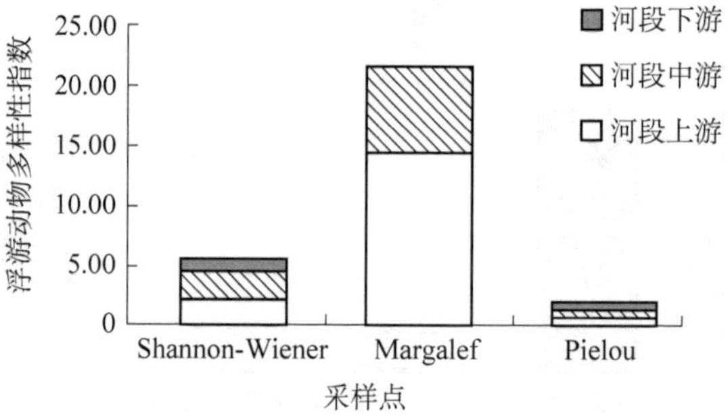

(b)

图 5-5 浮游动物种类和多样性指数

浮游动物平均丰度为 2.43 ind./L。如图 5-6 所示，浮游动物丰度在各个点位的大小顺序为：中游＞上游＞下游。浮游动物平均生物量为 23.40 μg/L。中游浮游动物生物量达到最大值，为 35.57 μg/L；生物量最低的是上游，为 16.03 μg/L。

调查共获得 15 类底栖动物信息，隶属于 3 门 4 纲 9 科 14 属，详细见表 5-2。另外，重要值可作为底栖动物优势种的指标参数，其中相对重要性指数 IRI=(相对密度+相对生物量)× 相对频率，式中相对密度为某底栖动物的密度占样品中所有底栖动物密度的百分比；相对生物量为某底栖动物的生物量占样品中所有底栖动物生物量的百分比；相对频率为某底栖动物的出现频率占所有样品中底栖动物出现频率的百分比。本书选定 IRI 大于 1000 的种类为优势种，100～1000 的种类为重要种，10～100 的种类为常见种，小于 10 的种类为少见种。可知霍甫水

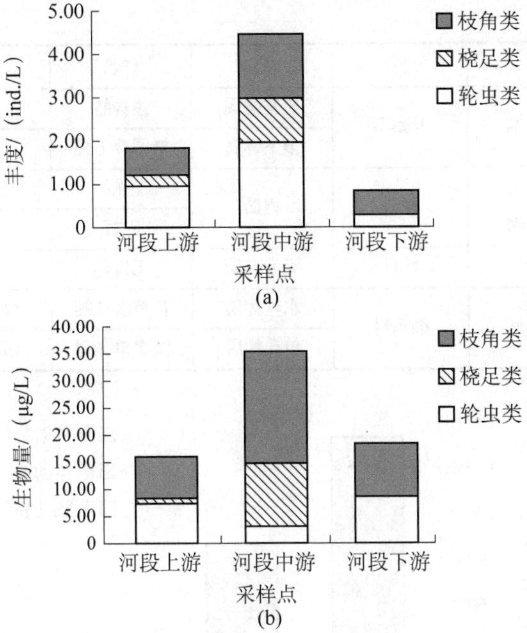

图 5-6　浮游动物丰度和生物量

丝蚓为本研究区域的优势种群。样品底栖动物种类相对较少，与采样时水温较低也有一定关系。调查发现，底栖动物各点平均密度为 81.20 ind./m^2。各个点的底栖动物密度大小顺序为：上游＞中游＞下游。其中，河段上游和中游密度的主要贡献者为环节动物门，下游的主要贡献者为软体动物门。底栖动物平均生物量为 10.22 g/m^2，河段上游生物量最高，为 17.40 g/m^2，主要生物量贡献者均为软体动物门。底栖动物密度和生物量如图 5-7 所示。

表 5-2　调查区域内底栖动物分类

门	纲	科	属	种名	拉丁名
节肢动物门	昆虫纲	摇蚊科	环足摇蚊属	环足摇蚊	*Cricotopus* sp.
			多足摇蚊属	多足摇蚊	*Polypedilum* sp.
		石蝇科	—	石蝇科一种	*Perlidae*
		蜻科	红蜻属	红蜻	*Crocothemis servilia*
软体动物门	腹足纲	田螺科	环棱属	方形环棱螺	*Bellamya quadrata*
			田螺属	中华圆田螺	*Cipangopaludina cathayensis*
		觿螺科	狭口螺属	光滑狭口螺	*Stenothyra glabra*
			涵螺属	长角涵螺	*Alocinma longicornis*
			豆螺属	豆螺	*Bithynia* sp.

续表

门	纲	科	属	种名	拉丁名
软体动物门	腹足纲	黑螺科	短沟蜷属	短沟蜷	*Semisulcospira* sp.
			萝卜螺属	椭圆萝卜螺	*Radix swinhoei*
	双壳纲	蚬科	蚬属	河蚬	*Corbicula fluminea*
				闪蚬	*Corbicula nitens*
		蚌科	无齿蚌属	无齿蚌	*Anodonta* sp.
环节动物门	寡毛纲	颤蚓科	水丝蚓属	霍甫水丝蚓	*Limnodrilus hoffmeisteri*
			单孔蚓属	淡水单孔蚓	*Monopylephorus limosus*

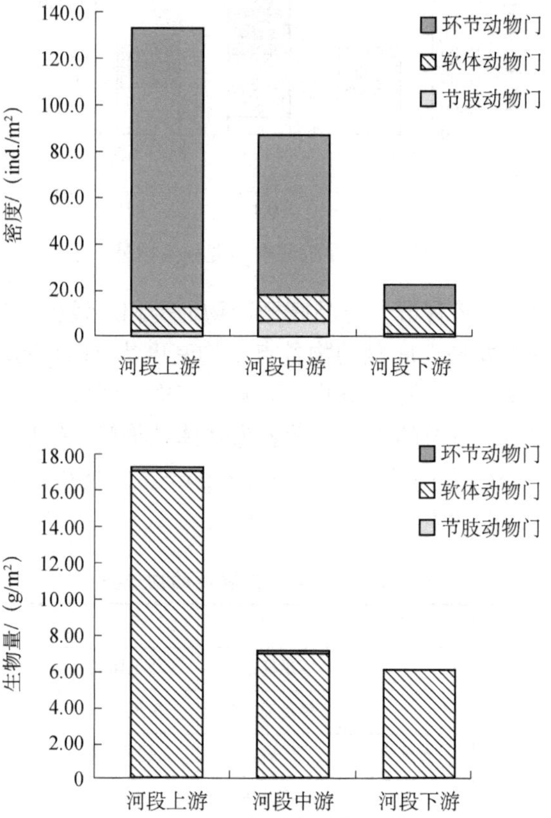

图 5-7　底栖动物密度和生物量

水生维管束植物经采样和现场调研发现共有 9 种，其中以葎草和酸模分布最广，生物量最大。

鱼类鉴定方面，通过收集标本进行鉴定、社会调查和查阅相关资料，依据《中国鲤科鱼类志》《中国淡水鱼类检索》《浙江动物志——淡水鱼类》等资料。

3 个采样点收集的河口鱼类共 14 种。在物种数量上以鲤形目鱼类为主，共有 60 种，占总数的 60.2%；鲈形目鱼类 14 种，占总数的 16.9%，主要包括草鱼、鲢鱼、鲫鱼、鲤鱼、鳊鱼和泥鳅等。调查过程中未发现属濒危物种的鱼类。

三、陆域生态调查与分析

1) 陆域生态调查方法

陆域生态调查需设置若干样方点，收集整理调查区所涉及的能反映生态现状或生态本底的资料。内容包括植被及植物多样性调查、群落数量特征分析、陆生动物多样性调查、土地利用及水土流失调查和生态影响评价等。调查及报告书在编制过程中参考了以下调查资料和研究成果：《中国植被》、《中华人民共和国植被图(1：1000000)》、《浙江林业自然资源》、《浙江植物志》和《浙江动物志》等。

对于陆生植物，在对评价区陆生生物资源历年资料检索分析的基础上，根据调查方案确定路线走向及考察时间，进行现场调查。在调查过程中，确定评价区的植物种类。对部分难以鉴定的植物进行标本采集和照片拍摄，通过《中国植物志》全文电子版的查询系统和《浙江植物志》，并结合相关应用程序识别植物的种类。

陆生动物的调查主要采用资料收集法，即检索相关地区/区域的文献报道、新闻报道，依据《浙江动物志》对陆生动物的习性、分布和生境等的描述，整理本地区可能存在的动物种群并于现场调查时对相关生境核对校实，参考当地或邻近地区已有的动物资源清查报告等。

此外，采取野外踏勘及专家访问等辅助方法对评价区内陆生动物的种类、资源状况及生存状况等进行调查。根据《中国生态系统》的分类方法，在陆地生态系统型内，按照建群种生活型相近而群落外貌形态相似和水分条件相当的标准，将陆地的自然生态系统分为森林生态系统、灌丛生态系统、草地生态系统和湿地生态系统；按照人类对土地利用方式的差异，将陆地上人为影响的生态系统分为农田生态系统和城市生态系统。并结合评价区沿线土地利用现状，植被分布和生物量的调查，对评价区的陆地生态系统进行划分。

2) 调查结果与评价

(1) 植被及植物多样性影响。

调查区内植被丰富，均为人工种植。主要包括以下几类：①乔木，枫香、意杨、水杉、杜英和榉树等；②行道树，栽种在道路两旁的树木，包括香樟、合欢、银杏、垂柳和桂花等；③花灌木类，包括紫荆、垂丝海棠、山茶、紫薇、海滨木槿、日本晚樱、红梅和月季石榴等；④绿篱植物类，包括黄杨、金叶女贞、红叶石楠、龙柏和栀子花等；⑤地被植物类，包括花叶芦竹、诸葛菜、花叶蔓长春花和鸢尾等；⑥草皮层，以狗牙根、黑麦草为主。根据实地调查并结合有关资料统计，调查到本区共有乔木植物 15 科 16 属，灌木植物 15 科 20 属，草本植物 25 科 30 属。在评价区范围内未发现应受保护的珍贵树种。

(2) 陆生动物多样性分析。

境内陆生野生动物属东洋界动物区系，亚热带林灌、草地、农田动物群。常见的野生动物有 300 多种，包括兽类、鸟类、爬行类以及两栖类等。在现场调查过程中，根据评价区的特点，选择典型生态环境进行考察和分析。在实地考察访问的基础上，查阅并参考《中国两栖动物图鉴》(1999 年)、《中国爬行动物图鉴》(2002 年)、《中国鸟类图鉴》(1995 年)和《中国脊椎动物大全》(2000 年)等资料。根据现阶段调查，项目所在地人类活动频繁，此次调查中野生动物活动的痕迹较少，主要为鸟类(雀形目鸟类 15 种、非雀形目鸟类 3 种)，另有两栖动物共计 1 目 2 科 3 种，主要为沼水蛙。该地区没有重点保护类动物。

(3) 土地利用及水土流失调查。

依据《××市土地利用总体规划(2006—2020 年)》，评价区的土地类型现状主要为林业用地区、城镇建设用地区、村镇建设用地区和风景旅游用地区。按照全国水土流失类型区的划分，某市属于以水力侵蚀为主的南方红壤丘陵区，水土流失的类型主要是水力侵蚀，部分山丘区存在着滑坡、崩塌和泥石流等重力侵蚀或混合侵蚀形式。水力侵蚀的主要表现形式是坡面面蚀，丘陵地区亦有浅沟侵蚀及小切沟侵蚀。

思考与练习

1. 水生生态环境调查和陆域生态环境调查分别包括哪些内容？
2. 水生生态环境调查和陆域生态环境调查主要参考哪些资料？

第六章　农业环境生态工程

第一节　农业环境生态工程概述

农业生态环境是由影响农业生产的自然环境因素和社会经济因素所组成的一个复杂的、开放式的环境系统。理想的农业生态环境应具有以下特点：环境、社会、经济系统与系统外物质、能量和信息的交流保持在较高的水平，系统内部物质、能量和信息合理的传递；系统稳定，抗干扰能力强；能长久平衡，能确保农业生产的可持续发展。农业生态环境工程建设是指通过调整或改变农业生态环境内部各组成要素，各组成部分可达到最佳组合，农业生产力及环境也可保持最佳的运行状态。

一、农业生态系统

农业生态系统由自然生态系统演变而来，其是在人类活动的干预下、农业生物与其环境之间相互作用下形成的一个有机综合体。也可以将农业生态系统简单概括为“农业生物系统+农业环境系统+人为调节控制系统”。由此可以看出，农业生态系统包括了农业生产活动、社会经济活动，社会因素和经济因素是农业生态系统中十分重要的内容。

一般情况下，农业生态系统相较于自然生态系统，其稳定性更差，这主要是由于人类长期而频繁地干扰。在农业生态系统中动植物区系大量减少，食物链简化，层次性削弱；长期单一的种植，营养的不合理和土壤退化，易造成不稳定性；其他农业气象，如降雨、风和光照等也有一定的波动性，这种波动性也容易打破原有的生态平衡，建立新的生态平衡。当然，我们可以按照人的意志，建设更高效、和谐、稳定的农业生态系统。

农业生态系统是开放式的半自然半人工的生态系统。在该系统中，生产的有机物大部分被输出到系统外，要维持营养物质的输入输出的平衡，就必须向系统中输入物质和能量，否则，营养物质平衡失调，地力会逐渐减退，系统的生产力就会不断下降。但不合理地大量投入，又可能造成农业生态平衡的破坏，生态环境质量下降。

农业生态工程技术是在生态农业的建设中，利用先进的科学技术结合工程规划建设，在发展农业经济的同时，更好地保护农业生态环境。所谓生态农业就是因地制宜地将现代科学技术与传统农业精华相结合，充分发挥区域资源优势，合理使用化肥、农药等化学物质，依据经济发展水平及“整体、协调、循环、再生”的原则，全面规划，合理组织农业生产，实现高产、优质、高效、持续发展，达到生态与经济两个系统的良性循环，实现经济、生态、社会三大效益的统一。

二、现代农业园区氮磷减排工程技术

在本节中，我们针对现代农业园区肥料投入大、养分流失多、水体氮磷污染重等问题，充分利用现代农业园区周边或末端的传统农业(水田)、洼地和多水塘生态系统，以杭州某径山种植基地为对象，建立包含“炭基调理剂”“精准灌溉节水减排”“沟渠水生植物与吸附基质组合脱氮除磷”“生态浮岛”“排水水质净化与回用”“水田湿地系统氮磷消纳”等技术在内的现代农业与传统农业耦合的氮磷系统减排技术应用工程，工程占地面积为 1030 亩。

(一) 田间源头减排

在工程区范围内，现代农业容器苗栽培面积较大，是氮磷源头减排的重点。通过构建容器苗栽培微处理系统(图 6-1)，对容器苗的基质进行添加面源调理剂

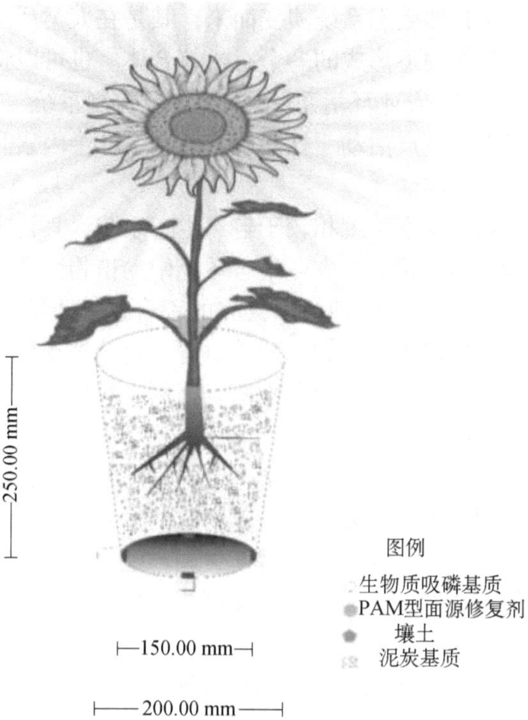

图 6-1　容器苗栽培系统

改良处理后可以实现氮磷源头减排。本技术所用调理剂主要包括聚丙烯酰胺(PAM)型面源修复剂、生物质吸磷基质和泥炭基质三种基质。将调理剂的施用与苗木的喷滴灌循环水利用相结合，从而使现有苗木区的灌溉尾水实现氮磷减排的效果，直接对苗圃区的氮磷流失起到阻控作用。

土壤调理剂应用容器苗栽培系统的累计氮磷截留量由系统中不同的基质配比决定(表 6-1)。其中，当 PAM 型面源修复剂：生物质吸磷基质：泥炭基质=1：10：5时(质量比)，整个容器苗栽培系统的累计氮素截留量最大，为 82.54 mg/kg；而 PAM 型面源修复剂：生物质吸磷基质：泥炭基质=1：5：20 时，整个容器苗栽培系统的累计磷素截留量最大，为 11.74 mg/kg。

表 6-1　容器苗栽培系统中不同调理剂配比的氮磷截留量计算

不同调理剂优化配比			累计氮素截留量/(mg/kg)	累计磷素截留量/(mg/kg)
PAM 型面源修复剂/%	生物质吸磷基质/%	泥炭基质/%		
0.1	0.5	1	31.54	3.98
0.1	1	2	42.76	4.01
0.1	2	4	57.93	7.54
0.2	0.5	2	72.06	9.32
0.2	1	4	70.47	11.74
0.2	2	1	82.54	9.86
0.4	0.5	4	23.11	10.08
0.4	1	1	26.05	6.33
0.4	2	2	34.50	6.17

(二) 过程拦截强化

为了强化农田沟渠径流流失过程的氮磷拦截去除效果，可以应用具有氮磷高效吸附性能的沟渠脱氮除磷装置。去除水中氨氮时，可以利用改性火山岩作为吸附基质：①将负载有铁锰复合氧化物的改性火山岩投加于待处理的目标水体中，利用火山岩表面的铁锰复合氧化物充分吸附目标水体中的氨氮；②吸附完成后，将改性火山岩从目标水体中分离。通过火山岩实现了粉末状铁锰复合氧化物的固氮作用，使得此类改性吸附材料在实际的工程应用中不易流失，能够直接应用于沟渠地表水的氨氮去除处理。拦截磷时，建议采用炭基缓释吸磷混凝剂，其制备步骤具体如下：将切片石蜡、硫酸铝、聚丙烯酰胺和秸秆生物质炭混合均匀，再将混合物压制成型后进行烘焙，冷却成型，得到炭基缓释吸磷混凝剂。该混凝剂具有强度优异、混凝效果好的优点，同时还可以提供碳源，对沟渠排水的后续低碳氮的废水处理具有良好的效果，解决了农田排水预处理困难的问题，可以减轻沟渠排水后续的处理负荷，提高整个生态沟渠的处理效果。

氮磷拦截基质可填充于以下沟渠模块装置。

(1) 沟底嵌入式硝化-反硝化-除磷成套化处理装置(图 6-2)。该装置包括生物转盘、氮磷快速耦合植生袋、铁锰复合氧化膜改性火山岩、反硝化模块、吸磷介质和折流板。成套化装置为“凹”字形跌水结构并安装于沟渠底部。农田排水经过成套化装置时在折流板的引导下依次通过生物转盘、氮磷快速耦合植生袋、铁锰复合氧化膜、反硝化模块和吸磷介质。该方法的优点是可大幅削减农田排水中的有机物、氨氮、硝态氮和磷酸盐等主要污染物质，优化农田出水水质。该方法将硝化-反硝化-除磷作为一个整体成套化装置，结构简单，拆装方便，可根据实际情况间隔放置，灵活高效，节省投资。

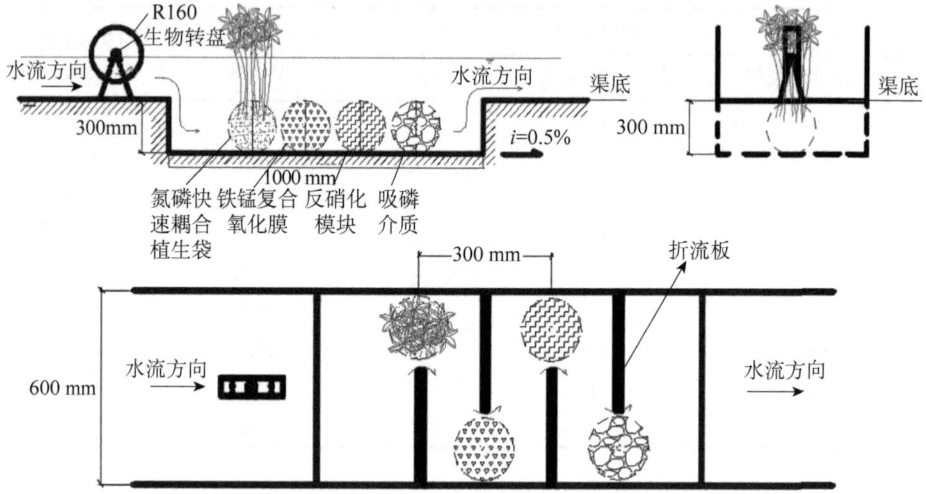

图 6-2　嵌入式硝化-反硝化-除磷成套化处理装置结构

i 表示坡度

(2) 汇水区、排水区拦截转化池(图 6-3)。汇水区由缓冲调流墙和生态隔离带组成，不仅能减缓水流速度、截留水田湿地排水污泥、减少养分流失，还具有良好的景观效果。吸附拦截区设置炭基填料墙，通过吸附作用、氮磷转化作用吸附

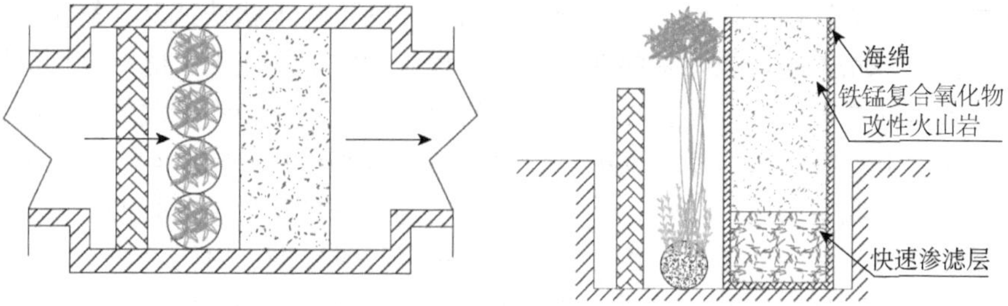

图 6-3　拦截转化池结构

消纳水田湿地径流水中的氮磷。该方法可根据需要在沟渠中间隔设置，也可仅用于排水沟渠末端作为尾水调节池。该方法结构简单、投资少、设置灵活，实现了无动力、无能耗、方便管理的目标，是一种符合我国农村水网沟渠同步脱氮除磷处理的新工艺。

(3) 生态沟渠便携式脱氮除磷装置(图 6-4)。该装置包括中空的长方体形框架，框架顶面的四个角均设置有第一固定绳，框架内设置有可拆卸长方体形植物生长区，植物生长区内设置有氮磷吸附基质，基质上种有水生植物，植物生长区顶面的四个角均设置有第二固定绳。该方法在沟渠水力停留时间为 4～12 h 的条件下，对径流水的总氮、总磷去除效率均可达 45%以上。

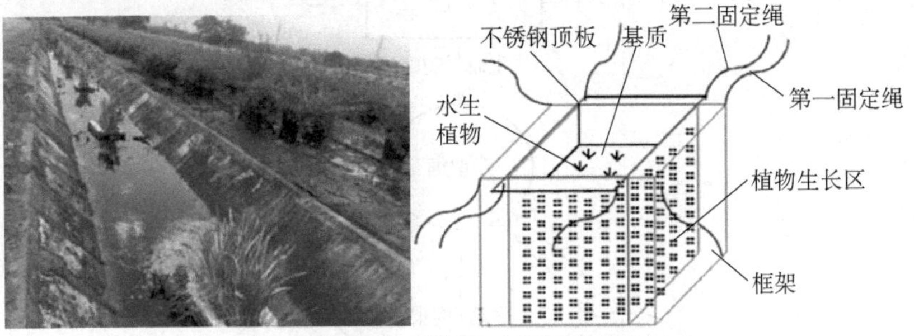

图 6-4　生态沟渠便携式脱氮除磷装置

(三) 系统消纳耦合

水田湿地等传统农业往往处于较低空间位，其本身是一种氮磷湿地消纳系统，通过种植高秸秆、高生物量型水稻栽培品种可以实现氮磷能力的提升(图 6-5)。我们通过两个水稻品种(“秀水 134 水稻”和“渔稻 1 号”)对土壤氮磷吸收、去除能力进行比较后发现，“渔稻 1 号”秸秆产量为 12590 kg/hm^2，比“秀水 134 水稻”增产 40.3%的秸秆，“渔稻 1 号”比“秀水 134 水稻”可吸收更多的营养物质，并更易将其储存在水稻秸秆中。“渔稻 1 号”秸秆、稻谷总磷含

图 6-5　不同品种水稻和秸秆平均产量

量均显著大于“秀水 134 水稻”总磷含量，相比于“秀水 134 水稻”，“渔稻 1 号”更易吸收土壤中的磷。稻谷的总磷含量约为秸秆中总磷的 2 倍，磷素更多地富集于稻谷中。

根据工程区水田湿地和苗圃的空间分布特征，可以将通过生态沟渠的苗圃地表径流，一部分用于灌溉具有氮磷消纳功能的水田湿地传统农业，另一部分收集到滞留塘中，经过净化处理后通过泵房以及喷滴灌设施回用到苗圃现代农业区，使各种植系统的水分和养分进行汇总交换，摒弃原来各种植区出水直接排放到出口的传统模式(图 6-6)。

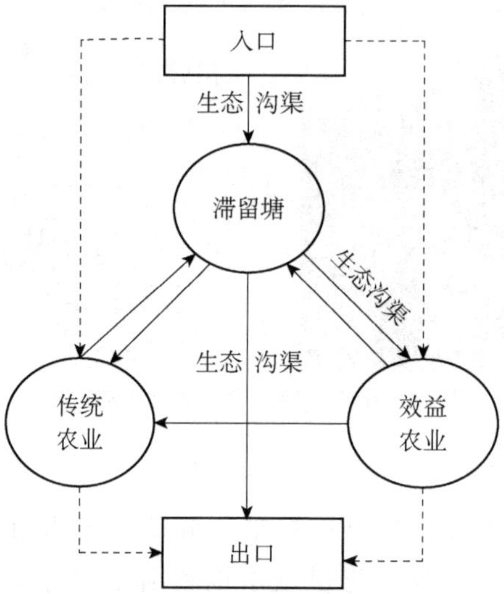

图 6-6　现代农业(苗圃)和传统农业(水田湿地)耦合系统

工程区氮磷径流流失负荷数据显示，现代农业园区苗圃总氮流失负荷累计值为 3264.6 kg，水田湿地总氮流失负荷累计值为 137.83 kg，苗圃流失负荷显著高于水田湿地(图 6-7、图 6-8)。苗圃总氮月流失负荷变化范围为 7.60～781.86 kg/月，总氮流失负荷月均值为 181.37 kg，水田湿地总氮月流失负荷变化范围为 0.07～42.25 kg/月，总氮流失负荷月均值为 7.66 kg，苗圃总氮流失负荷月均值为水田湿地的 23.68 倍。苗圃总磷流失负荷累计值为 394.46 kg，水田湿地总磷流失负荷累计值为 16.86 kg，苗圃总磷流失负荷同样显著高于水田湿地。苗圃总磷月流失负荷变化范围为 0.95～104.09 kg/月，总磷流失负荷月均值为 21.91 kg，水田湿地总磷月流失负荷变化范围为 0.02～5.14 kg/月，总磷流失负荷月均值为 0.94 kg，苗圃总磷流失负荷月均值为水田湿地的 23.31 倍。因此，苗圃和水田湿地系统之间氮磷源汇转化后对氮磷流失减排起到了积极的作用。

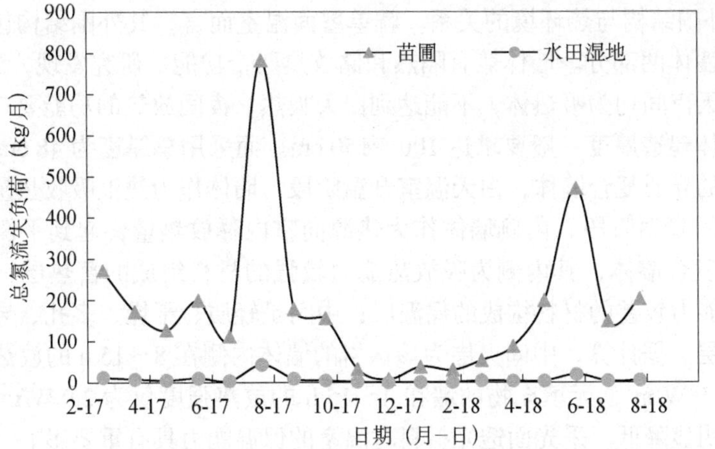

图 6-7　现代农业(苗圃)和传统农业(水田湿地)总氮流失负荷变化

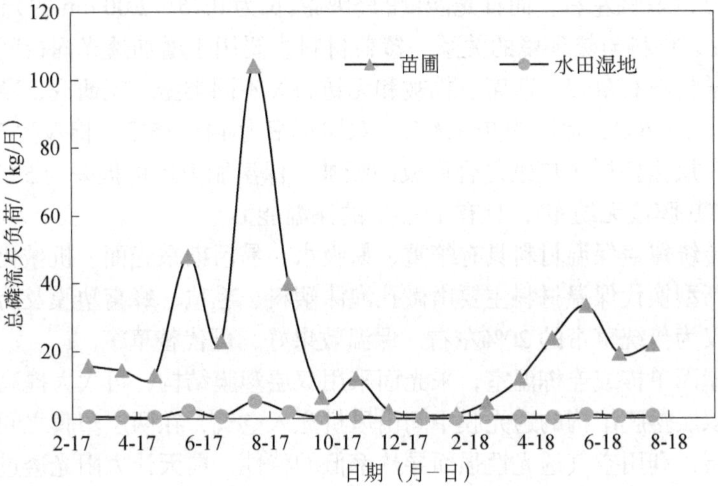

图 6-8　现代农业(苗圃)和传统农业(水田湿地)总磷流失负荷变化

三、设施农业环境生态工程技术

农业设施环境中光、热、湿和 CO_2 浓度等要素调控及技术的应用为农业环境调节的主要方面。热环境调控以其调控目的不同，分为保温、增温、降温和变温等不同的调控措施。

(一) 保温技术

设施结构确定以后，该设施采光面白天所能采集到的太阳辐射也就基本确定了。如何有效地将白天蓄积的太阳能储存于室内，是热环境调控必须解决的问题。

(1) 外围结构与热环境的关系。就单屋面温室而言，其外围结构包括采光面覆盖物和墙体两部分。墙体兼有隔热和储放热两个功能。研究发现，50 cm 厚的土墙，白天夜间均为吸热体，不能达到白天吸热、夜间放热的功能要求。因此，纯土质墙体建造厚度一般要求达 100～150 cm。而采用总厚度为 48 cm 空心夹层砖墙结构的异质复合墙体，白天温室升温阶段，墙体作为热汇吸收热量，是吸热体，而夜间降温阶段，内侧墙体作为热源向室内释放热量，起到平衡调温的作用。异质复合墙体，其内侧为吸放热能力较强的材料组成的蓄热层；外侧为导热、放热能力较差的材料构成的保温层；中间是轻质、干燥、多孔、导热能力极差的隔热层。据计算，中间夹层为珍珠岩的墙体内侧在 8～15 h 的放热期，放热强度为 37.9 W/m^2，无填充物的墙在 4～15 h 的放热强度仅为 2.9 W/m^2，其储热保温能力明显降低。采光面透光材料对温室的保温能力具有重要影响，据观测，聚氯乙烯(PVC)透光膜对红外线透射率仅为 20%，而聚乙烯(PE)透光膜对红外线的透射率可达 80%左右，而日光能量的 50%波长为 0.76～2.00 μm 的光。

(2) 覆盖材料与热环境的关系。覆盖材料主要用于增加透光面夜间的热阻。传统的覆盖材料有草帘、蒲席、棉被和无纺布等不同类型。据研究，草帘的保温能力一般为 5～6℃，蒲席为 7～10℃，双层草帘为 14～15℃，棉被为 7～10℃，草帘上加一层由四层牛皮纸复合而成的纸被，保温能力还可提高约 5℃。室内架设保温幕(PE 膜或无纺布)，具有 1～3℃的保温能力。

由于传统覆盖保温材料具有笨重、易吸水、易污染采光面、机械化操作困难等缺点，新型换代保温材料主要由微孔泡沫塑料、毛毡、蜂窝塑膜及防水材料构成，质量仅为传统草帘的 20%左右，保温效果好，可代替草帘。

对双屋面单栋或连栋温室，采光面采用双层塑膜结构，可大大提高温室的保温性能。双层塑膜结构的透光膜中间由风机充入空气，在两层塑膜之间形成一定厚度的气层，利用空气透光性强而导热率低的特性，白天让太阳光透过的同时，降低通过采光面向外的热流量。据研究，采用双层充气结构，采光面传热系数为 4.0 $W/(m^2 \cdot K)$，单层塑膜的采光面传热系数为 6.8 $W/(m^2 \cdot K)$，传导热损率降低超过 40%，从而达到提高热能利用率的目的。

(3) 地中热交换系统对热环境的改善。温室具有较好的密闭保温性能，即使在寒冷的冬季，也时常有因温度过高而需通风降温的情况出现，使冬季温室中宝贵的热资源因通风降温而白白浪费。为蓄积白天富余热量在夜间温降时补充室内热量不足，一些日光温室采用了地中热交换系统。该系统在 40～60 cm 的地下铺设通风管道，与轴流风机相连，在白天高温时段，风机使室内热空气从地中管道流过，向土壤层储热；在夜间温度过低时，风机使室内低温空气流过管道，由土壤加热空气，使温度升高。运行结果表明，白天储热阶段，出风口温度较进风口温度降低 6.5～7.5℃，夜间放热阶段，出风口温度较进风口温度升高 4.5～

5.3℃，从而有效达到改善温室昼夜热环境的目的。在连续阴天的情况下，运行该系统，仍有提高夜间温度的效果。

(4) 微灌对改善温室热环境的影响。目前，传统的大水漫灌仍然是一些地方温室灌溉的主要方式。这种灌溉方式一方面由于灌溉用水温度较低，灌溉后引起地温大幅下降；另一方面由于水量较大，水分蒸发消耗大量汽化热，恶化温室热环境。采用滴灌等微灌技术，可有效改善这一状况。以哈尔滨为例，4 月下旬温室滴灌与沟灌相比，气温可提高 0.5℃，5 cm 地温可提高 3.2℃，5 月中上旬地温可提高 2℃左右，效果显著。

(5) 地膜覆盖对温室热环境的改善。在自然条件下，地温高于一般气温。在温室小气候条件下，经常出现地温低于气温的情况。长时间低地温，会使根系产生生理障碍，最终影响地上部分正常生长。采用地膜覆盖措施，可使地温平均提高 2～4℃，对协调作物地下部、地上部分生长有重要意义。实际工作中经常发现，地表覆盖地膜后 2～3 min，膜下就有水汽凝结，水汽凝结形成的小水珠布满地膜下表面，使地膜对太阳辐射的反射率大为增加，一般可达 30%～40%，这样，地膜对太阳能的透射率大大降低，影响其增温效果的充分发挥。例如，在地膜生产中引入无滴技术，抑制地膜下表面水汽凝结成滴，提高地膜透光率，对改善地温特别是温室地温条件具有积极的意义。

(二) 增温技术

当温室有可能出现接收和储存的热量不足以维持作物生长所需温度的情况时，应考虑采用加温设备改善温室热环境条件。

(1) 燃烧加热技术。对单屋面温室，一般采用在北墙处安装烟道的形式，实现对温室的加温，所需设备和技术较为简单。现代化大型连栋温室由于缺少单屋面温室墙体储存热量及室外覆盖的保温条件，加热措施是其维持正常生产必不可少的环节。

国外大型现代化温室生产管理技术较为成熟。我国在大型温室发展初期，以成套技术设备引进为主。由于受冬季蒙古高压的影响，我国大部分地区冬季气温比同纬度其他国家显著偏低，如东北地区 1 月偏低 4～18℃，黄淮海地区偏低 10～14℃，长江以南偏低 8℃。受这一特殊气候背景条件的影响，从国外全套引进的现代化温室在我国因运行成本过高而难以赢利，如 1996 年上海引进 15 hm^2 大型温室，设备及配套费用为 500～900 元/m^2，运行成本为 3.48 万元/hm^2。其中 30%～40%为燃料成本，一个冬季耗煤量为 600～1200 t/hm^2，处于不计折旧勉强保本的经营状况。因此，研究开发适合我国能源消费水平和气候资源条件的温室加温技术显得尤为重要。

(2) 灌溉用水加热技术。西北干旱地区地下水水位很低，大部分地区没有深井灌溉的条件，主要靠引黄河水灌溉。冬季属农业用水低谷期，不能保障温室灌溉用水，即使有蓄水池蓄水，也因冬季结冰而无法灌溉。为此，开发日光温室柔性蓄水技术，较好地解决了干旱地区日光温室冬季灌溉用水问题。

该技术在专用日光温室内建造柔性蓄水池，利用日光温室接收和储存的能量，提高池内水温，避免水体冻结，便于灌溉，同时不使灌溉地段因灌溉而大幅降温。该项技术在 12 月下旬室外气温 4.5℃条件下，可使室内气温达 27.5℃，水温达 100℃以上，可供 8 栋(50×7)m^2 温室一个生长期的用水。

(三) 降温技术

目前，温室生产中较为成熟的降温技术主要有通风换气降温、遮阳降温和蒸发降温等几种形式。

(1) 通风换气降温。对单屋面日光温室而言，在室内温度较高时，通过换气窗口排出热空气，可实现降温目的。对大型连栋温室而言，可通过风机和天窗实现换气降温。该技术在室内外温差较大时，降温效果明显。

(2) 遮阳降温。遮阳降温技术是通过遮挡或反射采光面太阳辐射达到降低室内温度的目的，一般主要有遮阳网和铝箔反射型遮阳幕两种形式。采用遮阳网，室内气温一般可降低 2℃左右。铝箔反射型遮阳幕依其铝箔面积所占比例不同，遮阳率在 20%～99%。

(3) 蒸发降温。该方法利用水分蒸发吸收汽化热的原理降低温室温度，主要有湿帘蒸发降温和雾化蒸发降温两种方式。

湿帘是由棱椤状纸板层叠而成的幕墙，墙内有水分循环系统。借助流风机形成室内负压，室外空气流经湿帘，经湿帘内水分蒸发吸热，形成低温气体流入室内，起到降温作用。降温幅度一般为 2～4℃。

雾化蒸发降温是将水经过滤后，加压约 4 MPa，由孔径非常小的喷嘴(直径 15 μm)，形成直径 20 μm 以下的细雾滴，与空气混合，利用其蒸发吸热的性质，大量吸收空气中的热量，从而达到降温的目的。降温幅度可达 7℃，降温效率较湿帘提高 15%。蒸发降温的降温幅度与空气相对湿度密切相关，理论上可达到湿球温度的水平。

(四) 变温技术

根据作物光合、呼吸过程以及部分作物的“午休”特性，在温度管理上采用四段变温管理技术，不但可以达到节能目的，还可以获得较适产量。

四段变温管理的原理：上午，作物光合作用效率较高，需要较高的温度配合，使作物光合作用充分进行；午后，作物需转化上午的光合产物，出现光合效率下降趋势，此时需适当降低温度，抑制呼吸；前半夜，需转移同化产物，如果温度太低，转移速率较慢，需适当加温；后半夜，降低温度，抑制呼吸消耗。

近年来，“差温”概念及调控技术在国外温室生产中得到应用。所谓差温，即夜温与昼温的差值。研究结果表明，一些植物的节间长度与差温呈反比。生产中为获得理想株型，生产商通过升高夜温，降低昼温的方式进行温度调控，该温度管理模式在一品红等花卉的生产中对塑造花卉株型效果明显。

(五) 光环境调控技术

光环境调控是设施农业中仅次于热环境调控的另一重要措施，俗话说：“有收无收在于温，收多收少在于光”。光环境调控一般从补光、遮光两个方面实施相应技术。反射补光在单屋面温室后墙悬挂反光膜可改善温室的光照条件。反光膜的幅宽为 1.5～2.0 m，长度根据室温长度确定。该技术可改善温室内北部 3 m 范围内的光照和温度条件。使用时应与北墙蓄热过程统筹考虑。

(1) 低强度补光。对感光作物，为满足作物光周期需要而进行的补光措施。补光强度仅需 22～45 lx，目的是通过缩短黑暗时间，改变作物的发育速度。

(2) 高强度补光。为作物进行光合作用而实施的补光措施。一般情况下在室内光照＜3000 lx，可采用人工补光。

胡永光等(2001)对镝灯(生物效能灯)、高压钠灯和金属卤化灯 3 种光源进行实验的结果表明，镝灯补光效果最好，其光谱能量分布接近日光，光通量较高(70 lx/W)，按照每 4 m^2 安装一盏 400 W 镝灯的规格，补光系统可在阴天使光强增加到 4000～5000 lx，比叶菜类作物光补偿点高出一倍左右。

高压钠灯理论光通过量很大，但实际测试结果远不如镝灯，同样安装密度下，400 W 高压钠灯下垂直 1 m 处，光强从 2200 lx 提高到 3200 lx(镝灯可提高到 5000 lx)。此外，高压钠灯偏近红外线的光谱能量的比例较大，色泽刺眼，不便灯下操作。

(3) 紫外线补光。紫外线是波长为 0.05～0.40 μm 的电磁波，其中 0.28～0.32 μm 称为保健波段，对动植物具有很强的生理效应。紫外线补光在畜禽舍应用较多，但对适宜剂量问题国内外争议较大。苏联农业电气化研究所推荐剂量为 50 mW · h/m^2；游小杰和杨存葆(1997)对鸡舍紫外线补光适宜量进行了研究，在 50 mW · h/m^2、233 mW · h/m^2 紫外线强度下，与对照组相比，鸡的产蛋率分别提高 3.2%和 7.6%，蛋壳厚度分别增加 0.095 mm 和 0.145 mm，平均蛋重增加 4.74 g/枚和 6.78 g/枚，死亡率降低 1.51%和 2.74%，效果很好。

由于玻璃、塑膜等透光材料对紫外线的吸收率较大，温室内紫外线条件与可见光相比，处于低水平状态。现有文献表明，对因臭氧层破坏导致地面紫外线辐射增强对作物的不利影响研究较多，而温室条件下紫外线的不足以及人工补充紫外线方面的研究尚不多见。有研究认为，茄子等作物果实的着色度与紫外线照度有一定关系。对温室番茄人工补充紫外线B(UV-B，0.28～0.32 μm)，可提高番茄10%的红素含量，提高16%的维生素含量。UV-B与红光复合处理，可使番茄果实的含糖量、酸度和番茄红素的含量明显增加，增加量分别为34%、35%和22.5%，维生素含量与单独UV-B处理相当。

(六) 湿环境调控技术

湿环境的调控主要有加湿和降湿两套操作过程。由于温室基本上都处于高湿环境，加湿调控应用较少，如需加湿，借助降温操作中使用的湿帘、雾化等技术，均可达到增湿效果。温室降湿可通过室内外换气、地膜覆盖、膜下灌溉、滴灌、化学吸水除湿和热交换除湿等技术达到目的。其中采用滴灌技术降低温室湿度的方法比较经济有效。据研究，采用滴灌技术，在7～17 h通风期后，空气相对湿度比膜下灌溉降低10%，停止通风后，膜下灌溉湿度可达100%，但滴灌仅85%。

(七) CO_2浓度调控技术

受密闭环境条件的影响，日出作物开始进行光合作用，大量消耗CO_2，不到2 h即可使温室内CO_2质量浓度降到300 mg/L以下，中午前后降到200 mg/L。因此，温室白天CO_2含量严重不足，作物在绝大部分时间内处于饥饿状态，人工增施CO_2不仅可以增产，而且可以改善品质。

温室CO_2的来源可归纳为有机质分解、炭等化石燃料燃烧、液态和固态CO_2气化、碳酸盐加稀酸的反应及畜菜、菌菜互补等方式。其中畜菜、菌菜互补主要是利用动物、菌类呼吸和生长过程中释放出CO_2来提高温室内CO_2质量浓度。据研究表明，在畜菜互补系统中，一头80 kg育肥猪在维持栽培温室CO_2质量浓度为1403～3964 mg/L的条件下，可供应21～39 m^2的番茄的生长需求，番茄产量和产值分别是普通条件下的2.4倍和1.4倍，增收效果非常明显。

设施农业环境控制还包括土壤湿度、矿物养分和有害气体含量等。目前调控手段已从单因子的控制向综合考虑环境因子的相互影响，以同一环境因子为基准(如太阳辐射)，其他环境因子为变量进行处理的多因素环境控制方向发展，并将专家系统和人工智能控制等技术引入农业设施环境控制系统之中，科技含量和自动化水平不断提高，为设施农业环境调控技术的进一步发展奠定了技术基础。

四、生态循环农业园区生态工程

(一) 生态循环农业概念与特征

生态循环农业是把循环经济理念引入农业生产，充分挖掘农业生产系统的物质循环与能量流动的效率潜力，延长和拓宽农业生产链条，促进各产业间的共生耦合，在实现农业资源的高效利用和生态环境改善的同时，保障农业生产与农村经济持续高效发展。

1) 生态循环农业是以资源的循环高效利用为核心的资源节约型农业

传统农业是"资源—产品—废弃物"的单程线性结构型经济，其显著特征是"两高一低"，即资源的高消耗、污染物的高排放和资源利用的低效率。在此过程中，人们以经济在数量上的高速增长为驱动力，对农业资源的利用是粗放的，对农业生态系统具有不同程度的破坏性，以不断增长的生态代价来谋求农业产出的数量增长。与之相反，生态循环农业更强调农业发展的生态效益，通过建立"资源—产品—废弃物—再利用或再生产"的循环机制，通过农业发展与生态平衡的协调以及农业资源的可持续利用，实现"两低一高"，即资源的低消耗、污染物的低排放和资源利用的高效率。

2) 生态循环农业是以减少废弃物和污染物排放为特征的环境友好型农业

生态循环农业运用生态学规律来指导农业生产活动，在农业生产过程和产品生命周期中要求在减少资源投入量的同时，最大限度地减少废弃物的产生排放量。生态循环农业以农业生态产业链为发展载体，以清洁生产为主要手段，对农业生产流程重新加以组织，把不同农业生产环节和项目在时空上重新排列，使物质能量通过闭环实现循环利用，从而最大限度地减少了向农业系统之外的排放，能够有效地将排放控制在环境容量和生态阈值之内，实现产品生产和生态环境保护目标的有机统一。

3) 生态循环农业是以产业链延伸和产业升级为目标的高效农业

生态循环农业的主要特征是实现农业产业链物质能量梯次和闭路循环使用，探索出符合实施农业可持续发展战略之路。一方面以物质能量为基础，在不同产业和行业间构建食物链网，形成集生产、流通、消费和回收为一体的产业链网，为废弃物找到下游的"分解者"，建立物质的多层次利用网络和新的物质闭路循环。另一方面要按照现代农业产业化经营要求延长农业产业链，从整体角度构建农业及其相关产业的生态产业体系，在对农业系统内部产业结构进行调整和优化的同时，使农业系统的简单食物链与生态工业链相互交织构成产业生态网络，最终实现经济和生态环境的"双赢"。

4) 生态循环农业是以科技进步与管理优化为支撑的现代农业

生态循环农业是充分利用高新技术优化农业系统结构和转变生产方式的现代农业。首先，生态循环农业要求必须通过农业科技成果的密集使用来提高农业资源开发利用的广度、深度和精度，不断提高农业的科技含量。其次，生态循环农业需要依靠科技进步解决耕地减少、水资源短缺和生态环境恶化带来的资源环境挑战，在满足人口持续增长条件下的多样化食物消费需求的同时，保障农产品的质量和安全。再次，生态循环农业要通过科技进步推进农业升级换代，利用现代科技成果以及产业组织管理方式的创新，促进种植业、林果业、畜牧水产业的不断分化、延伸和集中，建立规模化、区域化、标准化的新兴农业产业结构体系。最后，生态循环农业要通过科技进步提高国际竞争力，持续深入地开展农业科技创新，降低农产品生产成本、提高农产品质量、提升农业管理水平，增强我国农产品及其加工产品的国际竞争力。

(二) 生态循环农业的发展模式

1) 农户层面的小循环模式

农户层面发展生态循环农业的核心是将农民庭院的种植、养殖与生活废弃物通过沼气连接起来的资源循环利用模式。利用沼气将秸秆、人畜粪便等有机废弃物转变为有用的资源进行综合利用，并与庭院种植结合起来。在这个循环过程中，生产农、畜、副产品所需的能源是日光、水和空气，在生产过程中所形成的废弃物都通过沼气池发酵成为能源、肥料和饲料，以农带牧、以牧促沼、以沼促农，实现农户废弃物循环利用，促进了农村发展。

2) 乡村层面的中循环模式

在乡村层面发展生态循环农业，核心是以村为单位，开展畜禽粪便、生活污水和生活垃圾无害化处理，推进农村畜禽粪便、农作物秸秆、生活垃圾和污水(三废)向肥料、燃料、饲料(三料)转化，实现废弃物资源化循环利用。该模式通过推广畜禽粪便、生活污水、生活垃圾和农业废弃物等的资源化利用技术，变废为宝，通过集成配套节水、节肥、节能等实用技术，净化水源，保护耕地，实现农村生产、生活、生态良性循环。

3) 区域层面的大循环模式

区域层面发展生态循环农业的核心是把区域内种植业、畜牧业、水产养殖业以及相关加工业有机结合起来，构建以资源链纵向闭合、横向耦合、区域整合为特征的生态循环农业。

其组成包括生命系统(如作物、林木、家畜、水生生物以及以此为生而又在系统中起主导作用的人口等)及非生命系统(如大气、水、土壤等)。作为一个生态系统，无论是在构成上还是在功能上，区域生态循环农业系统都比庭院生态循环农业、乡村生态循环农业复杂得多。由于各地的生态条件、经济条件和社会条件不同，各区域的生态循环农业模式也不尽相同。但一般来讲，它是种植业、果园、林地、畜牧业、加工、能源和人群等多个或全部亚系统组成的综合系统。

(三) 生态循环农业园区发展实例

1) 浙江省桐乡市农业废弃物区域化利用模式

浙江省桐乡市深入践行“绿水青山就是金山银山”的理念，全面实施乡村振兴战略，坚定不移走好生态优先、绿色发展之路。2016年，桐乡市召开全省秸秆综合利用现场会，形成的稻麦秸秆粉碎旋耕还田模式入选2017年农业部秸秆农用十大模式。国务院办公厅2018年印发的《"无废城市"建设试点工作方案》，对农业废弃物利用提出了更高的要求。据估算，桐乡市每年产生蔬菜尾菜21万t、废弃果树枝条12万t、畜禽粪污27万t、农作物秸秆18.5万t，农业废弃物产生范围广、数量大、收集难，稻麦秸秆连续多年全量还田的弊端越发凸显，作物病虫草害发生加重、下茬作物出苗率降低；蔬菜尾菜极易腐烂，大量堆积产生恶臭，对环境产生影响；废弃果树枝条无较好处置方式，一般堆弃在园内；规模养殖场畜禽粪污末端处理成本高、附加值低。农业废弃物高值利用技术研究迫在眉睫，龙头利用企业亟待培育，产业附加值急需提高。针对以上问题，桐乡市以习近平总书记关于生态文明建设重要论述为指引，高质量践行农业绿色发展观，结合无废城市建设和大花园建设等中心工作，运用新技术、发展新模式、探索新路径，形成农业废弃物全域全量全程利用的桐乡模式。

该模式主要内容包括以下三个方面。

(1) 利用两步纤维化同步制肥技术，补齐蔬菜尾菜和废弃果树枝条资源化利用短板。以就地消纳为原则，将蔬菜尾菜和废弃果树枝条与畜禽粪便按6：4的比例进行混合，通过堆压旋切和模孔辊压两步纤维化技术，快速减量化的同时实现高温灭害和物理酵熟，生产有机肥和盆菜基料，自主消纳基地废弃物，减少废弃物运输成本，形成"蔬菜尾菜/废弃果树枝条+畜禽粪便=有机肥"的自主循环模式。

(2) 通过秸秆-炭基有机肥和秸秆-双孢蘑菇培养料的利用，提升秸秆离田高值利用。利用秸秆和畜禽粪便制备炭基有机肥，提高秸秆附加值。以稻麦秸秆为原料，通过三次发酵生产培养料，工厂化、集约化生产双孢蘑菇。构建"合作社+企业"的市场化收储运体系，保障秸秆快速离田，秸秆综合利用率达96.9%。

(3) "湖羊粪便-有机肥-茭白-湖羊饲料"的利用模式，打通农业废弃物利用产业链。桐乡湖羊的饲养历史悠久，粪便用于生产有机肥，施用到茭白田；收集的茭白叶经过粉碎、青贮后，转化为易吸收、高营养、适口性好的湖羊饲料，形成种植-养殖废弃物的闭环循环，实现产业融合。

该模式通过桐乡市全市区域化应用，取得了以下经济与环境效益。

(1) 果蔬废弃物资源化利用。利用蔬菜尾菜4000 t、废弃果树枝条6000 t、畜禽粪便6000 t，生产有机肥1.5万t，平均每吨可节省有机肥成本210元；应用面积1.5万亩，每亩可减少化肥用量20 kg(按平均售价4.1元/kg计)；蔬菜应用面积0.9万亩，平均每亩增产160 kg(按平均售价1.56元/kg计)；葡萄应用面积0.6万亩，平均售价每千克提高1元(按平均产量每亩1630 kg计)，共节本增收1640.64万元。

(2) 秸秆多元高值利用。利用秸秆 12.2 万 t，推广面积 39 万亩；生产炭基有机肥 1.6 万 t，平均每吨可节省成本 240 元；生产双孢蘑菇培养料 2.8 万 t，平均每吨可节省 70 元；生产草绳和草纤维 1.3 万 t，平均每吨可增收 60 元；秸秆还田 22 万亩，平均每亩可减少化肥用量 5 kg、增收 50 元，共节本增收 2209 万元。

(3) 湖羊-茭白产业融合。利用湖羊粪便 1.2 万 t、茭白叶 1.8 万 t，生产有机肥 0.9 万 t、湖羊饲料 1.6 万 t，推广面积 0.9 万亩；粪污处置平均每吨可节省 15 元，饲料成本平均每吨可节省 120 元，茭白平均每亩可增收 1189 元(按平均售价 4.1 元/kg，平均每亩增产 290 kg)，共节本增收 1280.1 万元。

(4) 环境治理成本。12.7 万 t 农业废弃物处理后生产有机肥或炭基有机肥返还农田再利用，平均每吨有机肥可替代化肥 10 kg，累计减施化肥氮 190.5 t(304 t)、化肥磷(108 t)，减少氮流失 45.6 t、磷流失 16.2 t(按 15%流失量计算)，节省环境治理成本 618 万元①。

项目通过秸秆综合利用，控制农业源氨排放，减少对大气的影响；利用废弃物制成有机肥，减少化肥用量，降低氮磷流失对水体带来的环境污染，缓解农田末端治理压力；提高土壤有机质含量，改善土壤结构，有效降低土传病害的发生，助力健康土壤行动，持续改善生态环境质量，打赢“蓝天、碧水、净土”保卫战。

2) 山东省济南市长清生态循环农业发展模式

山东省济南市长清生态循环农业园区是国内建区时间较早的大型、多功能、综合性现代农业科技示范园区之一。该示范园区位于长清区平安镇，距市区 12 km，总建设面积为 3140 hm^2，规划了现代种植区、现代养殖区、科研服务区、旅游观光区和加工商贸区五大功能区。该示范园区共引进国内外名优蔬菜、作物良种、食用菌、脱毒良种苗、优质苗木、新型兽药和绿色肥料等先进品种及技术 300 余项，示范推广先进实用品种和技术 100 余项，示范面积为 3600 hm^2，辐射带动面积为 24000 hm^2，年社会效益达 10 亿元。农业科技推广支持能力明显提高。推广脱毒“两薯”新技术，累计推广面积为 4.46 万 hm^2，增产 30%以上；推广包衣良种 3500 万 kg，推广面积为 66.67 万 hm^2，使全市主要作物良种精选包衣率达 70%，主要作物新品种覆盖率达 98%；累计改良肉牛 30 余万头，肉羊 55 万只。开发喷灌、滴灌和微灌等节水技术，推广面积为 5.33 万 hm^2。发挥当地优势，兴建各具特色的示范分区。先后建立“济北分区”，章丘刁镇的“优质种苗示范园”，济南市东郊的“蔬菜高科技园”等典型园区。先后开发出脱毒种苗、工厂化蔬菜良种苗、包衣种子、“华鲁”饲料和“佳宝”乳品等一批高技术高附加值产品并推向市场。到目前，该示范园区已成为山东省农业综合开发

① 参照苏政办发〔2007〕149 号规定的补偿标准，按从水体带走每吨纯氮(氨氮)和总磷各 10 万元计算。

的重点示范区。

(1) 长清生态循环农业园区结构。

济南市长清生态循环农业园区主要由种植、养殖和加工三大亚系统构成，形成了循环产业链(图 6-9)。其中，种植亚系统主要包括粮田、菜田和果园等，养殖亚系统包括牛场、鸡场、猪场和羊场等，加工亚系统包括粮食加工、饲料加工、蔬菜加工、果品加工、肉蛋奶加工和沼气生产等方面。种植亚系统的粮食、蔬菜和水果的生产为加工亚系统的饲料加工提供了原料，养殖亚系统使用加工亚系统提供的饲料，生产肉蛋奶，为肉蛋奶加工提供初级产品，同时畜禽粪便也为沼气系统生产提供原料。加工亚系统通过对初级产品的加工，提高了各类产品的附加值，同时也提供沼肥、沼气等，提高了经济效益。除了这三个亚系统外，亚系统内部也有小循环，如种植亚系统的秸秆直接还田，加工亚系统蔬菜加工、果品加工和肉蛋奶加工的废弃物作为沼气生产的原料而形成的循环等。产品的输出则均经过加工亚系统而最终输出生态循环农业系统之外。

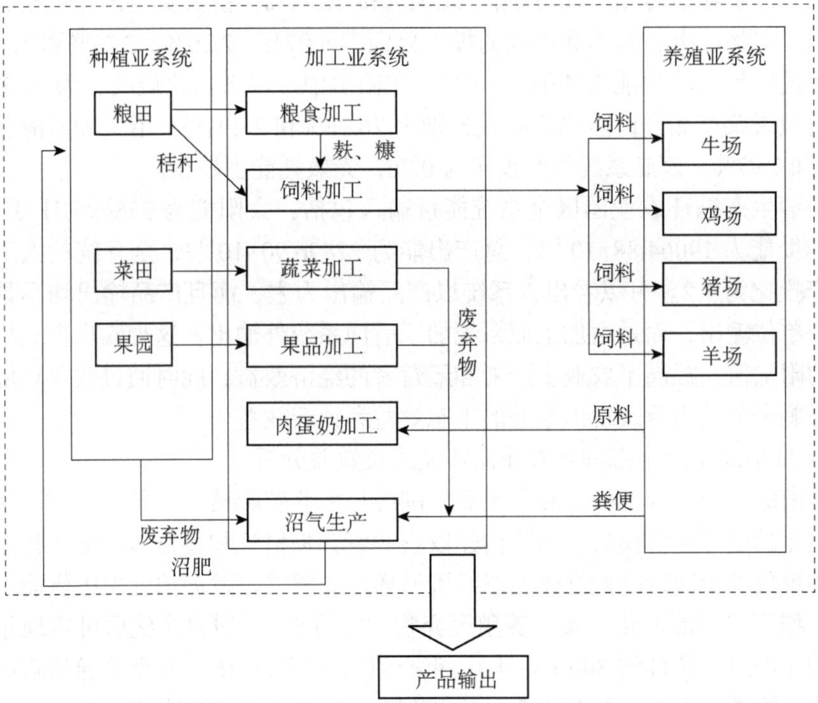

图 6-9　长清生态循环农业园区结构

(2) 长清生态循环农业园区能流分析。

种植亚系统需要投入机械、柴油、电力、人工、农膜、有机肥和种子等，产出物质主要是玉米、小麦等粮食作物以及蔬菜瓜果等经济作物。在种植亚系统能量投入中，太阳能占96.1%。在辅助能投入中，化肥投入最高，占44.8%；其次是有机肥投入，占21.9%；电、机械、柴油投入分别占8.8%、7.5%和7.1%；人力投入占4.1%；农药、薄膜和种子投入占比均较低。种植亚系统的年总输出能为2.80429×10^{14} J。在输出中，经济产量输出占41.2%，废弃物占58.8%。种植亚系统的产投比值为1.91。

养殖亚系统需要投入机械、溶液、电力、人工和饲料等，产出物质主要是肉蛋奶等初级产品。在养殖亚系统辅助能投入中，饲料投入占比最高，为90.53%；其次是柴油，占5.19%；机械、电和人力的投入分别占1.95%、1.30%和1.03%。该亚系统的年总输入能为1.9699×10^{14}J。在输出中，畜禽产品占56.35%，畜禽粪便占43.65%。该亚系统的产投比值为0.93，无效耗能较少。

加工亚系统需要投入机械、燃油、电力、人工和各种初级农产品等，产出物质主要是肉蛋奶产品、粮果菜产品、饲料、沼气和沼肥等各类产品。在长清生态循环农业园区加工亚系统辅助能投入中，废弃物投入占比最高，为30.92%；初级种植产品和初级养殖产品分别占21.64%和20.81%；畜禽粪便占比也较高，为16.11%；机械、电、人力和燃油的投入分别占4.07%、2.39%、2.27%和1.79%。该亚系统的年总输出能为4.036×10^{14} J。在输出中，饲料占比最高，为35.31%；其次是粮果菜产品和肉蛋奶产品，分别为26.23%和21.01%；沼气和沼渣分别占9.48%和7.97%。该亚系统的产投比为0.76，无效耗能也较少。

长清生态循环农业园区全系统能量输入包括：太阳能为358695.71×10^{10} J，人工辅助能为19064.88×10^{10} J，总产出能为22896.90×10^{10} J，全系统的人工辅助能的产投比为1.2。可以看出，系统以产品输出为主，而且产品输出均不是由直接生产单位输出，而是由加工亚系统加工后向系统外输出。这种输出方式增加了产品的附加值，提高了农业生产者和经营者的经济效益，同时通过改善环境、解决农村剩余劳动力等表现出显著的生态效益和社会效益。

3) 淮南绿馨园生态种养农业循环模式及效益分析

淮南绿馨园结合种植业和养殖业，围绕林下养殖麻黄鸡，研究集成以沼气工程为枢纽的循环经济模式，力图构建以农业废弃物秸秆和畜禽养殖废弃物沼气化处理的现代农业园区高效立体生态经济循环产业模式，发展沼气集中供能、沼肥还田、秸秆鸡粪能源化，实现养殖废弃物“零排放”。项目实施后可实现年处理鸡粪约1500 t、秸秆约800 t(折干)，年产沼气43.8万m^3，为养殖场和附近农户提供清洁能源；年产有机肥650 t，为园区提供优质有机肥发展生态农业。

项目建成后，比建设前增效5000万元以上，经济效益会更加显著。①通过发展种植业，减少沟埂占地，提高土地使用率；滴灌结合施肥，施肥量较常规灌溉大幅减少，节肥55%。同时，蔬菜的商品性得到较大改善。每年可直接增收2000万元。②年加工生产高效生物有机肥约8100 t，按2000元/t计，年节约施肥成本约 1620 万元。③年生产蔬菜 4000 t，蔬菜加工环节年新增效益约 600 万元。④通过 133.33 hm^2 稻田养虾，实现产稻谷 9000 kg/hm^2、小龙虾 1500 kg/hm^2 以上，产值 75000 元/hm^2 以上。通过稻田综合种养，项目区年增收 1000 万元。

社会效益方面：①提升当地农业可持续发展能力。项目的实施将完善区域内生态循环产业链，提高项目区域内畜禽废弃物资源化利用率和农副资源综合开发程度，提高资源产出率。②农业生产标准化和适度规模经营水平明显提升，促进经济发展。项目的实施对周边地区标准化生产水平的提高具有促进和辐射引领作用，能够带动周边地区加工业、物流运输业、贸易、餐饮等相关产业的发展，优化当地经济结构，促进社会经济发展。③带动农民就业，维护社会稳定。项目的实施过程需要大量劳动力，能够提供大量就业机会，增加农民收入，促进农村经济发展，实现项目区农业的可持续发展(戴顺利等，2017)。

第二节　林业环境生态工程

一、林业生态系统

林业作为重要的环境维护、碳汇系统，对维护生态平衡、改善人类生存环境、减免自然灾害、保障农牧业稳产高产和实施可持续发展战略，具有极其特殊的重要作用。树木还能分泌出大量的杀菌物质，使林中细菌大量减少。一些树种分泌的特种气体物质有利于某些疾病的康复，如松林中的肺病疗养院等，突出了森林的疗养功能。从绿色植物的组成来看，包括乔木、灌木、草和花卉；从功能来看，有空气净化林，防尘、防噪声林，污染监测林，疗养林以及环境美化林等。

具体来说，林业生态系统具有三大效益。

(1) 生态效益。林业在生态环境系统的动态调节作用，主要是通过生态效益来实现。

调节气候。夏季炎热、干燥，树木可以降温增湿，树冠下气温比空旷地低约 14℃，温差可形成一级风。1 株成年树的生长季节，每天可蒸腾约 400 kg 水，相当于 5 部 10467 kJ/h 的冷气机持续开 20 h。城市防护林可以防冬季寒风、春夏季的干热风，防护林可降低风速的范围，迎风面相当于树高的 2～5 倍，背风面相当于树高的 30 倍，其中在靠近林带相当于树高 10～20 倍的距离内，可降低风速约 50%。

阻隔、消纳污染物。树木花草能够吸附、吸收污染物，能吸收 SO_2、氨、氯气、氟化氢和汞、铬等重金属。加拿大杨吸收 SO_2 的能力很强，每克干叶最高含硫量达 124.58 mg。工厂周围如有 500 m 宽林带，就会减少空气中 SO_2 含量的

70%，减少氮氧化物含量的 67%。树木花草枝叶能吸附灰尘及悬浮微粒，据测定，每公顷绿地每年能滞留数百千克至数十吨的灰尘及悬浮微粒。树木枝叶能吸收和降低噪声。宽阔、高大浓密的树丛可以降低噪声 5～10 dB。一般情况下，噪声与居民区之间设置 30 m 宽林带即可使居民区环境保持安静。

杀菌、减少细菌。有些树种如松、杉等可以分泌杀菌物质，使林中或树冠下空气中的细菌减少；林区灰尘少，细菌载体少，也使含菌量减少，林区含菌量为 3.35%，林缘含菌量为 14.11%，市中心含菌量为 309.94%。

吸收 CO_2、释放 O_2。据日本测算，每公顷常绿阔叶林每年可吸收 29 t CO_2，释放 22 t O_2，针叶林的相应数据分别为 22 t 和 16 t，落叶阔叶林分别为 14 t 和 10 t。树叶、花朵还能吸收和掩盖烟味或其他气味，使人感到愉快。

保持水土。森林可以涵养水源，为城市提供清洁的饮水。据北京市园林绿化局测定每公顷树木可蓄水 30 万 m^3；巴西圣保罗营造 5000 hm^2 水土保持林，10 年后，可提供该市总饮用水含量的 40%的水资源。松树树冠可拦截的雨水量为 40%，阔叶树可拦截的雨水量为 20%，减少冲刷土壤和滑坡。

(2) 经济效益。美国用城市树木的木材生产纤维或纸浆，有些国家用枯枝落叶生产煤气，以及将堆肥用于干鲜果品、花卉和种苗等生产。

完善的城市防护林体系可使粮食、蔬菜增产 10%～15%，降低能源消耗 10%～15%，降低取暖费 10%～20%。在美国纽约州，周围有树木的房屋，房价会提高 15%，在公园附近的住宅价值相较于其他区域的住宅价值高 15%～20%。

(3) 社会效益。林业对人类的影响非常深远，其社会效益很广泛。林业可以美化城市，活跃居民生活，疏导交通。林业在美化城市方面起着主导作用，春天的花、夏天的绿、秋天的色和果、冬天的枝和干，无不展示其丰富多彩、姿色秀丽，使居民心情舒畅。道路两侧的绿带、行道树，可调节光线减少阳光直射，使司机和行人减轻疲劳。同时，可把树种的变化作为标志，以减少交通事故。

二、山地丘陵区水土流失治理工程

由于人们只注重山林的经济效益，对山林进行过度超量采伐，以至于部分山林越砍越小，越砍越稀，山林质量日益下降，山林年龄结构极不合理，造成了山林保持水土、涵养水源、维护地力的生态效能大为削弱，已成为山地区域内生态环境持续恶化的重要因素之一。山地区域的森林具有生态防护功能的常绿阔叶林资源持续减少，质量不断下降，致使森林维护生物多样性等生态功能大为削弱，水源供给不足，水库、河床淤积严重，山洪、塌方、洪水、干旱和病虫害等自然灾害发生越来越频繁，危害越来越大。

在坡度为 30°以下的水土流失山坡，可选择耐干旱、耐瘠薄、生长快和固土、蓄水能力强的树种，如木荷、枫香、赤杨叶、刺槐、马尾松和湿地松等，实行人工造林。在每个小斑内必须营造针阔混交林或阔叶混交林，阔叶树比例必须大于 50%。在山体中下部或山沟土壤肥力较好的区域，可营造少量的经济林。

在坡度大于 25°、土层瘠薄、植被覆盖率小于 40%的难造林地，可先种植百喜草、狗牙根等草本或胡枝子等灌木，以控制水土流失。

(1) 砍杂抚育。砍除林内杂灌，控制伐桩不高于 10 cm，并将杂灌归集成水平带状就地覆盖于林地，以增加林地肥力，同时为竹林创造良好的生长空间，但须保留山顶(脊)部、陡坡及环山脚的灌草植被和有经济、观赏或其他特殊价值的植物物种，有效防止水土流失和保护生物多样性。

(2) 合理垦复、挖笋。在砍杂抚育的基础上，进行铲山或垦复，清除竹蔸、树蔸和石头等，以改善林地的通透性，促进竹木生长，在实施过程中，根据土壤板结程度及水土流失状况采取相应的环保措施。在坡度 20°以下、土壤黏性较重的竹林可进行全面垦复和铲山；在坡度为 20°～35°的竹林实行沿等高线带状垦复，每隔 4 m 设置 2～3 m 宽的垦复带；在坡度为 35°以上的陡坡严禁铲山垦复。

(3) 在砍杂抚育的过程中，适当保留竹林内混生树木，以形成竹木混交林，可有效防止病虫害的发生和危害，同时防止风吹和雪压。

(4) 及时清理林内枯竹、老竹、病腐竹和小竹，打通竹蔸隔，不断优化竹林的遗传品质。

(5) 合理采伐。坚持按照合理竹龄进行采伐，不断调整竹龄组成①，使一、二、三、四度竹的组成比达 3∶3∶3∶1 的合理竹龄结构，做到砍密留稀、砍老留小，砍弱留强，保持立竹度达 150 株/亩以上，平均眉径达 10 cm 以上，形成具有产量高、生态防护功能强的优良毛竹林。

(6) 封山育林。符合以下条件之一的林地可列入封山育林范围：①郁闭度在 0.3～0.4 且容易造成水土流失的低效林地；②现有天然更新幼树且有培育前途的树种分布的疏林地；③地带偏远，坡度陡峭或岩石裸露地区，有灌丛和适量母树分布，并具有水土流失现象，且造林难度大或造林效果不佳的地块。

封山育林技术要求：①在封育区设置封山育林禁止牌，禁止牌上应注明封山界线、时间、方法、责任人及护林公约，且每 1000 亩配置 1 名专职护林员；②封育区内严禁砍柴、伐木、烧山、放牧和割草等人畜活动。

(7) 低产林改造。在不影响森林生态效益正常发挥的前提下，对低产林进行砍杂、抚育和间伐，清除林地中部分藤灌和杂草，就地覆盖于地表，并砍除林内的“霸王树”、病腐木和弯曲木，为保留木创造有利的生长条件和生存空间。在实施过程中，保留生长旺盛、干形通直的马尾松、杉木及硬阔叶树、软阔叶树等

① 竹林的龄级按竹度确定。一个大小年的周期一般为 2 年，称为一度。竹林的龄组分为三个：≤2 年的一度竹为幼龄竹，3～6 年的二、三度竹为壮龄竹，≥7 年的四度以上竹为老龄竹。

树种和珍贵树种，保留珍贵、稀有的灌、草物种，并相对形成上、下 2～3 层的复层林，使上层林(主林层)保留木平均为 100 株/亩。根据林分生长状况，以后每隔 8～12 年进行一次择伐，择伐强度为立木蓄积的 20%～30%，形成不间断的循环作业，以达到森林资源总量不断增加、质量不断提高的目的，充分发挥森林的生态效益，同时兼顾其经济效益。

(8) 生物技术措施。优先治理坡度大于 25°的坡耕地，此类坡耕地坡度陡，水土流失严重，是退耕还林的重点和难点。要求此类坡耕地全部营造生态防护林。根据立地条件和农民经营习惯，选择适应性强、耐干旱瘠薄、生长迅速、蓄水固土和生态防护效益好的针叶和阔叶树种，为了提高防护效益，应以营造多树种针阔混交林为主，阔叶树所占比例不低于 30%，争取达 50%。对土壤严重侵蚀、立地条件极差、土壤贫瘠的坡耕地可先种草(或灌木)以增加地表植被，形成良好的保护层以减少雨水对地表的直接冲刷。根据立地条件，坡耕地造林可选择马尾松、湿地松、杉木、木荷、枫香、刺槐、赤杨叶、栎类和栲类等树种，适宜种植的草本与灌木有紫穗槐、胡枝子、茶叶、狗牙根、百喜草和香根草等。

对坡度不大于 25°的坡耕地，可根据不同的立地条件，选择培育防护林、用材林、薪炭林或竹林。对水土流失严重、生态环境恶劣的坡耕地需营造防护林。对立地条件较好、坡度为斜坡或缓坡的坡耕地，在保护生态环境的前提下，可培育用材林、薪炭林或竹林，或培育兼用林，选择树种有杉木、马尾松、湿地松、木荷、香椿、枫香、黑荆、桉和毛竹等。对立地条件好、坡度平缓的坡耕地可适当培育名、特、优、新经济林，如油茶、板栗、银杏、棕榈及笋用竹等，将退耕还林与开发扶贫、促进山区经济综合开发紧密结合。对于以前开垦的坡度不大于 25°的坡耕地通过平整土地，全部修筑成水平梯田，以有效拦截泥沙，减缓水流速度，合理耕作，有效防止水土流失。

三、沿线绿化、美化区域治理工程

由于江河、铁路和公路等沿线绿化、美化区域交通便利，人口密度大，森林植被遭到人为破坏的程度尤为严重，因此，江河、铁路和公路沿线(岸)区域大多林相不齐，植被覆盖率低，甚至退化为光地，水土流失严重，塌方、滑坡等灾害时有发生，生态环境脆弱与敏感区域，也是林业生态工程建设的重点对象。

根据区域的地理特征，以生物治理为主，针对沿线(岸)迎坡面林地的不同立地条件和生态建设方向，采取人工造林等治理措施，提高森林质量，改善生态环境。

人工造林：对沿线坡度比较平缓、立地条件较好的林地采取人工造林措施，以营造生态林为主尽快扩大林草植被，为了提高森林防护效益，美化沿线风景，营造以阔叶树为主的针阔混交林。通过采取人工造林等生物措施迅速恢复森林植被，以增加生物多样性，减少水土流失；通过修建工程措施防止山上泥沙流入、流失，减少山体泥沙对农田及河流水库的淤积。

四、三北防护林体系建设工程

防护林是为了保持水土、防风固沙、涵养水源、调节气候和减少污染所经营的天然林和人工林，是以防御自然灾害、维护基础设施、保护生产、改善环境和维持生态平衡等为主要目的的森林群落。它是中国林种分类中的一个主要林种。

在中国，根据防护目的和效能的不同，防护林可分为水源涵养林、水土保持林、防风固沙林、农田牧场防护林、护路林、护岸林、海防林和环境保护林等。

在日本，防护林可分为水源涵养林、水土保持林、防止土沙崩坏林、防止飞沙林、防风林、防止水害林、防止潮害林、防止干害林、防雾林、防止雪崩林、防止落石林、防火林、护渔林、航行目标防护林、保健防护林和风景防护林等。

三北防护林体系建设工程(简称三北工程)，是世界上最大的生态工程，始于1978年，到2050年结束，建设范围包括中国东北、华北、西北13个省(自治区、直辖市)的551个县(旗、市、区)，总面积为406.9万km^2。规划营造林总面积为3508万hm^2，工程建成后，森林覆盖率预计由1975年的5%提高到2050年的14%左右。内蒙古有86个旗(县、市)列入该工程范围，总任务为1080万hm^2。

(1) 在东北平原、华北平原、黄河河套、甘肃河西走廊和新疆绿洲，过去受风沙侵袭的1600多万hm^2农田实现了林网化，形成了许多数县连片，乃至跨省(区)成片联网的大型农田防护林体系，年净增粮食800多万t。

(2) 在沙区有20%的沙漠化土地得到治理，一些沙区基本结束了沙进人退的历史；进入全面改造利用沙漠、发展绿洲农业的新阶段。

(3) 在黄土高原，大面积水土流失区得到初步治理，流入黄河的泥沙量减少了10%以上。

(4) 在京津地区，新增森林177.8万hm^2，森林覆盖率达29.1%，8级以上大风日数和扬沙日数分别由20世纪70年代的37天和21天减少到2019年的26.7天和3.6天，北京周围的生态环境得到明显改善。

2018年11月30日从三北工程建设40周年总结表彰大会上获悉，三北工程建设40年累计完成造林保存面积3014.9万hm^2，工程区森林覆盖率由1979年的5.05%提高到了13.59%，活立木蓄积量由7.4亿m^3提高到33.3亿m^3。三北工程大规模植树造林种草，持续修复自然生态，累计营造防风固沙林788.2万hm^2，治理沙化土地33.6万km^2，保护和恢复严重沙化、盐碱化的草原、牧场1000多万hm^2；营造水土保持林1194万hm^2，治理水土流失面积44.7万km^2；营造农田防护林165.6万hm^2。

三北工程走出了一条符合“三北”地区实际和国情的环境生态建设道路，成为我国生态建设的一面旗帜，为我们开展大型生态建设积累了丰富的经验，也增强了我们实现秀美山川建设目标的信心。不仅如此，三北工程已成为我国政府重视生态建设的标志性工程，具有重要的世界意义，产生了重要的国际影响。

三北工程是一项利在当代、功在千秋的伟大工程，其不仅是中国生态环境建设的重大工程，也是全球生态环境建设的重要组成部分。其建设规模之大、速度之快、效益之高已超过美国的“罗斯福大草原林业工程”、苏联的“斯大林改善大自然计划”和北非五国的“绿色坝工程”，在国际上被誉为“中国的绿色长城”“世界生态工程之最”。因此，三北工程不仅对中国，而且对世界也有重要的贡献。三北工程也促进了我国林业的对外开放和引进外资工作，成为我国林业对外交流与合作的重要窗口。

第三节　畜牧业环境生态工程

一、畜牧业在农业生态工程中的作用

在农业生态系统中，家畜属于初级消费者范畴，初级消费者的功能在于将生产者所同化的有机物和能量借助家畜转化为动物产品并赋予更高的能量，通过食物链输送给次级消费者；与此同时，家畜又可将部分未被利用的有机物通过排泄物返回土地，由分解者分解还原后重新投入到系统的再循环中去。畜禽的这种初级消费者地位决定了它在整个农业生态系统物质与能量转化和传递过程中的动力作用。

畜牧业在农业生态工程中的作用和意义在于家畜在利用人可直接食用的植物产品的同时，还可利用那些人所不能直接利用的植物副产品，并将它们转化成乳、肉和蛋等高级营养食品供给消费者，在这些植物到动物的能量转化与物质循环流动过程中，家畜不仅为人类转化生产出大量高档食品，还生产了皮、毛和羽等产品供人类消费，同时又以 CO_2、粪尿等形式为植物提供养料，为微生物等分解者提供了物质与能量。因此，畜牧业是农业生态系统中有机物质循环的主要通道之一，是农业生态工程建设的重要组成部分，畜牧业对能量、物质转化效率的影响极大。

畜禽的初级消费者地位也决定了畜禽必然受生产者的数量和质量的影响，这决定了家畜生态系统的特殊性。从生产者到初级消费者再到次级消费者，能流和物流的量是逐级减少的，能量大约按 1/10 的规律向下一级传递。因此，从生产角度看，畜牧业的基本环节是土壤—饲料牧草—家畜—畜产品，饲料牧草是其中最基本的环节。因此，农业生态工程建设中的农田、草地和森林等绿色植物组分

所生产的植物产品，是畜牧子系统存在和发展的保障。

绿色植物通过光合作用固定的太阳能，只有20%左右的能量可为人类直接利用，其余约80%为植物副产品。因此，畜禽对植物副产品的这种再转化作用就显得尤为重要。但畜禽在利用秸秆、糠麸等副产品时，通常只能将其中所含能量和其他营养物质的25%消化、吸收与利用，其余75%又作为“副产品”沿食物链(网)向下传递与循环。畜禽与周围环境中的层次关系，主要是通过这种食物链与食物网而保持直接或间接的联系。畜禽在食物链中的地位，使畜牧业与种植业有着密不可分的依存关系。畜禽是由野生动物选择进化而来的，然而现代的畜禽生活环境已经不同于野生动物。畜牧业成为将植物产品转化为动物产品为主要目的的生物再生产部门，这既包括自然再生产过程，也包括经济再生产过程。

近年来，国内养殖场的发展规模十分迅速，几千头乃至上万头规模的养殖场不断涌现，由于没有合适的粪便、废弃物的处理技术，其污染越来越严重，引起人们的高度重视。目前，国内粪便处理以直接还田、工厂化处理、厌氧发酵及饲料化为主。由于这些技术没有将粪便处理与生猪生产作为一个系统，只是为治理而治理，不仅旧问题没得到较好的解决，同时又引发出了一系列新问题，如厌氧发酵。一方面投资较大；另一方面若解决不好沼液和沼渣的出路问题，同样会造成二次污染。

二、“四种、四养、四过腹”农业生态工程

“四种、四养、四过腹”农业生态工程是以沼气为纽带的食物链循环农村适用的一种技术体系。“四种”即种农作物、果树、牧草和食用菌；“四养”即养牛、养鸡、养猪和养鱼；“四过腹”即牛粪喂鱼，鸡粪喂猪、喂牛，猪粪进沼气池，沼气水进鱼塘或喂猪、浇地、浸种等，沼渣肥田、种食用菌。这一模式的关键环节是鸡粪喂猪，即将鸡粪经过消毒除臭、高温发酵等方法处理后，按32%～38%的比例加入饲料，在仔猪体重达35～50 kg后饲喂，一般40～50只鸡所产生的鸡粪可作为一头猪的鸡粪饲料，可节约成本25%左右，即饲养每头猪可降低成本45～50元。如果改变配料比例和喂养方法，鸡粪配合饲料还可以用于养鱼、养牛和养羊等。“四种、四养、四过腹”模式不仅使物质和能量循环与再生利用，效益提高，而且其操作性强，实现了社会效益、经济效益、生态效益统一的目的。

三、种养结合污染零直排生态治理工程

该工程是依据食物链原理以及物质的不断循环与再生原理设计而成。通过牧草养牛，直接产出牛奶、牛肉、牛皮产品；牛尿直接肥草，牛粪经蚯蚓分解与蚯蚓排泄物一起为牧草提供优质的有机肥料。与此同时，大量的蚯蚓不仅为奶牛提

供高蛋白饲料，而且成为许多药物、营养品的原料。

种草养牛是农业产业结构中的重点，牛奶产品是人们的理想食品。0.067 hm^2 牧草饲养一头奶牛，每年可产牛奶 5 t，扣除生产成本，净收益可达 5000 元，通过物质循环与再生利用，还可增加间接收益 3000 元。同时，牧草发达的根系能够有效防止水土流失，保护生态环境。这一工程项目的实施，形成了物质、能源的良性循环，取得了社会、经济、生态三效益的统一，尤其在太湖地区对总体上控制农业面源污染具有重要意义。

第四节　渔业环境生态工程

我国水域辽阔，从北至南有渤海、黄海、东海和南海四大海区及黑龙江、黄河、长江、珠江、鄱阳湖、洞庭湖、太湖、青海湖和滇池等众多水域，在该水域中生活着 2 万多种水生生物，其中鱼类有 2400 多种，约占世界总量的 20%，还有大量的虾蟹类、贝类和藻类等，渔业资源十分丰富。在改革开放以前，我国的渔业生态环境一直保持良好的状态，但随着我国工农业的发展和人口的增加以及城镇发展的日趋大型化，给我国水域生态环境带来了巨大的冲击，对渔业生态环境构成巨大威胁。

一、渔牧结合高效养殖

(1) 鱼与肥的有机结合。鱼与肥的有机结合当属目前渔牧结合高效养殖的成功典范。利用规模化畜禽养殖产生的粪便进行有氧发酵生产生物肥，其主要成分为常量营养元素、微量营养元素、有益微生物、氨基酸和小肽等，依据养殖水体的化学相、菌相和藻相相应地添加一定比例的营养成分，定向培养水体的有益微生物和浮游生物，为滤食性鱼类提供丰富的天然饵料。这种生物肥具有肥效好、投入产出比高和绿色环保等优点，符合发展生态农业的需要，是一种稳定的富含有机质的肥源，已在大水面养殖水域中广泛使用。

(2) 畜禽—蚯蚓和蛆—水产循环养殖。利用品种优良的蚯蚓和蛆分解畜禽养殖过程中产生的粪便，获得优质蛋白质饲料的蚯蚓和蛆直接饲喂名优摄食性鱼类，如黄鳝和乌鳢等。

畜禽粪便的资源化处理是渔牧结合的切入点，规模化畜禽场的粪便处理工程涉及学科面广且技术环节多。每次先进技术手段的革新无疑都会带来一次重大的产业革命，如近年采用的超临界水技术处理畜禽粪便的研究，已取得一定进展，未来这些新的手段在畜禽粪便的处理中将起到关键性作用。如何能将这些技术手段大规模推广应用，还需与物理学、化学和生物学方法有机地结合起来，降低成本和能耗。借鉴国外发达国家的成功经验，引入政府治理基金参与畜禽粪便的处理，根据畜禽粪便属性进行组分分离，同时加快配套技术与设备的研发，实现综合开发利用。渔牧结合的形式也需结合当地资源，因地制宜，灵活多变地采用具体的形式，实现渔牧结合的高效养殖。

(3) 种草养鱼。沿江渔业生产是以饲养草鱼为主，但是多年来，养鱼户习惯采用的酒糟等精饲料喂鱼的方法，普遍存在着饲料成本高，易沉积池底，浪费大，清塘困难和草鱼食草性强但缺乏青饲料增重慢等缺点，在一定程度上影响着渔业生产的发展。距城 8.2 km、总占地面积为 17.93 km^2 的朗目山，1993 年建植牧草种子地、放牧地和截草地共 240 hm^2，再加上 1991 年建植的草地 580 hm^2，现共有人工草地 820 hm^2。在发展朗目山草地草种生产，种草养畜的同时，结合沿江乡渔业生产的实际，划分出 67 hm^2 喂鱼割草地，探索一条渔牧结合、种草养鱼的新路子。1994 年开始示范推广，指导养鱼户采用以青草为主，精料为辅的饲养方法，全年售出喂鱼青草约 1000 t，收入 3 万元，种草养鱼取得了显著成效。

草鱼在 6 个月的生长期内，每生长 1kg 需青草 30～40 kg，相当于 15～20 kg 酒糟的效果。由于种草养鱼大大提高了成鱼产量，按每公顷增产 1710 kg，每千克平均售价 10 元计算，每公顷可增产值为 1.7 万元，全乡共有 199 hm^2 养鱼水面，全部推广种草养鱼可增产值为 340 万元。据饲养户反映，过去用酒糟等饲料喂鱼，较难做到适度投入饲料，清塘时饲料堆积在池底，很厚一层，造成饲料浪费大，并污染鱼塘环境。采取以青饲料喂鱼为主，酒糟精料为辅的饲养方法，代替过去专用酒糟精料喂鱼方法的实践表明，这种办法投资少、见效快、易推广，深受养鱼户的欢迎。采取以点带面，开展现场示范和技术培训相结合的方法，进而调动了全乡养鱼户种草养鱼的积极性，并辐射到邻近乡(镇)。

二、鱼禽(畜)结合生态工程

多年来，许多鱼禽(畜)结合的养殖户以养殖猪、鸭、鹅为获利主体，鱼塘只是处理畜禽粪便的附属设施，渔产多少无关紧要。近期随着鱼价的不断上升，广大养殖户也开始关注养鱼收益。

鱼禽(畜)结合双获利，最大的技术难题就是畜禽粪便导致水质恶化，鱼病频发，治疗困难，养殖成功率低。利用酵素菌技术，可以有效提高鱼禽(畜)结合养殖的成功率。将酵素菌施入水体，一是可以有效改善水质，减少水体有害物质的沉积(晴天上午施用 4 h 后即可见效)；二是酵素菌利用水中污染物为培养基，大量繁殖，形成优势菌群，有效抑制有害菌的滋生，同时还为鱼类提供大量高蛋白菌体饵料；三是培育优良藻相，既可改善水体，又是大头鱼等滤食鱼类的良饵；四是可提高饲料的消化利用率；五是可提高鱼的抗病力，鱼长得快，品质好。

(一) 鸭-沼-鱼循环养殖

鸭-沼-鱼循环养殖模式是指在鱼塘的塘埂搭建鸭棚，高密度饲养肉鸭，同时在鸭棚附近建立一个小型的沼气发酵池，定期将收集的鸭粪投入沼气发酵池，发酵产生的沼气通过管道供生活用或储气罐储存，残留的发酵液通过水泵抽入鱼塘，培养浮游生物。

(二) 鸭-藕-鱼循环养殖

鸭-藕-鱼循环养殖是将鱼鸭混养池中的污水定期排入藕池，利用藕池中水生植物的净化作用将排泄物等进行初步降解，经降解后的净化水再排入鱼塘。其主要原理为：鸭在水面游动和对底泥的搅动增加了养殖水体中的溶解氧并加速有机质的矿化速度，有利于鱼的生长，鸭粪中的养分可直接被鱼摄食利用或作肥料繁殖浮游生物。通过藕池降解的外塘水再返回混养池，鸭能通过捕食水中的昆虫、蚴蚌和蝌蚪等得到育肥，既清洁了水体又降低了鸭病的发生率。

三、渔农复合生态工程技术

稻田养鱼和稻田养蟹是目前最为典型的渔农复合生态工程，通过农作物(水稻、茭白等)与水生生物(鱼、蟹等)的互利共生，在同一块农田上同时进行粮食和渔业生产，使农业资源得到更加充分的利用，农业生态系统生产出更多更丰富的农产品，农民获得更高的收入。

(一) 稻田养鱼生态工程技术

运用生态系统互利共生原理，将动物(鱼)、植物(稻)和微生物(水生微生物)优化配置在一起，使之互为利用、互相促进，达到稻鱼增产增收。在稻鱼模式配置中，延伸到稻稻鱼、稻桑鱼、稻鸭鱼、藕鱼和茭鱼等模式。2020 年全国稻渔综合种养面积达 233.4 万 hm^2，水产品产量超过 290 万 t，湖北、安徽、湖南、江苏、江西等省份纷纷出台关于推进稻渔综合种养的措施，其中以“稻田小龙虾”为主。

该生态工程中水稻为鱼类栖息提供荫蔽条件，夏天在一定程度上降低田间水层温度，枯叶在水中腐烂，促进微生物繁衍，增加了鱼类饵料。鱼类为水稻疏松表层土壤，提高通透性和增加溶解氧，促进微生物活跃，加速土壤养分的分解，供水稻吸收。鱼类为水稻消灭害虫和杂草，排粪为水稻施肥，培肥土力，加之人工投饵，使两者都处于良性循环优化系统生态环境之中，综合功能增强，向外输出生物产量能力提高。农民总结稻田养鱼为：稻田养鱼挖个凼，高温伏旱能够抗，施药治虫也能防，集中投料好喂养，养鱼稻田肥力高，稻鱼增产效益长。

技术要点：①稻鱼种合理搭配，为了有效提高稻田养鱼产量，必须投入

10 cm 以上规格的鱼种，并掌握合理的密度，采取多鱼种搭配，形成鱼类之间的食物链(网)。按产 570 kg/hm^2 成鱼设计可投放草、鲤、鲫大规格鱼种 3750～4500 尾，比例按 7∶2∶1 或 5∶4∶1。②搞好人工投料，有投入才有产出，提高产量必须要有饲料才能转化，特别是 6～9 月，是鱼类生长旺季，要坚持每天投放饲料，以满足鱼类需要。③抗旱和防逃，养鱼稻田决不能断水，而暴雨期洪水又易使鱼随水逃跑。因此，在不影响水稻生长的前提下，尽量使稻田多蓄水，并在雨季做好防洪工作。④防治鱼病，田间慎用农药。

(二) 稻田养蟹生态工程技术

1) 相关模式(以辽宁省盘锦市大洼区为例)

大洼区水稻生产平均单产已达 9431 kg/hm^2，但实践证明，若实行稻蟹立体养殖，则可实现一地双收高效益。面对辽河三角洲开发、防潮大堤及挡潮闸的修建、影响河蟹洄游以及近海污染等因素，河蟹繁殖量显著减少，因而稻田养蟹也是通过生态手段，人工再造生物量的需要。

2) 养殖配套技术

(1) 育苗技术。河蟹养殖技术的关键在于育苗，按照河蟹从排卵至生长成大眼幼体以及发育成幼蟹对最佳生育环境的要求，人工模拟建成了现代化的育苗场所。

具体技术包括种蟹选择(200 g/只)、交配适宜温度 10～12℃、越冬适宜温度 10℃、适宜盐度 0.6%～1.5%、越冬期 5 个月。翌年春天 4 月末破卵至大眼肉体阶段，时间为 20～22 天，适宜温度为 20℃，此期盐度由 1.5%→2.5%→3%渐增，而后水体盐度每隔 3～4 h 降低 0.3%～0.4%至近似淡水，进入休养池。

(2) 养殖技术(一龄蟹)。放养时期为 6 月 20～25 日，蟹苗放养量为 4.5～5.25 kg/hm^2。

(3) 配套农业技术。选用抗病水稻品种，增施硅肥，提高水稻抗病力，旨在减少后期农药施用量。增施有机肥，尽量减少化肥用量，增加化肥做基肥的比例，追肥宜实行少吃多餐施肥法，每次尿素用量不宜超过 150 kg/hm^2。化学除草采取广谱复合的高效一次性除草剂，施用期宜在插秧前施用，待农药降解后放养蟹苗。

3) 效益分析

(1) 生态效益。稻蟹立体养殖，具有两者共生互补效益。稻田提供河蟹适宜的生态环境并为河蟹提供了部分饲料，而河蟹除了具有清治稻田类似中耕作用外，其排泄物又是水稻所需肥料。

(2) 经济效益。稻田养蟹平均每公顷产蟹 800 kg，每千克 100 元，则每公顷产值为 8 万元，净效益为 4 万元。水稻每公顷产量为 10000 kg，每公顷水稻净效益 7000 元，则河蟹收益为水稻的 5.7 倍。

四、海藻场生态工程

(一) 海藻场生态工程的概念

海藻生态工程即在沿岸海域，通过人工或半人工的方式修复或重建正在衰退或已经消失的原天然海藻场，或营造新的海藻场，从而在相对短的时期内形成具有一定规模、较为完善的生态体系，并能够发挥独立生态功能的综合工艺工程。海藻场生态工程可大致分为重建型、修复型与营造型三种类型。

大型海藻规模栽培是一种有效的生态环境修复方法，能增加海洋碳汇，促进并加速大气中的二氧化碳向海水扩散，在生态环境中具有重要作用。

同时，大规模海藻栽培对浮游生物群落结构的稳定具有重要作用，在抑制有害藻华的同时能够增加浮游植物多样性。大型海藻被广泛应用于食品、药品和化妆品等多个领域。例如，我国传统食品石莼和裙带菜富含营养成分和药用价值。此外，大型海藻可作为肥料、饲料等农业生产原料，提高农业生产效益。同时，大规模海藻栽培还可以与其他渔业产业相结合，形成多元化的产业链条，促进区域经济发展。

(二) 海藻场生态修复的主要类型

综合考虑区域管理利用现状、相关规划、生态功能定位等因素，根据生态现状和生态问题诊断结果，从海藻场面积、种类组成、生物量、生态系统结构、生态系统功能和生态系统胁迫等方面提出保护修复目标。

根据退化程度，海藻场生态修复可以分为三种类型：有效管理的自然恢复、人工辅助恢复和实施人工营造的重建性修复。

1) 海藻场自然恢复

对于轻度受损、恢复力强、自然种源补充良好的海藻场生态系统，主要采取去除外界压力或干扰、封滩保育的方式，加强保护措施，促进生态系统自然恢复。常见的干扰因素包括过度采集海藻资源、污水排放、无序养殖和海漂垃圾等。

2) 海藻场人工辅助修复

对于中度受损的海藻场生态系统，缺乏有效的种源补充或其生境条件出现退化不能满足大型藻类生长的要求，只依靠保护和管理不能实现海藻场的自然修复时，则应该通过消除威胁因素并修复生境条件后，在原地利用生态系统再生能力，或者根据参照生态系统，补充海藻种源或移植种藻，促进生态系统恢复。

3) 海藻场重建性修复

对于严重受损的海藻场生态系统，应在消除威胁因素的基础上，围绕水文条件修复和海藻物种恢复方面开展重建性修复。由于海藻固着于基岩底质的特殊生态特性，应以补充种源、促进附着、加强管护为重建性修复原则。

(三) 海藻场生态工程的环境修复机理

1) 减轻海水富营养化

通过光合作用，大型海藻能够吸收海水中的二氧化碳，以及水体中的富营养盐(N、P、K 等)，减轻水体酸化并修复水体环境。大型海藻栽培水域是一类人工可控、栽培对象生物量增长速率快、对栽培区及其邻近水域、沉积环境和生物群落组成影响巨大的特殊生态系统。大型海藻栽培生态系统中的群落演替与水体和沉积物中 C、N、P 等的地球化学过程密切相关。浙江大学研究团队通过对中国海藻栽培产量和养分浓度的估算，量化了 1 hm^2 海藻栽培对中国沿海水域氮和磷的去除量，分别相当于 17.8 hm^2 和 126.7 hm^2 的养分输入量。据有关数据统计，中国海藻栽培每年可去除超 75000 t 氮和 9500 t 磷。

2) 缓解海洋酸化

浙江大学研究团队在山东俚岛海带养殖区、浙江佛渡岛紫菜养殖区、广东南澳岛龙须菜养殖区各开展了为期 5～14 天的连续在线环境综合监测，主要指标包括海水温度、盐度、pH、溶解氧、总碱度、二氧化碳分压 (p_{CO_2})、海水文石和方解石饱和度等。研究发现，大型海藻养殖区域海水 pH 相较于对照海区显著提升。其中，海带栽培的 pH 提升效果最好，可达 0.100 ± 0.003 个单位(图 6-10)。因此，大型海藻栽培除可显著吸收和移除营养盐、修复近海富营养化水体之外，还为人类应对和缓解海洋酸化提供了一项有效措施。

图 6-10　大型海藻缓解海洋酸化

3) 生物过滤重金属

大型藻类在生长过程中可以富集重金属，实现重金属的生物过滤。大型藻类可以过滤海水中的 Cd、Cr、Ni、Pb、As 等多种重金属。瓦氏马尾藻是褐藻门马尾藻科马尾藻属藻类植物，是中国特有的亚热带性海藻，它可以富集超 1700 倍的 Cr。大型藻类通过吸附、沉淀、离子交换等方式，可以将重金属离子转化为无毒或低毒的形态，从而减少重金属对生态环境的危害。大型藻类在海洋环境中具有重要作用，可以促进海洋生态系统的健康发展。

4) 抑制水体微藻生长

大型海藻的规模栽培对浮游生物群落结构的稳定具有重要作用，能够抑制水体中的微藻生长。大型海藻和微藻在营养盐和光竞争中处于优势地位，化感物质是从大型藻类等植物或微生物中提取的天然化学物质，正在成为消除藻华的新兴武器。多种植物分泌的化感物质能破坏微藻的细胞结构，对微藻的生长产生明显的抑制作用，如近期浙江大学研究团队报道的鞘氨醇类天然化感物质对多种有害藻华具有显著的抑制作用。江苏海洋大学研究团队发现在常见的 40 种大型藻类中，有 7 种可以释放出甘油糖脂、类菌胞素氨基酸等活性物质，对多种赤潮微藻具有抑藻活性。大型藻类释放的这类新型天然除藻剂具有优越的抗藻能力，具有更低的有效浓度数量级，且作用效果更强。

(四) 海藻场生态工程的典型案例

海藻场是由生长在冷温带大陆架区硬质底质上的大型底栖海藻和其他海洋生物类群(如浮游生物、游泳动物和底栖动物)共同构成的一种近岸海洋生态系统，在近岸海域发挥重要的生态功能。然而在全球气候变化、海洋酸化等自然因素和人为干扰等多种外界因素的影响下，世界上许多区域的海藻场都呈现出退化趋势，美国、欧洲和日本等地均有关于海藻场大面积消失的报道，多个国家相继开展了海藻场生态系统修复研究与生态工程应用。

1) 日本钢铁渣海藻场再生工程

Vivary®unit 是由日本制铁公司开发的一种钢铁渣产品，它的原料是以钢铁渣和废木材碎片发酵而成的腐殖土，可以为森林或海洋提供铁分，现主要被用于海藻场再生项目，可以促进海藻再生，修复海藻场。该项目获得了日本蓝色经济技术研究协会的 JBlue 信用认证。在日本北海道增毛町地区，日本制铁与增毛渔业合作社从 2004 年就开始利用“Vivary®unit”建造海藻场(图 6-11)。该海藻场建设项目获得了日本蓝色经济技术研究协会的 J Blue 信用认证。2018～2022 年间，吸收固定的二氧化碳总量(蓝碳)为 49.5 t，海藻场建设项目获得了相应的信用额度，取得了明显的海藻场修复效果。

2) 浙江象山港人工藻场营造工程

以人工营造海藻场修复近海环境有较好生态效益，同时海藻床生境修复藻种选择至关重要。中国水产科学研究院在 2019 年以象山港海藻本底调查为基础，在象山港海洋牧场人工藻场构建过程中，对 15 种海藻完成了室内培养研究，筛选出坛紫菜(*Porphyra haitanensis*)、龙须菜(*Gracilaria lemaneiformis*)、海带(*Laminaria japonica*)、羊栖菜(*Sargassum fusiforme*)、鼠尾藻(*S. thunbergii*)等适宜目标构建海藻场。大型藻类修复环境效果和碳汇功能十分明显。2013～2014 年上海海洋大学团队对辐射沙洲海域开展的全年水质监测结果显示，辐射沙洲海域条斑紫菜核心栽培区(栽培面积约 133.3 km^2)营养盐浓度显著低于非栽培区，通过栽培和采收每月可移除 8.04～1495.72 t N 和 0.19～43.86 t P，栽培季节总共移除 3688.15 t N 和 105.61 t P。栽培 133.3 km^2 的条斑紫菜可使辐射沙洲离岸 5～100 km

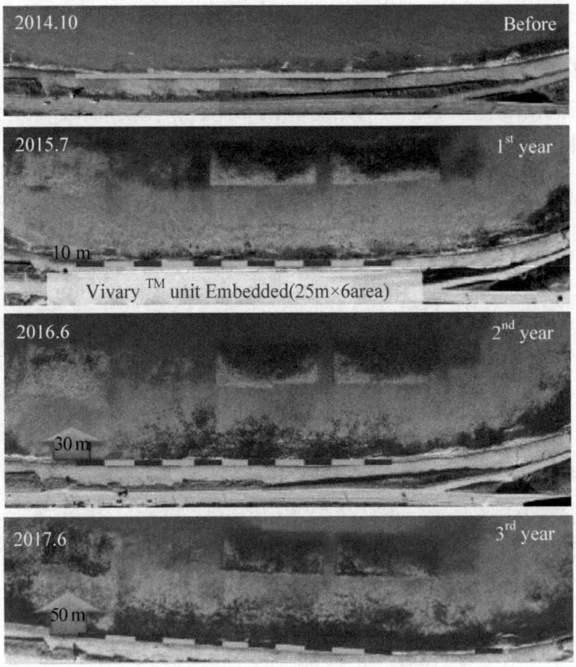

图 6-11　Vivary®unit 使用效果

图源：https://sdgs.un.org/partnerships/biodiversity-recovery-coastal-seaweed-bed-using-vivary-unit-composed-steelmaking-slag#description

海域水体氮指标达Ⅲ类海水标准，磷达到Ⅱ类标准。条斑紫菜栽培总产量约5.895 万 t (干重)，总销售额达 65.08 亿元。

3) 山东鳌山湾人工上升流增汇工程

浙江大学海洋学院开发的气幕式人工上升流系统将海底富营养盐的海水输送到海面(图 6-12)，辅助浮球下的海带等大型海藻的生长，目前已在山东青岛的鳌山湾海域运行国内首个人工上升流增汇示范工程，该工程通过提升上升流涌升效率，使海带等海藻类栽培增产，同时有效修复海洋生态环境并提高海洋吸收二氧化碳的能力，促进蓝碳增汇。上升流是指海水从底层至表层的涌升现象。自然上升流区占全球海洋面积的 0.1%，常伴有低温、高盐等特征。上升流会把海洋深层富含营养的物质带至海洋表层或近表层，促进饵料生物繁殖，有利于形成渔场。上升流工程应用的人工上升流技术是通过海洋能自供给，将压缩空气均匀注入海底，形成大面积气泡幕，将深层营养盐海水带到海洋表层，并在海流的作用下覆盖整个栽培海区。上升流工程项目团队在鳌山湾海域搭建的示范工程，包含人工上升流、海洋环境与碳汇监测和大型海藻栽培等复合系统，占海域面积 500 亩。实践表明，其中的人工上升流系统可在潮流作用下有效提升至少 5000 亩海域的表层营养盐浓度，并调整氮磷比，使之有利于大型藻类的光合作用。

截至 2021 年 11 月底，通过实施上升流工程，区域范围内海带每株平均增产了 36.1 g，每亩增加碳汇 1.6 t。该成果已被联合国政府间气候变化专门委员会(IPCC)列入海洋增汇方案，面向全球推广。

图 6-12　人工上升流海藻增汇技术现场

4) 韩国海岸带二氧化碳去除带工程

沿海二氧化碳去除带(coastal CO_2 removal belt，CCRB)是釜山大学主导的一个旨在通过在韩国沿海地区设置海带森林和海藻床来减轻和适应全球变暖的项目。CCRB 包括自然和人工植物群落，通过海洋森林促进 CO_2 的去除。海藻床可以作为重要的二氧化碳汇，同时满足全球对食品、饲料、燃料和药品的需求。在全球气候变化背景下，该项目开发了新的基线情景和监测方法，以实现温室气体排放的减缓和适应。该项目试验性实施是在韩国南部地区利用中水层绳索培养技术种植多年生褐藻昆布，通过将海藻绳子悬挂在水中，使海藻在水中生长。这种技术的优点是可以避免海洋生物的捕食，同时可以与其他设施(如海上风电场和平台)结合使用。在这个试点农场中，使用了 49 根 100 m 长的绳子，绳子之间间隔 2 m，总共创造了 1 hm^2 的基质空间。根据研究期间记录的最大叶片质量，每 100 m 绳子上的褐藻昆布碳汇量为 43.5 kg，试点的 CCRB 农场每年可以吸收约 16 t CO_2/hm^2，有效减少温室气体的排放。

思考与练习

1. 什么是农业环境生态工程？农业环境生态工程研究的内容及研究方法有哪些？
2. 什么是农业环境生态工程技术？主要应用在哪些方面？
3. 林业环境生态工程的研究内容是什么？有哪些模式？
4. 畜牧业生态环境工程模式有哪些？其优缺点体现在哪些方面？
5. 举例说明渔农复合生态工程的特点及技术要点。
6. 思考并谈谈对防护林改葡萄园的看法。

第七章　流域环境生态工程

人类对全球生态环境的破坏以及对资源的过度开发和利用，使得全球气候异常、生物多样性锐减，水土流失、荒漠化、人口危机、能源危机以及粮食危机等成为国际社会关注的焦点。为解决人类赖以生存的地球如何实现可持续发展这个重大难题，需要更多的生态学、工程学理论和方法，来解决与人类生存最相关的环境问题。流域环境生态工程即为综合运用生态学种群、群落、生理生态、生态系统乃至景观生态、区域生态及全球生态的理论与技术，同时紧密结合环境科学、环境工程和水土保持等多学科的相关知识解决流域的环境保护及修复等问题。

第一节　流域生态系统概述

一、流域生态系统的组成与特征

流域是指一条河流(或水系)的集水区域，河流(或水系)从这个集水区域上获得水量补给。流域内的生物及其生存环境构成了流域生态系统，流域内高地、沿岸带和水体等各子系统间存在着物质、能量、信息流动。它是一个社会-经济-自然复合的生态系统，可分为流域生态、经济和社会子系统三大部分，其中包含人口、环境、资源、物资、资金、科技、政策和决策等基本要素，各要素在时间和空间上，以社会需求为动力，以流域可持续发展为目标，通过投入-产出链渠道，运用科学技术手段有机组合在一起，构成了一个开放的系统。自然子系统是基础，经济子系统是命脉，社会子系统是主导。仅考虑流域生态系统的自然部分，可以将其划分为水体、河岸带及高地三类，进一步区分各种生态系统类型。

流域生态系统中各要素通过社会、经济和自然再生产相互制约、交织而组成了流域的结构，其特点是有序性和复杂性。流域生态系统的生产和再生产过程是物流、能流、信息流、资金流的交换和融合过程。因此，流域生态系统具有物质循环、能量流动、信息传递和价值增值四大特征。具体到每一个自然生态系统时，其结构和功能与一般生态系统相同，而把流域作为一个复合的自然生态系统时，在其发展过程中表现出如下的主要特征。

(1) 流域生态系统的整体性。流域生态系统是水资源、植被、地貌、矿产和土地等资源和条件，以及水资源开发利用、治理、保护，乃至水资源开发利用的工业生产、农业生产等组成的有机整体。在众多因素中，水资源是连接整个流域生态系统的纽带。水资源的流动性使流域内不同地区间的社会、经济相互制约，相互影响，从而把范围广泛、因素众多的流域连接成为一个整体。因此，对流域的整治和开发利用，需从整个流域生态系统范围内的所有要素整体考虑布局，实现整个流域的可持续发展。

(2) 流域生态系统的多样性。流域由于其特殊的生态环境，生物多样性非常高，自然环境的差异导致流域上下游间的社会经济活动类型及水平上的复杂多样。流域生态系统组成要素的纷繁多样以及自然环境的差异性体现了流域生态系统的多样性。水资源开发利用过程中的经济、社会、技术情况也表现出了流域生态系统的多样性。为此，在可持续开发利用水资源的过程中需从各地域的实际情况出发，合理开发利用。

(3) 流域生态系统的开放性。流域生态系统是一种开放的生命系统，系统组成要素之间有大量、迅速和丰富的物质生产和能量交换。流域的植被系统特别是森林，是流域生态系统的生产者，对流域生命运转和生存起着关键作用。流域的人工生态系统(如工业、农业、畜牧业和其他生产系统)，是与河流关系密切的生态系统，它们与河流进行物质和能量交换，也应该看作是流域生命系统的组成部分，所有这些因素的动态过程对整个流域生态系统都有着重大的影响和作用。

(4) 流域生态系统的动态性。流域生态系统的动态性主要表现为水资源的数量在时间与空间上总是在不停地变化，流域的生态环境、气候等都处在不停地变化中，人们对流域生态系统的开发、治理、保护的过程也处于不断地变化中。包括全球气候变化(CO_2浓度的上升、温度升高、降水的变化等)，土地利用和覆盖的变化，大气成分的变化，生物地球化学循环的变化，全球人口的增长，生物多样性的丧失等。全球变化必然会引起流域生态系统内环境的相应变化，如降水的变化、蒸发的变化、土地利用的变化，从而影响到流域的结构与功能的变化。因此，在流域水资源的可持续开发利用中，必须随时掌握流域生态系统的动态变化情况，采取相应的对策，保证系统的正常运行。

二、河流生态系统

(一) 河流生态系统的内涵

河道作为河流的主体，是汇集和接纳地表和地下径流的场所及连通内陆和大海的通道，是河流生态系统横向结构的重要组成部分。河流生态系统由河道水体和河岸带两部分组成，河道水体生态系统主要是由河床内的水生生物及其生境组成；河岸带生态系统主要由岸边的植物、迁徙的鸟群及其环境组成，是陆地生态系统和河流生态系统进行物质、能量、信息交换的过渡地带。河岸带作为河道水体运动的外边界条件，是河道保持稳定的关键地带。

(二) 河流生态系统的结构

河流生态系统的结构参照河岸带四维结构的特征，可定义为系统内各组成要素在时空上的配置和联系，可概括为由河道水体及河岸边高地组成的河道横向结构、由河道上游至下游组成的纵向结构、由河道内地表水至地下水进行物质交换和能量流动的垂直结构及时间尺度上的变化，河流生态系统的结构和功能呈现不同变化的时间结构组成的四维结构。

(三) 河流生态系统的服务功能

河流生态系统的服务功能是指河流能够为人类提供生活消费的产品和保证人类生活质量的功能，主要可归纳划分为调节支持功能、环境净化功能、提供产品功能及文化娱乐功能。

(1) 调节支持功能。河流能够为沿岸地区供水和输水，调控洪水和暴雨的影响，促进流域内的水分循环，为人类生活用水、农业灌溉用水、工业生产用水以及城市生态环境用水等提供了保障。另外，河流生态系统为河道及河岸的各种动植物提供了生存所必需的淡水和栖息环境。

(2) 环境净化功能。其主要是指河道内、两岸的植被以及水生生物通过自然稀释、扩散和氧化等一系列的物理和生物化学反应来截留和净化由径流带入河道的污染物，从而使各种物质良好地循环利用，达到净化水体的作用。河流的自净功能保证了物质在河流生态系统中的循环利用，有效地防止了物质过度积累所形成的污染，使河流水环境得到了净化和改良。

(3) 提供产品功能。其主要是指河流生态系统具有生物生产力，能够为人类提供各种动植物产品(如鱼、虾、贝和藻等)，还能够提供许多轻工业原料(如芦苇、蒲草等)。

(4) 文化娱乐功能。其主要是指河流生态系统具有景观美学与精神文化功能。人类在长期自然历史演化的过程中形成了与生俱来的欣赏自然、享受生命的能力和对自然的情感依赖，河道及河岸自然景观为人类提供了休闲娱乐的场所及美学、艺术和文化等方面的精神与科学价值。

三、湿地生态系统

湿地是水陆相互作用形成的独特生态系统，它具有季节或常年积水、生长或栖息喜湿动植物和土壤发生潜育化三个基本特征，因此它也是大流域系统中的一个重要组成部分。湿地因具有巨大的环境功能和环境效益，被誉为“地球之肾”，是自然界最富生物多样性的生态景观和人类最重要的生存环境之一，尤其在抵御洪水、调节径流、蓄洪防旱和控制污染等方面有其他系统所不能替代的作用。因而湿地与森林、海洋一起并列为全球三大生态系统，淡水湿地被当作濒危野生生物的最后集结地。

截至2018年，我国湿地面积为8.04亿亩，位居亚洲第一、世界第四。我国虽然湿地面积较大，但人均占有量极低，地区分布很不均匀，可利用的资源量并不多。例如，我国的湖泊率为0.95%，湖泊集中分布于长江中下游平原和青藏高原，形成东西两大稠密湖群，其中具有独特生态功能的青藏高原湿地，通过涵养水源，孕育了长江、黄河等主要江河；我国的沼泽率为1.24%，沼泽主要分布于东北三江平原、大小兴安岭和西部若尔盖草原。

湿地生物多样性最为丰富，是自然资源的“天然物种库”。以我国湿地为例，湿地哺乳动物有65种，约占全国总数的13%；鸟类有300种，约占全国总数的26%；爬行类50种，约占全国总数的13%；两栖类45种，约占全国总数的16%；鱼类1040种，约占全国总数的37%和世界淡水鱼总数的8%以上。中国湿地有高等植物1548种，其中有被子植物1332种、裸子植物10种、蕨类植物39种、苔藓植物167种。四十余种国家一级保护的珍稀鸟类约有一半生活在湿地。东北扎龙和江苏盐城的丹顶鹤、鄱阳湖和东北三江的白鹤和天鹅、洞庭湖地区的白鹳、青海湖周围沼泽中的斑头雁和棕头鸥等都是世界闻名的。

(一) 湿地定义

湿地具有独特的水文、土壤和植被，但是由于积水湿地和水域的界线及无水湿地与陆地的界线难以确定，湿地的确切定义至今仍有争议。1971年由苏联、加拿大、澳大利亚和英国等36国在伊朗拉姆萨尔(Ramsar)签署的国际重要湿地公约——《拉姆萨尔公约》，即《湿地公约》，把湿地定义为：湿地是指天然或人工、永久或暂时的沼泽地、泥炭地以及水域地带、静止或流动的淡水、半咸水、咸水体，包括低潮时水深小于6 m的海域。

(二) 湿地的类型

目前湿地的分类没有统一的标准。较为系统的分类方法是1990年6月在湿地公约第四届缔约方大会上发布的新分类系统，将湿地划分为海滨和海岸湿地、内陆湿地、人工湿地共三大类，35种(海滨和海岸湿地分为11种类型、内陆湿地分为16种类型、人工湿地分为8种类型)。由于湿地类型分布的地区差异及不均，各国的湿地分类还没有采用统一的标准。例如，美国湿地分为5个系统(滨海湿地、河口湿地、河流湿地、湖泊湿地、沼泽湿地)、10个亚系统和55个类；而我国湿地分类是按系-亚系-类-亚类-型-优势型六级划分的。因此，不能机械地套用国际上或其他国家的分类方法，而应该根据本国湿地在地域上的生态特征、分布与发育特点建立一套适应本国湿地特点的、与国际湿地分类方法相接轨的分类方法。

(三) 湿地生态系统的功能

湿地具有的特殊性质——地表积水或土壤饱和、淹水土壤、厌氧条件以及适应湿生环境的动植物，是湿地系统既不同于陆地系统也不同于水体系统的本质特征。由于湿地具有的巨大食物链及其所支撑的丰富的生物多样性，为众多的野生动植物提供独特的生境，具有丰富的遗传物质，因此，湿地也被称为“生物超市”。湿地能够稳定水分供应，因而可以改善洪涝和干旱状况。湿地具有物质“源”“汇”“转换器”的功能，可以净化污水、保护海岸、补给地下水。一般认为湿地是 CO_2 的“汇”和全球尺度上的气候“稳定器”，在全球环境变化中扮演着重要的作用。

保护生物多样性，提供多样生境。湿地的独特生境使其具有丰富的陆生与水生动植物资源，湿地是世界上生物多样性最丰富的地区之一，蕴藏极其丰富的生物资源。依赖湿地生存、繁衍的野生动植物极为丰富，其中有许多是珍稀特有的物种，因此湿地是生物多样性丰富的重要地区和濒危鸟类、迁徙候鸟以及其他野生动物的栖息繁殖地。

涵养水源，防洪抗旱。湿地以低地条件和特殊的介质结构而有巨大的持水能力，天然条件下，湿地在汛期滞蓄大量洪水资源，在干旱季节通过蒸散和地下水转化等作用调节和维持局部气候及局部生态系统水平衡。连片的湿地对地表径流具有重要的调节功能，特别是通过维持河流的基流而维系河道生态，并对地下含水层的补给起到重要的调节作用，使水资源在一定尺度上具有可持续性。

降解污染，改善水质。湿地水空间不仅对水资源量起到调节作用，还能通过水-土壤-生物复合系统截留过滤污染物质、净化水质，起到消解污染物，减轻水体污染和富营养化状况的作用。湿地生态系统的生物产量仅次于热带雨林，高于其他生态系统类型，这种高生产力使湿地中复杂的物理、化学、生物过程相互结合，形成一个强大的可吸收、转化并固定污染物质的环境。当水体进入湿地时，水生植物的阻挡作用有利于污染物质的沉积、转化。一些湿地植物如挺水、浮水和沉水植物，能够在组织中富集重金属，吸收大肠杆菌、酚、氯化物、有机氯、磷酸盐和高分子物质。

调节区域小气候。湿地由于其特殊的生态特性，积累了大量的无机碳和有机碳，研究表明，湿地固定了陆地生物圈 35%的碳素，总量为 770 亿 t，是温带森林的 5 倍，单位面积的红树林沼泽湿地固定的碳是热带雨林的 10 倍。另外湿地的水分蒸发和植被的水分蒸腾，使得湿地和大气之间不断进行能量和物质交换，对周边地区的气候调节具有明显的作用。

湿地生态系统除了能为动植物提供栖息地、防洪抗旱、调节气候、美化环境，还能提供水资源、生物资源、土地资源、矿产资源以及旅游资源等。

四、湖泊生态系统

在流域生态系统中存在着大大小小的湖泊，湖泊(含水库)及其流域中的地质、地貌、水文、化学和生物等各种自然现象，彼此相互依存、相互制约，统一于湖泊及其流域这一综合体中，从而形成了一个完整的湖泊生态系统。

湖泊生态系统服务功能是指由湖泊生态系统的生态环境、物种、生态学状态、性质与湖泊生态过程所产生的物质及其所维持的人类赖以生存的生活环境的服务性能及效用。湖泊生态系统不仅是人类社会经济的基础资源，还维持了人类赖以生存与发展的生活环境条件。关于生态系统服务功能的分类问题，至今仍没有全面、系统、科学的分类理论。根据湖泊生态系统提供服务的类型和效用，湖泊生态系统服务功能大致可划分为供给功能、调节净化功能、支撑功能和美学功能四大类。

(1) 供给功能。湖泊生态系统蓄积的大量淡水资源，可补充和调节河川径流及地下水水量，对维持流域生态系统的结构、功能和生态过程具有至关重要的意义。利用太阳能，将无机化合物(如 CO_2、H_2O 等)合成有机物质是湖泊生态系统一个十分重要的功能，它支撑着整个湖泊生态系统，是所有消费者(包括人)及还原者的食物基础。湖泊生态系统通过初级生产和次级生产，生产了丰富的水生植物、水生动物产品及其他产品，为人类的生产、生活提供原材料和食品，为动物提供饲料。

(2) 调节净化功能。其主要包括水量调节、水质调节净化、气候调节和生态调节等。湖泊生态系统中的堤防、沿岸植被、洪泛区、湿地、沼泽地等都具有调节作用，可以滞后蓄积洪水，提高区域水的稳定性，同时又是地下水的补给源泉。湖泊生态系统通过水生生物的新陈代谢使水环境得到净化，对水环境污染具有很强的净化能力。除此之外，由于水体具有较大的热容量，也可以通过吸收和放热来调节气温的变化。湖泊生态系统中的绿色植物、藻类等通过光合作用，固定大气中的 CO_2，释放 O_2，实现大气组分调节，从而达到生态调节作用。

(3) 支撑功能。它是湖泊生态系统生产和支撑其他服务功能的基础功能，主要指产生和维护生物多样性的作用。湖泊生态系统中的生物体内存储着各种营养元素，生物通过养分存储、内循环、转化和获取等一系列循环过程，促使生物与非生物环境之间的元素交换，维持生态系统，并成为全球生物地球化学循环不可或缺的环节。湖泊生态系统的陆地湖岸子系统、湿地及沼泽子系统和水生生态子系统等沉积了部分降雨或入流挟带的泥沙，从而起到截留泥沙，避免土壤流失，淤积造陆等功能。湖泊生态系统为生物进化及生物多样性的产生提供了条件，为天然优良物种的种质保护提供及改良了基因库。湖泊生态系统的陆地湖岸子系统、湿地及沼泽子系统和水生生物子系统等提供多种多样的生境，为鸟类、哺乳动物、鱼类、无脊椎动物、两栖动物、水生植物和浮游生物等提供了重要的栖息、繁衍、迁徙和越冬地。

(4) 美学功能。湖泊生态系统的自然美带给了人们多姿多彩的科学与艺术创造灵感，不同的湖泊生态系统深刻地影响着人们的美学倾向、艺术创造、感性认识和理性智慧。水本身就是人类重要的文化精神源泉和科学技术及宗教艺术发展的永恒动力。湖泊生态系统景观独特，水体与湖岸、鱼鸟与林草等的动与静对照呼应，构成了湖泊景观的和谐与统一。

因此，在流域生态系统中，有关的环境生态工程建设要结合相应的流域地形、地貌及生物、环境形成的生态系统结构及功能单元进行相应的系统保护、修复及治理工程，以便在生产开发的同时做好生态系统的保护与修复、环境系统的治理与维护。

第二节　流域氮磷生态阈值评估

本节以水体氮磷生态阈值为例介绍流域生态环境阈值评估方法。

氮磷是藻类生长的重要物质基础，其与藻类生物量之间的关系是制定水体氮磷营养物生态阈值的重要依据。氮磷等营养物质对水环境的危害主要在于促进藻类的生长而暴发水华，从而导致水生生物的死亡和水生生态系统的破坏。水华发生的直接原因是水体中的浮游植物急剧增殖，而水体中叶绿素 a 的水平则是反映浮游植物生物量高低的重要指标。水体中叶绿素 a 的含量及其动态变化反映了水体中藻类的丰度、生物量及其变化规律，同时也反映了水域初级生产者通过光合作用合成有机碳的能力。通过测定叶绿素 a，可以了解水体中藻类的现存量和基础生产量，它是水生生态系统生物链的基本结构参数，是一个直观描述水体富营养化状况的客观生物学指标，也是水体富营养状态评价中最为重要的指标。在一定程度上，能够表征水体藻类浓度大小的叶绿素 a 经常被用来评价水体富营养化程度。

本节选择长三角浙江片区西半部西苕溪水体为对象，分析其生态学指标叶绿素与水体氮磷等营养物质的相关关系，建立适用性数学模型，通过它们的数学关系以及叶绿素 a 的限值标准从而确立 TN、TP 的生态学阈值。方法以氮磷和叶绿素关系为制定阈值标准的依据和基础，能更直接地反映水体中氮磷输入和藻类生长的“响应”关系，确定的氮磷阈值能更好地表征水体富营养化过程中的临界效应，即富营养化阈值，这对于改善流域水质，控制河道水体污染及富营养化具有更好的指导意义。且该方法不需要收集大量河流历史数据，对于河流受污染程度及生态分区也没有要求，限制条件较少，操作可行性强，具有较为广泛的适用性。

西苕溪发源于浙江省湖州市安吉县永和乡的狮子山，下游流经长兴平原，自西南向东北流向太湖，是长江三角洲浙江片区湖州市及其沿河居民的主要饮用水源。多年平均降水量为 1385.9 mm。流域地势西南高，东北低，依次呈山地、丘陵、平原的梯度分布，但以低缓丘陵为主。干流总长 157 km，流域面积约 2274 km^2，多年平均流量为 52 m^3/s，为浙江省北部重要的通航河流。湖州市位于流域的下游，宁杭公路穿越市区，流域内现有人口约 66.8 万人。下游水系呈网状分布，直通太湖平原洼地，是太湖上游重要的来水支流。溪流上游植被保存完好，无大的污染源。近年来，随着农业面源污染的加重，以及部分工业废水和生活污水未经处理直排入河，有机污染增多，中下游河流水质有进一步恶化的趋势。

采样时间为 2013 年 5 月、7 月、9 月、11 月(5～11 月基本涵盖一个藻类暴发周期)，于西苕溪-长兴河段采集河道水样和底泥样，沿西苕溪设置 30 个点位(其中 13 个为山区水系河流点位，17 个为平原水系河流点位)，4 个月共采集 123 组样品。

水样用有机玻璃水质采样器采集，分为两份，一份置于 300 mL 高密度聚乙烯塑料瓶中，滴加稀硫酸抑制微生物活动，送回实验室进一步分析测定水样的 TN、TP 等营养盐指标；另一份置于 500 mL 高密度聚乙烯塑料瓶中，滴加 1%碳酸镁悬浊液防止叶绿素色素化，送回实验室检测叶绿素指标。在实验室检测过程中，先对水样进行浓缩，用 90%丙酮提取叶绿素 a，再通过分光光度法检测悬浮叶绿素 a(SChla)的浓度(μg/L)。

河流上层底泥使用柱状底泥采样器采集，取柱状容器上层底泥 2 cm 左右，用塑封袋封装，通过移动冰箱送回实验室进行冷冻干燥，研磨后提取底栖叶绿素 a(BChla)，再用分光光度法检测，根据测得的浓度以及柱状容器的内表面积，得出 BChla 含量(mg/m^2)。同时，使用 U52 便携式多参数水质测试仪现场测定水温、pH、溶解氧、氧化还原电位、浊度和电导率等指标。水样低温保存于实验室按国标方法测定 TN、TP、NH_4^+、NO_3^-、PO_4^{3-}、COD、TOC 和 SChla。底泥测定 TP、NH_4^+、NO_3^-、含水率及 BChla。

数据统计、相关分析以及表征变量之间变化趋势的线性回归方程可以通过 Origin、SPSS、Matlab 软件进行分析计算，叶绿素与各因子间的多重响应关系利用自组织映射(self-organization mapping，SOM)进行聚类分析。

利用基于经验的阈值计算方法标定一些可以用来保护水生态环境的营养盐指标，选取 5 μg/L(SChla)和 100 mg/m^2(BChla)作为研究区域的叶绿素 a 限制值。通过叶绿素 a 和氮磷之间的线性方程，对照设定好的限制值，利用实测分析所得且经过校正的经验方程，并在适应实际监测的基础上进行适当调整，最后再对区域性总氮阈值进行一一计算。

一、水质及叶绿素评价

西苕溪的 TN 浓度较高，山区和平原水系平均值分别为 2.16 mg/L 和 2.60 mg/L，75%的点位超过了美国国家环境保护局提供的氮标准阈值(1.5 mg/L)。平原水系 TP 平均浓度为 0.24 mg/L，达国家地表水的Ⅳ类水标准。氮磷的比值与藻类的生长有更直接的关系，当 N/P＞7.2 时，磷就会成为浮游植物生长的潜在限制因子，该研究区水体中的氮磷比平均值为 17.9(N/P＞7.2)，因而磷可能是西苕溪流域浮游植物生长潜在的限制性营养盐。且该氮磷比在藻类生长氮磷比的最佳范围内(N/P 为 10～25)，水体易发生蓝藻水华。西苕溪流域水质偏弱碱性，有助于藻类捕获大气中的 CO_2，从而能够获得更高的生产力。根据国内划分标准(邓绶林，1992)：叶绿素 a 的浓度在 4.1～10.0 μg/L 为富营养，西苕溪水体叶绿素 a 的平均浓度达 6.03 μg/L，指示西苕溪流域水体存在富营养化的趋势。西苕溪流域监测点位整体水质状况见表 7-1。

表 7-1　西苕溪流域监测点位整体水质状况(四个采样时间平均)

调查区域	水温/℃	pH	溶解氧/(mg/L)	COD/(mg/L)	浊度 NTU	氨氮/(mg/L)
山区(*n*=52)	25.87	7.31	6.80	20.62	160.94	0.94
平原(*n*=68)	25.82	8.08	7.14	39.20	321.45	1.74
调查区域	总氮/(mg/L)	总磷/(mg/L)	底泥总磷/(g/kg)	悬浮叶绿素 a/(μg/L)	底栖叶绿素 a/(mg/m²)	底泥含水率
山区(*n*=52)	2.16	0.13	0.56	3.77	93.77	0.39
平原(*n*=68)	2.60	0.24	0.63	8.29	86.97	0.41

空间分布上，下游平原水系的氮磷及叶绿素 a 含量要大于上游山区水系，山区水系污染源主要来自周边农田面源污染，河流流量流速较大，河流冲刷稀释作用明显，氮磷污染物浓度相对较低，藻类生长相对缓慢，叶绿素 a 含量较低。平原水系点位主要位于湖州、长兴城区，除受周边农田面源污染外，还有来自周围工厂的点源污染，城镇生活污水、污水厂排水等导致入湖口水域氮磷等营养盐含量较高，藻类易于生长，叶绿素 a 含量也明显高于山区水系点位。

TN、TP 和 SChla 的含量存在明显的季节性变化[图 7-1(a)(b)(c)]。在夏、秋季时，SChla 含量总体呈上升趋势，9 月达到最大值，最大为 14.2 μg/L；在冬季时，SChla 含量显著减少。SChla 含量直接取决于水体中浮游植物的生物量，而水温、光照和营养盐浓度是影响水体中浮游植物生长的主要环境因子，SChla 含量的季节分布是浮游植物对这些因子季节变化的响应。在冬季低温且光照不足的环境中，藻类生物量较低，多呈休眠状态；而在春末夏初之时，水温提高，风浪扰动频繁，底泥中的营养盐和底泥表面的藻类休眠体开始上浮进入水体。而夏季7月份SChla含量没有伴随气温的升高而升高，推测原因可能有两个：一是根据水文站降雨数据显示，7～8月西苕溪流域的降水量较其他月份显著降低，使得

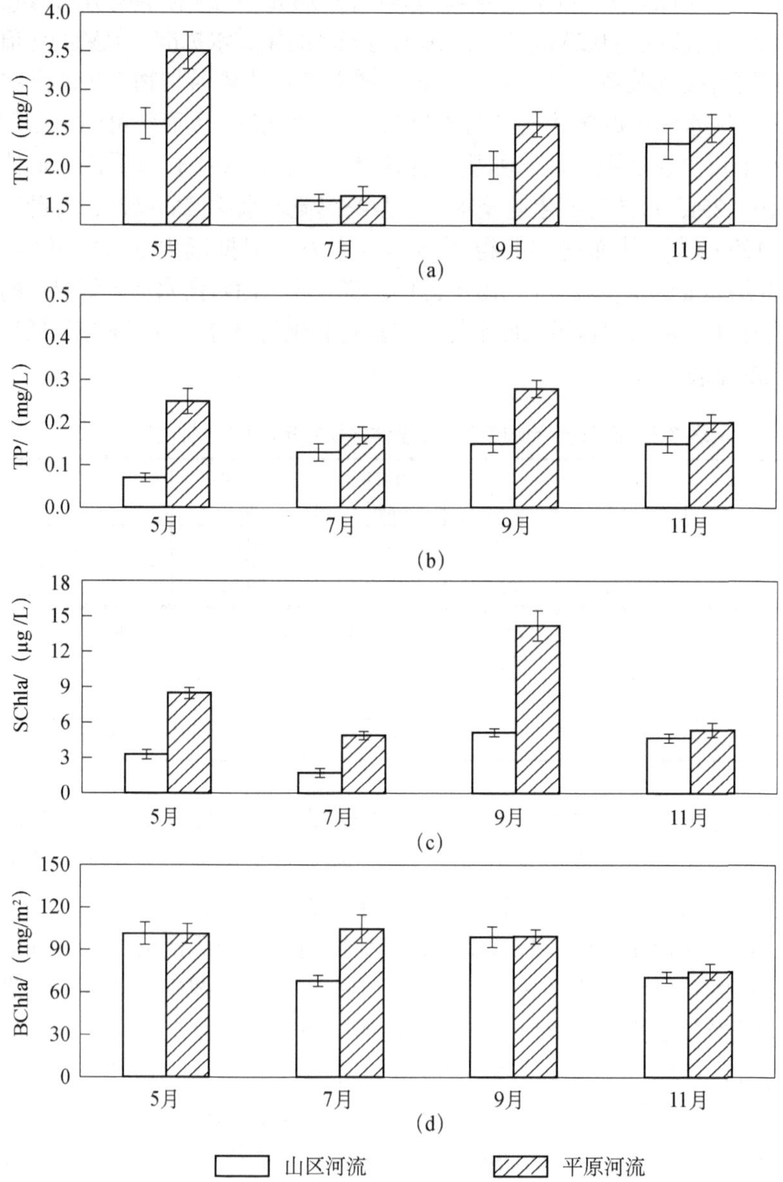

图 7-1　西苕溪水系 TN(a)、TP(b)、SChla(c)、BChla(d)含量的时空变化

流域内氮磷随降雨流失的量大为减少，且水华爆发消耗掉大量营养物质和溶解氧，限制了浮游植物的生长，导致藻类生物量出现短暂下降；二是由于7月温度过高，在一定程度上抑制了藻类生长，从而使得7月叶绿素a含量较低，水华情况得到暂时缓解。同时，TN、TP的季节变化规律与SChla基本一致，其对应关系较好。而BChla在不同季节浓度变化较小，未出现明显的变化趋势[图7-1(d)]，平均浓度约为90 mg/m^2，低于限制浓度100 mg/m^2，说明底泥表层藻类含量较少，底泥表层藻类生长主要受光照条件(水体浊度)以及底泥含水率影响，对与季节变化相关的环境因子响应关系并不显著。

叶绿素a与TN及非营养因子的关系利用SOM进行聚类分析，根据显示的颜色变化将参数根据其相关性进行分组，同一组内参数的SOM图具有一定的相似性，即从右下至左上相应的神经元颜色变化趋势正向或反向类似，相应的监测点的参数值也发生变化，表明它们之间存在一定的相关性。根据可视化分布(图7-2～图7-5)，山区水系SChla与TN、TP、DO、COD分为一组，BChla与TN、底泥TP和水体浊度分为一组，平原水系SChla与TN、TP、底泥TP、pH、水体浊度分为一组，BChla与TN、TP、底泥TP和水体浊度分为一组。SChla与TN、TP在各季节基本均呈现显著正相关关系，且平原水系相关性更好。BChla与TN、TP也呈现出正相关关系，但相关性稍弱于SChla，说明在两类叶绿素中，SChla与TN的关系更为直接，这是由于悬浮藻类的最直接最主要的营养来源就是水体中的氮磷，底栖藻类能够吸收水体中的营养盐和底泥表层的营养盐。因而确定河流水体氮磷生物学阈值用悬浮叶绿素a方法比底栖叶绿素a方法更为合适。

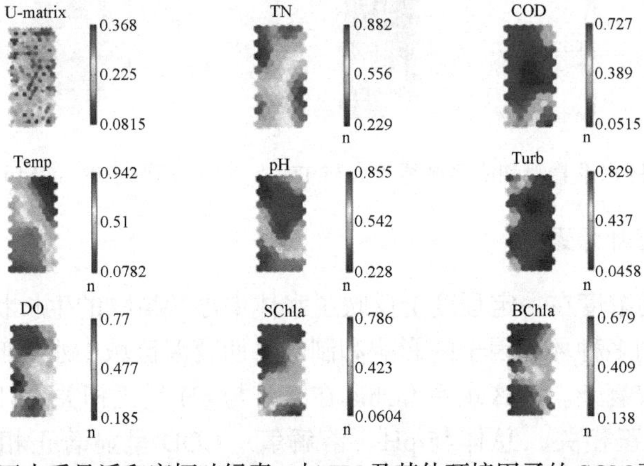

图7-2　山区水系悬浮和底栖叶绿素a与TN及其他环境因子的SOM可视化分布

U-matrix即U矩阵(统一距离矩阵)，是自组织映射(SOM)的一种表示形式，其中相邻神经元的码本向量之间的欧氏距离在灰度图像中表示；Temp是一个字典dict的对象，而且它是通过for循环每次获取可迭代对象(iterable)中的一个值；n表示归一化或标准化；余同

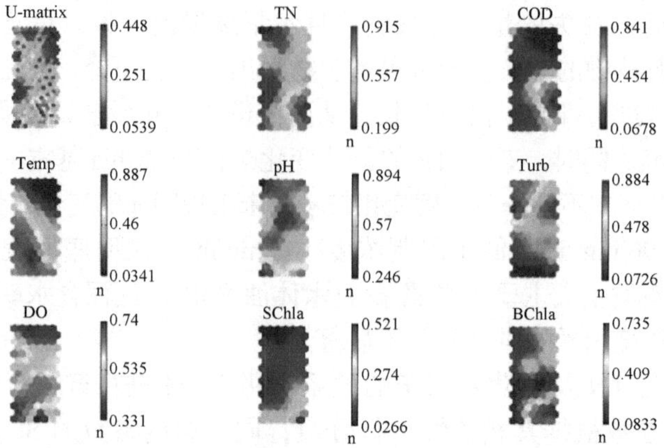

图 7-3　平原水系悬浮和底栖叶绿素 a 与 TN 及其他环境因子的 SOM 可视化分布

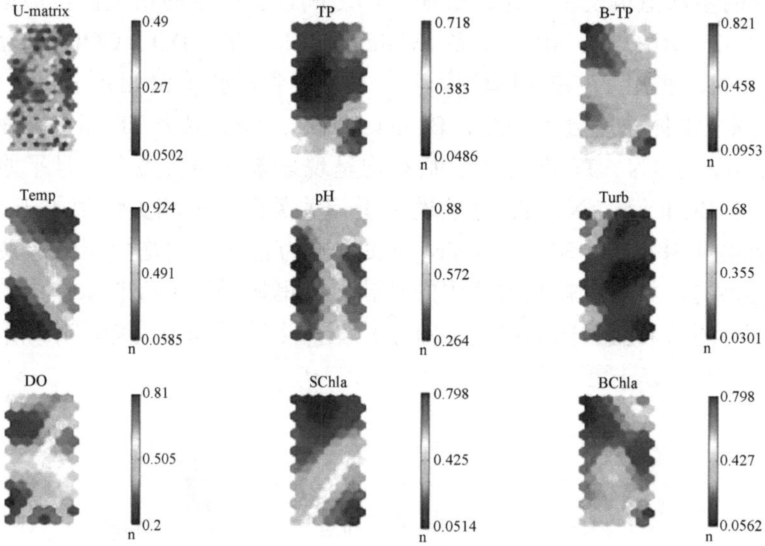

图 7-4　山区水系悬浮和底栖叶绿素 a 与 TP 及其他环境因子的 SOM 可视化分布

二、环境因子与叶绿素

叶绿素 a 的浓度在一定程度上反映了水体中浮游植物的生长状况，而浮游植物的生长又受到多种环境因子的影响和制约。西苕溪流域中水体叶绿素 a 与环境因子的关系比较复杂。山区水系 SChla 在 5 月与 pH 呈正相关，11 月与水温、溶解氧、COD 呈正相关，总体与 pH、溶解氧、COD 呈显著正相关。平原水系 SChla 在 5 月与水温、pH、溶解氧、COD 呈显著正相关，7 月与浊度呈显著负相关，9 月与水温、COD 呈显著正相关，11 月与溶解氧、COD 呈正相关，与浊度呈显著负相关，总体与 pH、COD 呈现显著正相关，与浊度呈现显著负相关。

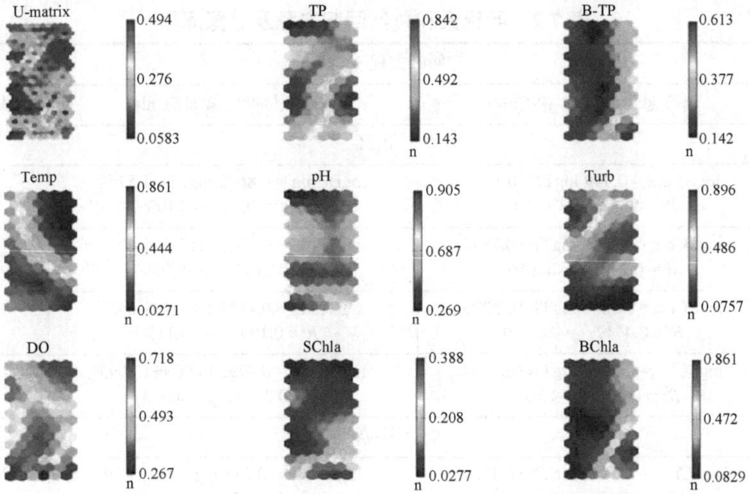

图 7-5　平原水系悬浮和底栖叶绿素 a 与 TP 及其他环境因子的 SOM 可视化分布

SChla 与 pH、溶解氧、COD 呈显著正相关关系，主要是由浮游植物的快速增长导致光合作用加强，光合作用吸收水中的 CO_2 导致 CO_2 消耗量上升，从而使水体的 pH 升高，释放氧分子使水体中 DO 浓度增加，同时产生大量的有机物使水体 COD 含量明显增高。光合作用是活体藻类维持基本生命活动的能量来源，而水体的浊度对这一行为有着直接的影响。浊度低的水体光的透射性好，有利于藻类的生长，因而水体 SChla 与浊度之间呈现显著负相关关系。西苕溪流域水体叶绿素 a 浓度与水温相关性总体上不显著，具体表现为 SChla 在 7 月与水温相关性较差，主要是由于 7 月夏季采样温度过高(水温基本上都在 31℃以上)，在一定程度上对藻类的生长造成了影响。因而导致整体上 SChla 与水温的相关性不显著。BChla 表征底泥表面藻类含量，底泥藻类生长主要受水体透光性影响，因而 BChla 仅与水体浊度呈显著负相关关系，与其他非营养盐因子相关性均不显著。

三、流域氮磷生态阈值

对山区和平原水系各季节总氮、总磷和悬浮叶绿素 a 数据进行线性拟合，并获得线性回归方程，根据国际公认的两种叶绿素 a 的限制值以及线性回归方程，可以得出不同水系在不同采样季节的氮磷生态学阈值(表 7-2、表 7-3)。本章以存在显著性相关关系为阈值计算前提，以选取最小限制值为原则，最终确定山区和平原水系 5 月、7 月、9 月、11 月的 TN 阈值分别为 2.14 mg/L、0.72 mg/L、1.33 mg/L、1.39 mg/L 和 2.15 mg/L、0.87 mg/L、1.76 mg/L、1.44 mg/L；TP 阈值分别为 0.27 mg/L、0.13 mg/L、0.20 mg/L、0.15 mg/L 和 0.36 mg/L、0.17 mg/L、0.26 mg/L、0.23 mg/L。

表 7-2　叶绿素和总氮回归方程及总氮阈值

时间	回归方程		阈值/(mg/L)
	基于悬浮叶绿素 a(SChla)	基于底栖叶绿素 a(BChla)	
山区			
5 月	logSChla = 0.949 logTN+0.1154 R^2= 0.553，$p<0.010$	logBChla = 0.8602 logTN+1.5764 R^2= 0.1366，p=0.193	2.14
7 月	logSChla= 0.2079 logTN+0.1837 R^2= 0.242，$p<0.050$	logBChla = 0.5865 logTN+1.8043 R^2= 0.3132，$p<0.050$	0.72
9 月	logSChla= 0.5662 logTN+0.5226 R^2= 0.4417，$p<0.010$	logBChla = 0.4839 logTN+1.6421 R^2= 0.1943，p=0.115	1.33
11 月	logSChla= 0.9906 logTN+0.3008 R^2 = 0.694，$p<0.010$	logBChla = 0.4792 logTN+1.8093 R^2= 0.2708，$p<0.050$	1.39
平原			
5 月	logSChla = 1.0442 logTN+0.3529 R^2= 0.884，$p<0.010$	logBChla = 0.218 logTN+1.7419 R^2= 0.0132，p=0.461	2.15
7 月	logSChla = 0.4993 logTN+0.5758 R^2= 0.4549，$p<0.050$	logBChla = 0.595 logTN+1.6441 R^2= 0.2711，$p<0.050$	0.87
9 月	logSChla = 0.6698 logTN+0.7964 R^2= 0.3057，$p<0.010$	logBChla = 0.4783 logTN+1.5733 R^2= 0.1453，p=0.131	1.76
11 月	logSChla = 0.7335 logTN+0.4215 R^2= 0.3717，$p<0.010$	logBChla = 0.7187 logTN+1.6969 R^2= 0.3721，$p<0.010$	1.44

表 7-3　叶绿素和总磷回归方程及总磷阈值

时间	回归方程		阈值/(mg/L)
	基于悬浮叶绿素 a(SChla)	基于悬浮叶绿素 a(BChla)	
山区			
5 月	logSChla = 0.211 logTP+0.792 R^2= 0.318，$p<0.050$	logBChla = 0.301 logTP+2.367 R^2= 0.286，$p<0.050$	0.27
7 月	logSChla = 0.512 logTP+0.747 R^2= 0.575，$p<0.010$	logBChla = 0.829 logTP+2.735 R^2= 0.327，p=0.256	0.13
9 月	logSChla = 0.364 logTP+0.929 R^2= 0.560，$p<0.050$	logBChla = 0.384 logTP+2.100 R^2= 0.399，$p<0.010$	0.20
11 月	logSChla = 0.322 logTP+0.945 R^2= 0.472，$p<0.050$	logBChla = 0.111 logTP+2.057 R^2= 0.124，p=0.112	0.15
平原			
5 月	logSChla = 0.356 logTP+1.156 R^2= 0.472，$p<0.050$	logBChla = 0.459 logTP+2.190 R^2= 0.156，p=0.059	0.36
7 月	logSChla = 0.726 logTP+1.263 R^2= 0.945，$p<0.010$	logBChla = 0.922 logTP+2.534 R^2= 0.350，$p<0.050$	0.17
9 月	logSChla = 1.330 logTP+1.75 R^2= 0.407，$p<0.010$	logBChla = 0.435 logTP+1.981 R^2= 0.057，p=0.107	0.26
11 月	logSChla = 0.426 logTP+0.959 R^2= 0.399，$p<0.010$	logBChla = 0.285 logTP+2.152 R^2= 0.216，p=0.070	0.23

第三节 流域水生生物评估

一、基于水生生物的流域生态环境评估

流域水生态环境评估是联结流域水生态系统基础科学研究与管理决策的关键环节。19 世纪末 20 世纪初，第二次工业革命在给西方国家带来先进生产力的同时，也带来了严重的流域水污染问题，西方国家的水资源政策开始强调生态保护，重视流域水环境的生态质量，萌生出流域水生态系统环境评估研究的雏形。

早在 19 世纪，芬兰地衣学家就发现了地衣对环境变化的敏感性。自此之后，利用生物指标进行生态系统评价的方法也逐渐被引入流域生态环境评估之中。20 世纪初，德国学者首次提出了“污水生物系统”概念，这是人们最早发现可利用水生生物对河流有机污染的敏感性进行水体评价。其理论基础是，当河流受到有机污染后，在污染源下游的一段水体里，河流会发生自净过程，即河水污染程度的逐渐减轻，水生生物的种类也会发生变化，在不同的河段里出现不同的生物。根据此现象，可将河流依次划分为 4 个污染带：多污带、α-中污带、β-中污带和寡污带，每个污染带都有独特的物理、化学和生物特征。

20 世纪 20 年代以后，经过深入研究，众多学者补充了污染带的种类名录，增加了对污染带指示种的生理学和生态学描述。1964 年，日本学者津田松苗编制了一个污水生物系统各带的化学和生物特征表，这一水生态环境健康评价方法在中欧和东欧应用较多(表 7-4)。随着对水体生物认识的不断深入，在清洁的水体中也会发现耐污性物种，而污染严重的水体中也会出现敏感性物种。此外，生物种类的分布又受到地区和各种环境因素的限制，因此对利用污水生物系统指示水体污染的可靠性，尚存在一定的分歧。一般认为在流速缓慢且又较长的河流中利用这种方法来监测水体的有机污染情况是可行的。

表 7-4 污水生物系统生物化学特征

项目	多污带	α-中污带	β-中污带	寡污带
化学过程	明显发生还原和分解作用	水和底质中出现氧化作用	氧化作用更强烈	因氧化作用使无机化达到矿化阶段
溶解氧	没有或极微量	少量	较多	很多
BOD	很高	高	较低	低
硫化氢	具有强烈的硫化氢臭味	没有强烈的硫化氢臭味	无	无
水体有机物	蛋白质，多肽等高分子化合物大量存在	高分子化合物分解为氨基酸、氨等	大部分有机物已完成无机化过程	有机物完全分解

续表

项目	多污带	α-中污带	β-中污带	寡污带
底质	带有黑色硫化铁存在，底质呈黑色	硫化铁氧化成氢氧化铁，底质不呈黑色	有 Fe_2O_3 存在	大部分氧化
细菌	大量存在，每毫升可达 100 万个以上	细菌较多，每毫升在 10 万个以上	数量减少，每毫升在 10 万个以下	数量少，每毫升在 1000 个以下
栖息生物的生态学特征	动物都是摄食细菌者，且耐受 pH 强烈变化、耐受低溶解氧的厌氧生物，对硫化氢、氨等毒物有强烈抗性	摄食细菌的动物占优势，肉食性动物增加，对溶解氧和 pH 变化表现出高度适应性，对氨有一定的耐受性，对硫化氢耐受性较弱	对溶解氧和 pH 变化耐受性较差，并且不能长时间耐腐败性毒物	对 pH 和溶解氧的变化耐受性很弱，特别是对腐败性毒物，如硫化氢等耐受性很差
植物	硅藻、绿藻、接合藻及高等植物没有出现	出现蓝藻、绿藻、接合藻、硅藻等	出现多种类的硅藻、接合藻，是硅藻的主要分布区	水中藻类较少，但着生藻类较多
动物	以微型动物为主，原生动物占据优势	仍以微型动物为主	多种多样	多种多样
原生动物	有变形虫、纤毛虫、但无太阳虫、双鞭毛虫、吸管虫等	仍然没有双鞭毛虫，但逐渐出现太阳虫、吸管虫等	太阳虫、吸管虫耐污性差的种类出现、双鞭毛虫出现	鞭毛虫、纤毛虫少量出现
后生动物	仅有少数轮虫、蠕形动物、昆虫幼虫、水螅、淡水海绵、苔藓动物、小型甲壳类、鱼类不能生存	没有淡水海绵、苔藓动物，有贝类、甲壳类、昆虫、鱼类中的鲤、鲫、鲶等可在此带栖息	淡水海绵、苔藓动物、水螅、贝类、小型甲壳类、两栖动物、鱼类出现	昆虫幼虫种类很多，其他各种动物逐渐出现

20 世纪 80 年代开始，国外水资源政策开始强调生态保护，流域水环境的生态质量受到重视。例如，1980 年后美国进入流域水环境综合管理阶段，提出水环境质量必须和水环境的功能相联系，除化学指标外还需考虑生态指标、栖息地生境质量、生物多样性及生态完整性。20 世纪 90 年代，先后有多个国家开展了河流健康监测与评价研究工作。就评价原理而言，河流生态系统健康评价可大致分为模型预测法和指标评价法。模型预测法以河流无脊椎动物预测和分类计划 RIVPCS(river invertebrate prediction and classification system，英国，1984 年)、河流评估系统 AUSRIVAS(australian river assessment scheme，澳大利亚，1999 年)为代表，主要基于以下思路：将河流在无人为干扰的假设条件下的理论物种组成与实际生物物种组成进行比较，评价河流的健康状况。而指标评价法则从河流水生态系统要素组成出发进行评价，是目前流域水生态环境状况评估的主流技术。指标评价法的典型案例有生物完整性指数 IBI(biological integrity indices，美国，

1981 年)、快速生物监测协议 RBPs(rapid bio-assessment protocols，美国，1989 年)、岸边与河道环境细则 RCE(riparian, chanel and environmental inventory，瑞典，1992 年)、河流健康计划 RHP(river health planning，南非，1994 年)、溪流状态指数 ISC(index of stream condition，澳大利亚，1999 年)、水框架导则 WFD(water framework directive，欧盟，2000 年)等。

我国的流域水生态系统健康评估工作起步较晚，水生态系统健康评价研究相对滞后。21 世纪初，国内学者开始围绕河流健康的概念与内涵展开探讨。探讨的核心在于水生态系统健康是单纯的考虑其自然服务功能，还是应该寻求其与社会服务功能之间的平衡。与此同时，我国关于水生态系统健康评价方法学的工作也在同步开展。随着对水生态系统健康内涵认识的不断加深和对评价内容的不断完善，国内水生态系统健康评估工作思路逐渐清晰。评价指标从最早的水质物理化学指标、简单的生物指数指标，逐步拓展到涵盖物理生境、水质理化、生物、水文等的多指标体系。采用的评价方法从最初的生物指数法、指示生物法，逐步扩展到更为综合的预测模型法、生物完整性指数、多要素综合评价法等。研究水体的空间尺度也在逐步扩大，从局部的河段、支流或单条河流增大到全流域范围和国家的尺度。

近年来，水生态学与蓬勃兴起的计算机科学交融发展成为主流，不仅使得多种经典生态学研究方法得到传承与发展，还为水生态学领域引入了众多计算机科学大数据分析领域的前沿方法。基于概率分布模型和线性回归模型的贝叶斯线性回归模型，在预测及划定水体微生物安全预警阀值上有所突破；基于概率图模型的贝叶斯网络模型，在探究水域人类活动、研究水生态系统服务功能性等方面大放异彩；适用于小数据集分类预测的支持向量机模型(support vector machine)，逐步应用到水生态环境领域中；随机森林(random forest)、决策树(decision tree)等源于回归分差算法的“树回归分类”工具，也成为处理水生态大数据、建立二元和三元“分叉树”的利器；作为计算智能和机器学习的重要分支，神经网络(neural network)及其延伸出的 BP 反向传播神经网络、小波神经网络等结合时频特征构建的数据机理融合模型，在实现高精度预测水生态健康及藻类暴发事件方面具有很好的应用效果。

二、基于水生生物的流域生态环境阈值评估技术

流域生态环境阈值的水生生物研究对象包括浮游藻类、着生藻类、浮游动物、大型底栖无脊椎动物和鱼类。浮游藻类是指水体中营浮游生活的光合作用藻类，淡水中常见浮游藻类群落包括蓝藻门(Cyanophyta)、绿藻门(Chlorophyta)、硅藻门(Bacillariophyta)、裸藻门(Euglenophyta)、甲藻门(Pyrrophyta)、隐藻门(Cryptophyta)、金藻门(Chrysophyta)和黄藻门(Xanthophyta)等。着生藻类是指水体

中营固着生活的光合作用藻类，淡水中常见着生藻类群落包括硅藻门、绿藻门、蓝藻门和裸藻门等。浮游动物是指水体中营浮游生活的异养型无脊椎动物和脊索动物幼体的总称，淡水中常见浮游动物群落包括轮虫(Rotifer)、枝角类(Cladocera)和桡足类(Copepods)等。大型底栖无脊椎动物是指生活史全部或至少一个时期栖息于水体(包括流水和静水)的水底表面或者底部基质中，且个体不能通过 500 μm 孔径网筛的底栖无脊椎动物类群，淡水中常见的大型底栖无脊椎动物包括软体动物门(Mollusca)、环节动物门(Annelida)、节肢动物门(Arthropoda)、扁形动物门(Platyhelminthes)、线形动物门(Nematomorpha)和纽形动物门(Nemertea)等。

在水生态系统中，各种水生生物(如浮游生物、底栖生物等)对流域生态环境的变化非常敏感，因此它们的存在和数量可以反映流域生态健康状况。生态学家开发了多种用于评价水生生物群落稳定性和多样性的指标，包括 Pielou 均匀度指数、Simpson 多样性指数、Shannon-Wiener 指数和 Berger-Parker 指数等。其中，基于对生物群落结构和功能观察的生物完整性指数(index of biotic integrity)，能够更全面地了解生态系统的多样性和环境压力对生态服务的影响。生物完整性指数又称多度量生物指数，通用于大型底栖无脊椎动物、鱼类、浮游动物、浮游藻类和着生藻类。生物完整性指数主要是利用与目标生物群落结构和功能有关的、与周围环境关系密切的、受干扰后反应敏感的多个生物指数，来对生态系统进行完整性评价。下面重点阐述水生生物完整性指数的构建原理及环境阈值评估过程。

水生生物完整性强调天然栖息地中的群落所具有的种类组成、多样性和功能结构特征，以及该群落所具有的维持自身平衡、保持结构完整和适应环境变化的能力。水生生物完整性指数的构建内容包括监测方案的制定与实施、评价指标参照状态的确定、候选生物参数的计算、核心参数的筛选、核心参数的归一化和生物完整性指数评价标准的构建。

(一) 监测方案的制定与实施

针对流域典型水体类型，推荐应用的水体生物完整性指数目标类群见表 7-5，生物样品的采集标准和方法按照《淡水浮游生物调查技术规范》(SC/T 9402—2010)、《生物多样性观测技术导则 内陆水域鱼类》(HJ 710.7—2014)和《生物多样性观测技术导则 淡水底栖大型无脊椎动物》(HJ 710.8—2014)的规定执行。

表 7-5 水体生物完整性指数推荐目标类群

目标层	生物类群		类型
	河流系统	湖泊系统	
水生生物完整性	着生藻类	浮游藻类	必选
	—	浮游动物	备选

续表

目标层	生物类群		类型
	河流系统	湖泊系统	
水生生物完整性	大型底栖动物	大型底栖动物	必选
	鱼类	鱼类	备选

在条件允许的情况下，应在各类水体中同时开展着生藻类和浮游藻类监测；若受条件限制，着生藻类为河流水体必测项，浮游藻类为湖库水体必测项。大型底栖动物为各类水体必测项，浮游动物和鱼类为推荐测试项目。

(二) 评价指标参照状态的确定

水生生物评价指标参照状态是用来描述生态系统的基准，是生物完整性评价标准和保护目标制定的根本基础。基于非生物因素要素的空间参照点法实用性强、可靠性高，相对容易直接或间接地建立。采用流域内空间参照点法来确定参照点和受损点遵循一定的基本原则，可依据水质类别、栖息地质量、人类活动和河岸土地利用来选用(表 7-6)。

表 7-6　空间参照点法筛选基本原则

类型	水质类别	栖息地质量	人类活动	河岸土地利用
参照点	≥Ⅱ、Ⅲ类	栖息地保持自然或近自然状态	无人为活动或极少	无开发利用或开发利用程度极地
受损点	≤Ⅳ类	栖息地(河道/连通性/水文)受人类影响显著	具有明显人为活动	城镇、农田等利用强度大

(三) 候选生物参数的计算

用于评价的生物参数主要包括 6 大类代表性参数：代表生物类群多样性或多样化的丰富度参数；代表同一性及优势度的物种组成参数；代表干扰敏感性的耐受性参数；代表取食策略及功能团的食性或习性参数；生物多样性参数和生物量参数。基于水生生物评价指标参照状态的确定基础，分别计算参照点和受损点相应生物参数得分，不同类群生物参考指标见表 7-7。

表 7-7　不同生物类群生物完整性指数参考候选参数

生物类群	指标	对干扰的响应
浮游藻类/着生藻类	物种丰富度	
	总分类单元数	下降

续表

生物类群	指标	对干扰的响应
浮游藻类/着生藻类	硅藻总分类单元数	下降
	绿藻总分类单元数	下降
	蓝藻总分类单元数	下降
	属的分类总数	下降
	硅藻属总数	下降
	绿藻属总数	下降
	蓝藻属总数	下降
	群落组成	
	硅藻分类单元相对多度	上升
	蓝藻分类单元相对多度	下降
	绿藻分类单元相对多度	下降
	桥弯藻百分比	下降
	菱形藻百分比	上升
	舟形藻百分比	上升
	异极藻百分比	下降
	丝状绿藻百分比	下降
	颤藻百分比	下降
	硅藻百分比	上升
	绿藻百分比	下降
	蓝藻百分比	下降
	极细微曲壳藻百分比	下降
	敏感类群	
	敏感物种相对多度	下降
	硅藻商指数	上升
	群落多样性	
	Shannon-Wiener 多样性指数	下降
	Pielou 均匀性指数	下降
	Margalef 丰富度指数	下降
	Simpson 多样性指数	下降

续表

生物类群	指标	对干扰的响应
浮游藻类/着生藻类	生态型	
	可运动硅藻百分比	上升
	具柄硅藻百分比	下降
	生物量	下降
	生物密度	下降
大型底栖无脊椎动物	物种丰富度	
	总分类单元数	下降
	EPT 分类单元数	下降
	毛翅目分类单元数	下降
	蜉蝣目分类单元数	下降
	襀翅目分类单元数	下降
	端足目+软体动物分类单元数	降低
	敏感类群分类单元数	下降
	耐污类群分类单元数	上升
	软体动物分类单元数	下降
	群落组成	
	EPT 数量百分比	下降
	双翅目数量百分比	下降
	颤蚓目数量百分比	上升
	摇蚊科数量百分比	上升
	端足目+软体动物数量百分比	下降
	寡毛类数量百分比	上升
	敏感指数	
	耐污类群(PTV≥7)分类单元数	上升
	兼性类群(3＜PTV＜7)分类单元数	下降
	耐污类群数量百分比	增大
	兼性类群数量百分比	下降
	耐污类群分类单元数百分比	增大
	兼性类群分类单元数百分比	下降

续表

生物类群	指标	对干扰的响应
大型底栖无脊椎动物	BI 指数值	增大
	群落多样性	
	Shannon-Wiener 多样性指数	下降
	Pielou 均匀性指数	下降
	Margalef 丰富度指数	下降
	Simpson 多样性指数	下降
	功能类群	
	集食者数量百分比	上升
	刮食者数量百分比	下降
	集食者分类单元数	上升
	刮食者分类单元数	下降
	集食者分类单元数百分比	上升
	刮食者分类单元数百分比	下降
鱼类	种类组成与丰度	
	鱼类总物种数	下降
	Shannon-Wiener 多样性指数	下降
	耐受性鱼类百分比	上升
	鲤形目鱼类种类数	上升
	鲈形目鱼类种类数	下降
	鲤科鱼类种类数	上升
	鲱科鱼类种类数	下降
	中上层鱼类百分比	下降
	底层鱼类百分比	下降
	中下层鱼类百分比	下降
	营养结构	
	肉食性鱼类百分比	上升
	杂食性鱼类百分比	上升
	植食性鱼类百分比	下降

续表

生物类群	指标	对干扰的响应
鱼类	耐受性	
	敏感性鱼类百分比	下降
	繁殖共位群	
	产漂浮性卵鱼类百分比	下降
	产沉性卵鱼类百分比	下降
	产粘性卵鱼类百分比	上升
	特殊产卵方式鱼类百分比	下降
	筑巢护卵行为鱼类百分比	下降
	鱼类数量与健康状况	
	鱼类个体总数	下降
	畸形、患病鱼类百分比	上升

(四) 核心参数的筛选

核心参数必须有足够大的信息量和特定范围的变异性，因此首先需要根据参数的分布范围对候选参数进行第一步筛选，剔除随干扰增强而值变小或随干扰增强而值过大的参数，该类参数不易准确区分受不同干扰程度的水体，对于自身变化性过高、标准差过大的参数也需做剔除处理。

分布范围筛选后，需要根据参数的判别能力对候选参数做进一步筛选。采用箱线图和IQ值记分法，对所有样点的25%～75%分位数的范围进行比较，以此来判断候选参数能否区分参照点和受损点。箱体IQ值的记分方式如图7-6所示，箱体没有重叠，IQ值记为3；箱体部分重叠，但各自中位值都在对方箱体范围之外，IQ值记为2；仅一个箱体中位值在对方箱体范围之内，IQ值记为1；各自中位值都在对方箱体范围之内或箱体范围重叠，IQ值记为0。选择IQ值≥2的参数做进一步筛选。

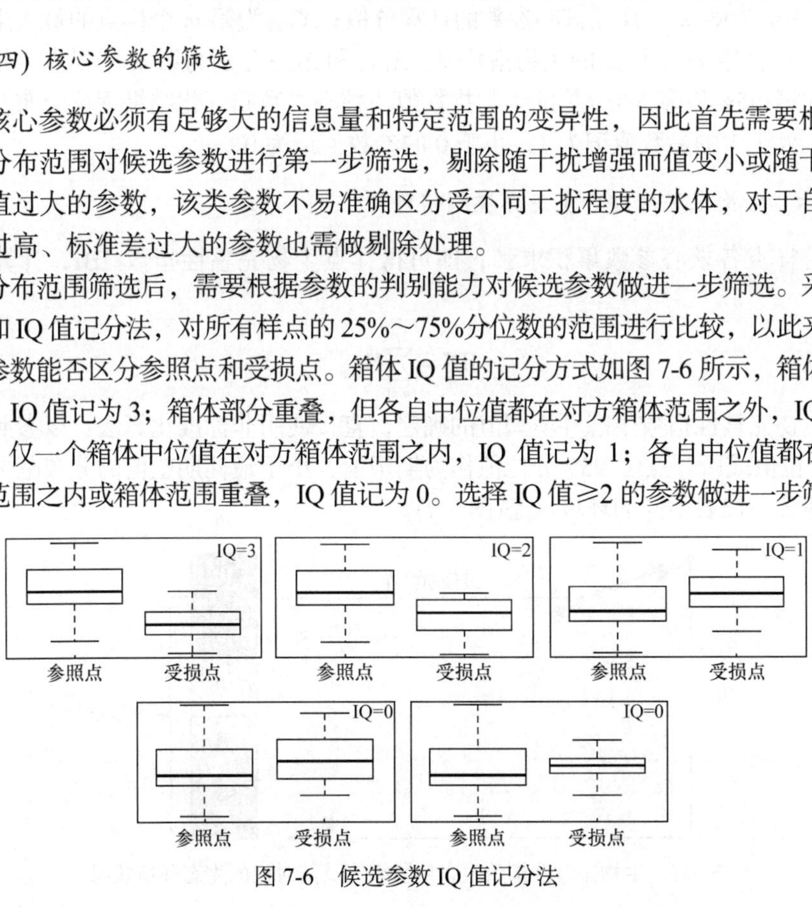

图7-6 候选参数IQ值记分法

为避免候选参数之间的信息重叠，需要对剩余参数做进一步冗余度分析。对符合正态分布的生物参数进行Person相关性分析，不符合正态分布的生物参数则进行 Spearman 相关性分析，根据相关性显著水平确定生物指标间的信息重叠程度，若$|r|>0.75$，则表示 2 个指数间的信息大部分是重叠的，选择其一即可。

(五) 核心参数的归一化

为避免参数量纲对评价结果的影响，需要对选取的核心参数做归一化处理。核心参数的归一化分为两种情况：对随干扰增强而指数值减小的参数，以95%分位数值作为最佳期望值；对随干扰增强而指数值增大的参数，以 5%分位数值为最佳期望值，各点指数分值计算公式为

$$\mathrm{Bi}_m = X_m/X_{0.95}$$

$$\mathrm{Bi}_m = (X_{\max} - X_m)/(X_{0.95} - X_{0.05})$$

式中，Bi_m为第 m 个样点核心参数的计算分值；$X_{\max}$为第 m 个样点的最大生物指数值；X_m为第 m 个样点的生物指数值；$X_{0.95}$和 $X_{0.05}$分别为第 m 个样点生物指数值中的第 95%和第 5%分位的生物指数值。核心参数归一化结果理论分布范围为0～1，大于 1 的参数值记为 1，小于 0 的参数值记为 0。

(六) 生物完整性指数生态环境阈值评估

将样点各核心参数累积求和，即可得样点生物完整性指数 IBI，计算公式如下：

$$\mathrm{IBI} = \sum_{m=1}^{n} \mathrm{Bi}_m$$

生物完整性指数生态环境阈值的确定，直接使用非标准化算法：以参照点位25%分位值或所有点位 95%分位值作为期望值，小于最佳期望值的分布范围，进行 4 等分，代表不同的环境状态(图 7-7)。

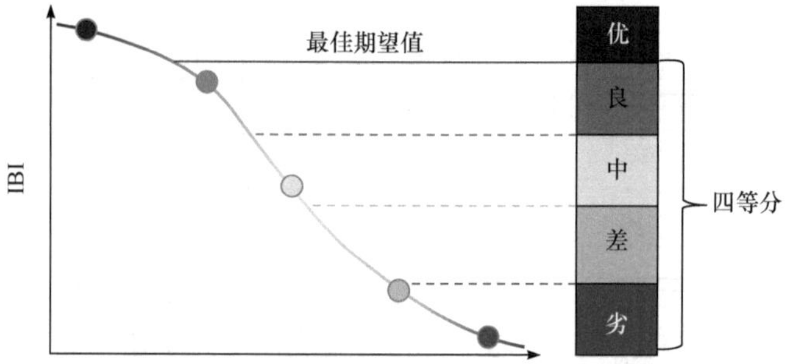

图 7-7　生物完整性指数生态环境阈值及其对应的生态环境状况

三、太湖流域浙江片区生态环境阈值评估

本小节以太湖流域浙江片区为研究对象，介绍流域内着生藻类生物完整性指数(P-IBI)生态环境阈值评估过程。

(一) 太湖流域浙江片区着生藻类调查

根据太湖流域浙江片区杭嘉湖平原运河、苕溪水系自然分布特点，选择调查区域内典型水体，分别于 2018 年 4 月 12～18 日，6 月 13～19 日，10 月 25～31 日以及 2019 年 1 月 2～8 日共四季度对杭嘉湖水域开展了野外着生藻类调查工作。本次调查在太湖流域浙江片区共设置了 31 个监测断面，其中杭州市 5 个，嘉兴市 9 个，湖州市 17 个，监测断面分布如图 7-8。

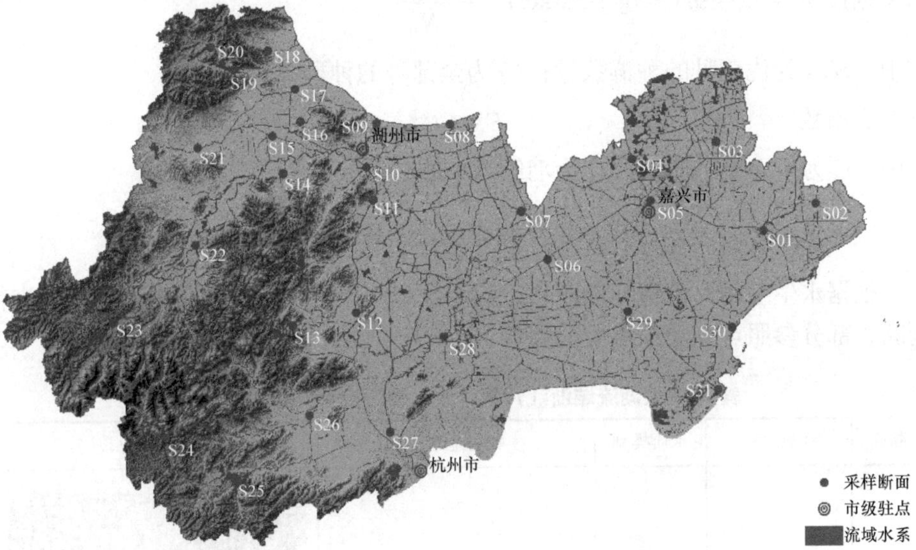

图 7-8 太湖流域浙江片区着生藻类调查断面分布

着生藻类采用天然基质法，定量样品选取 3 块带有平整表面的岩石或木块，利用采样瓶盖(直径 3.4 cm)刷取表面积为 9.07 cm^2 的着生藻类，用蒸馏水冲洗样品至采样瓶内，加 1.5%鲁氏碘液固定后定容至 30 mL；定性样品利用毛刷在基质表面刷取获得，加 4%甲醛固定。着生藻类样品带回实验室后，利用光学显微镜和电镜，参照浮游生物等相关资料和要求进行分类鉴定。

水生生物多样性指数按照如下公式进行计算：

种类优势度 $$Y=(N_i/N)\times f_i$$

式中，N_i为第 i 个物种的生物密度；N 为群落生物密度；f_i为第 i 个物种出现的频率。以 Y>0.02 作为优势种。

多样性指数(Shannon-Wiener) $H=-\sum_{i=1}^{S}\left(\frac{n_i}{n}\right)\ln\left(\frac{n_i}{n}\right)$

式中，S 为群落物种数；n_i 为第 i 个物种个体数；n 为群落中个体总数。

丰富度指数(Margalef) $D=(S-1)/\ln N$

式中，S 为群落物种数；N 为群落生物密度。

均匀度指数(Pielou) $J=H/\ln S$

式中，H 为物种多样性指数；S 为群落物种数。

伯杰-帕克优势度指数(Berger-Parker) $d=\frac{N_{\max}}{N_{\mathrm{T}}}$

式中，$N_{\max}$为优势种的种群数量；N_{T}为全部种的种群数量总和。

硅藻商指数 $E=C/M$

式中，C 为中心纲个体数；M 为羽纹纲个体数。

(二) 太湖流域浙江片区水生生物参照状态确定

根据水生生物评价指标参照状态确定准则，对流域内调查断面生态状态进行判断，部分参照点和受损点情况如表 7-8。

表 7-8 太湖流域浙江片区水生生物评价参照点和受损点

断面	河流水系	水质类别	栖息地状况	实地状况
S12	西苕溪上游	Ⅲ类	保持自然状态，人为活动痕迹少，土地开发利用程度低	
S17	中苕溪中上游	Ⅲ类	保持近自然状态，人为活动痕迹少，土地开发利用程度低	

续表

断面	河流水系	水质类别	栖息地状况	实地状况
S3	合溪下游	Ⅳ类	城镇地区，河道受人类活动影响显著，土地利用程度高	
S14	东苕溪下游	Ⅳ类	城镇地区，河道受人类活动影响显著，土地利用程度高	

(三) 太湖流域浙江片区着生藻类生物完整性生态环境阈值计算

太湖流域浙江片区着生藻类调查共发现着生藻类 44 属 132 种，分属于硅藻门(23 属)、绿藻门(11 属)、蓝藻门(8 属)、裸藻门(2 属)。共发现优势种 9 种：变异直链藻、颗粒直链藻、胡斯特桥弯藻、隐头舟形藻、线形菱形藻、纹饰颤藻、同族羽纹藻、小毛枝藻和缢缩异极藻。其中颗粒直链藻、胡斯特桥弯藻、隐头舟形藻、线形菱形藻、纹饰颤藻为全年优势种。

根据流域内着生藻类调查结果，利用着生藻类生物完整性指数对流域内水体生态健康状况进行评价。对流域内参照点和受损点包括物种丰富度、群落组成、敏感类群、群落多样性和生态型 5 个大类的 30 个生物参数进行计算，经分布范围筛选和判别能力分析后，7 个候选参数进入下一步冗余分析(图 7-9)。

对参数间的相关性进行分析后，共获得包括绿藻分类单元相对多度(M14)、菱形藻百分比(M17)、硅藻百分比(M21)、绿藻百分比(M22)、可运动硅藻百分比

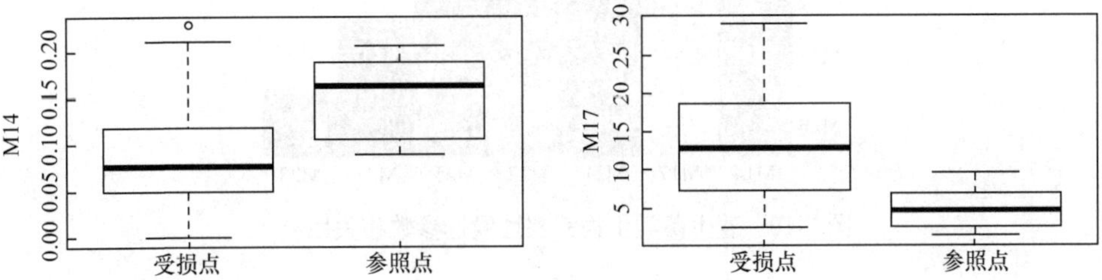

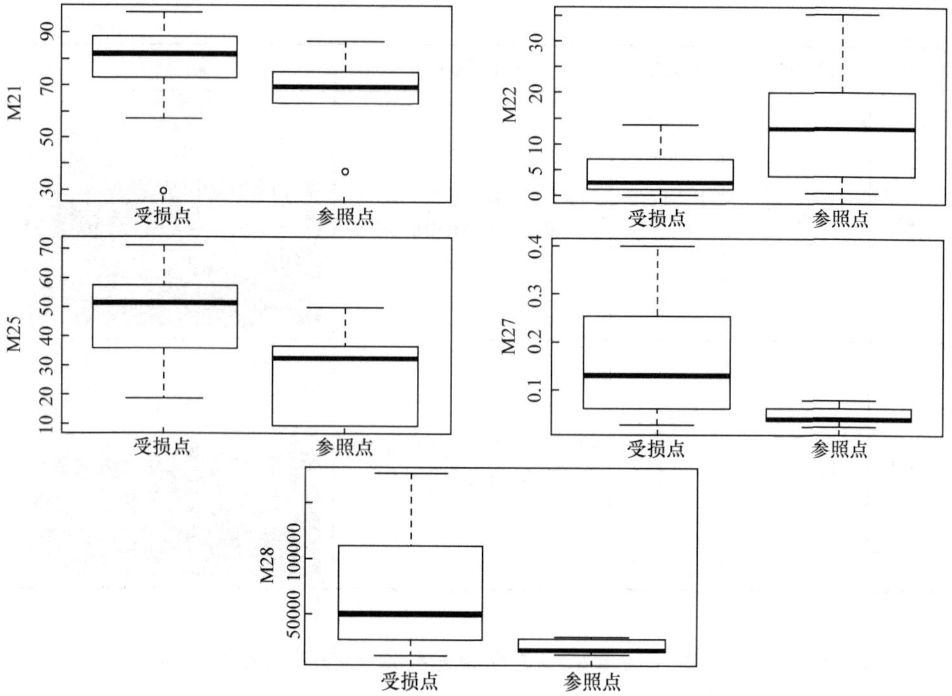

图 7-9 着生藻类生物完整性候选参数在参照点位和受损点位的箱体分布

(M25)和生物量(M27)在内的 6 个核心参数(图 7-10)。对核心参数进一步求和，利用非标准化算法，太湖流域浙江片区着生藻类生物完整性指数(P-IBI)的生态环境期望值和临界值分别为 2.50 和 0.52。

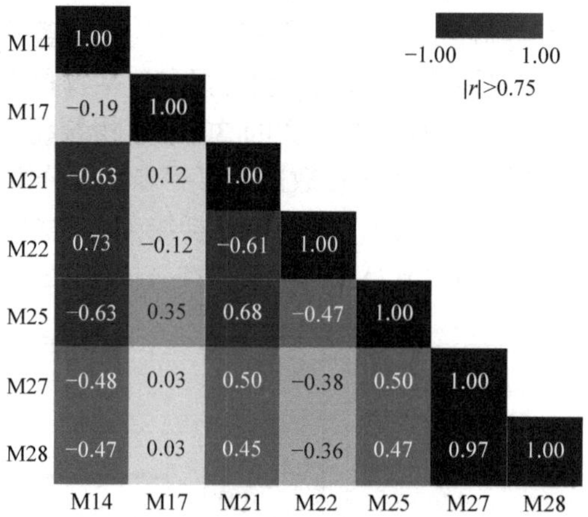

图 7-10 着生藻类生物完整性候选参数相关性分析

第四节　流域水土流失治理工程

水土流失治理与防护是流域生态系统及环境工程中的重要内容，它涉及流域的生态安全及可持续发展的重要过程。大力实施水土保持工程建设，合理开发和利用水土资源，有利于实现水土资源的可持续利用和区域经济社会的可持续发展。

丘陵山区山高坡陡，坡地及沟道易发生水土流失，这是河流泥沙的主要来源。在水土流失治理中应坚持以小流域为单元，工程措施、林草措施和农业耕作措施合理配置，修建坡面水系工程，建设沟道治理工程，保护和增加林草植被，山水田林路综合治理，综合开发。

一、坡地水土流失的影响因素

坡地水土流失一方面导致表土流失，使土壤质量退化、土地生产力水平降低；另一方面径流所挟带的泥沙淤积河道与水库，随径流流失的养分加速了地表水体的富营养化。我国丘陵山区占国土面积的2/3，坡耕地占总耕地面积的34.3%。土地过度开垦与不合理利用，导致严重的水土流失，使大量泥沙和养分注入各干、支流，汇入江河，淤积河床并造成水体富营养化。同时，土壤中养分源外流，使农田生态系统物质循环遭到破坏。

土壤养分随地表径流迁移是一个复杂的物理化学过程，受降雨特征、化学物质特征、下垫面条件以及坡度与坡长、耕作与施肥方式等众多因素的影响。

降雨既是坡地土壤水分的主要来源，同时又是养分迁移的动力所在。由于降雨特征直接影响到坡地的侵蚀产沙特征，因而也对养分流失具有不同程度的影响。降雨强度对坡地颗粒态磷流失的影响较大，养分流失强度随雨强的增大而增大。雨量对养分流失量也有较大的影响，在坡面产生径流的情况下，雨量越大，养分累积流失量越大。

土壤物理性状与地形条件对坡地养分迁移有较大影响。结构性发育较好的土壤，由于其大团聚体含量高，土壤大孔隙也较多，因而入渗性能较好，地表产流量与产沙量会相对减少，从而相对减少了坡面养分的流失量。当坡度小于12°时，养分流失量与坡度的关系为线性，而当坡度大于12°时则为幂函数关系，坡度增大养分流失量增加，但土壤肥力的衰减速度减慢。

从土地利用方式来看，农田养分流失量显著高于其他利用方式，说明农业耕作是土壤养分流失的主要来源；植被覆盖和采用水土保持耕作法，可以有效减少坡地农田养分流失，因此退耕还林(草)工程，可有效改善目前土壤养分流失严重的局面。

在坡面管理措施方面，与传统耕作方法相比，深松、犁耕种植、免耕、肥料深施、秸秆覆盖、水平沟、等高土埂和等高耕作等水土保持耕作法可显著减少土壤养分流失。

二、坡地水土流失的治理模式

针对坡地自身不利因素，可采用综合治理的模式："穿鞋""戴帽""修身"。

"穿鞋"即恢复坡面被破坏的植被，是防治坡地土壤侵蚀的根本措施。恢复坡面植被或改造已退化的植被，按照植被自然演替规律，植树种草，并以草先行，乔、灌随后，营造乔、灌、草、地被多层次植被群落，以提高坡面的抗蚀能力。

"戴帽"是指在地表覆盖率较差的山地各部位，通过人工种植草木，提高其滞留雨水能力，截留部分雨水，减弱地表径流冲刷表土，可设计播种一些耐瘦瘠的豆科和禾本科草本植物。

"修身"即治理沟坡和沟谷水土流失，宜采用植被工程措施与土石工程措施相结合的治理方案。在沟底和沟头种灌木，固持风化土层，增强边坡的稳定性，且对水、肥的需求少，适应性强，在边坡防护过程中，植物种的选择以草本植物与灌木配合为宜，二者结合，可起到快速持久的护坡效果，有利于生态系统的正向演替。也可实施植被带状护坡，在水土流失的坡面采用水平带状造林法，从上而下可设计带状护坡植被工程，以拦截、分散、阻滞地表径流，治理水土流失。

1) 2°～6°坡地以耕作措施为主

2°～6°坡地主要采用聚土垄作、植物绿篱拦挡和地面覆盖防护模式、等高耕作和等高沟垄耕作等措施。

聚土垄作是指采用顺延地表等坡度起垄方法，坡地采用 0.8 m 为沟，1.5 m 为垄。垄沟翻土，可视土层紧实度而定，坡边灌木固坡。垄沟相间合理配置作物，垄上宜种矮生作物，如红薯、土豆等，沟内种植半高秆作物。

植物绿篱拦挡即在坡地上沿等高线方向间隔一定距离种植一行长久性绿色篱障，在篱障间隔内种植果树或其他经济作物。待灌草生长 1～2 年之后，即可形成一道道植物绿篱屏障，起到拦蓄坡面流失土壤、减缓坡面径流和汇流时间、消能减蚀的作用。

地面覆盖防护模式主要利用秸秆覆盖：一方面，降低雨滴击溅和径流的直接冲刷，保护表层土壤，提高降水入渗；另一方面，隔断蒸发表面与下层土壤毛细管的联系，减弱土壤空气与大气之间的交换强度，有效控制土壤无效蒸发。

等高耕作和等高沟垄耕作即改变地面微地形，增加地面粗糙度，有效地拦蓄地表径流，增加土壤入渗率，减少土壤养分流失。

2) 6°～15°坡地以耕作措施与工程措施相结合为主

随着坡度增加，简单的耕作措施治理效益逐渐减小，单纯的耕作措施受土壤结构、气候变化、耕作方式的影响，治理作用不明显，只能作为一种辅助性的治理手段。因此，宜采用垄作免耕法、坡面工程水土保持法和坡地集流梯田法等，重在强调工程措施在大坡度级别治理上的优越性。

垄作免耕法。依照聚土起垄的办法，形成合理的沟垄配置，垄上直播，残留秸秆和植物根系，加强地表粗糙度，减轻雨水对土壤的冲刷，紧实土壤松散颗粒。同时，根系可起到生物松土的作用，补给土壤有机质和养分，土壤水稳性增强、团粒增加，减少径流对土壤的侵蚀。

坡面工程水土保持法，即沿等高线开挖水平带，带内侧挖蓄水沟，能拦沙蓄水，减少表土和养分流失，提高土壤水分，改善土壤理化性状。

坡地集流梯田法依照地形自上而下在两级梯田之间设立一定宽度的坡地，即坡地和梯田间隔分布，坡地为梯田内作物提供水源和部分肥料；梯田可调控坡地径流的集聚和再分配，平整的梯田可种植适合区域发展的粮食作物，坡面可套种矮秆经济作物、经济林木和牧草等，既可增加经济效益，也对下一级梯田具有聚肥改良作用。

3) 15°～25°坡地以工程措施为主

15°～25°坡地的主要治理方法为隔坡水平沟、水平阶带状防护模式、坡面蓄排沟道系统防护模式和修建反坡梯田等。

隔坡水平沟是适度坡面和与坡面相反的侧翼修建水平沟的配合模式，可做到坡面径流不下坡而进入反坡水平沟。依照地形地貌倾向，根据降水地面径流状况、坡面坡度、土地利用类型和坡面最大侵蚀度等多种因素，合理修建隔坡水平沟。

水平阶带状防护模式，适应于15°～25°较陡坡地。沿等高线水平方向开挖水平阶，阶面外高内低，呈反坡状，内侧开挖排水沟。水平阶缩短了坡面长度，降低了地面坡度，增加了有效土层厚度，坡面径流被层层拦阻，对地面的冲刷力降低。

坡面蓄排沟道系统防护模式适应于河源区平梁型、斜梁型地貌类型的土地利用防护。修建水平排水沟和纵向主排水沟将坡面径流分层拦截在截(排)水沟内。在整个坡地上，形成横纵交叉的沟道连接系统，降雨强度较小时，水平排水沟拦截利用，降雨强度较大时，纵向主排水沟导流进入沟谷蓄水，层层拦截，有序排泄，削减产生坡面水土流失的外营力，防止水土流失。顺坡主排水沟一般布设于坡面沟谷处，阶梯状设置，或与坡面耕作道路系统相结合，采用“之”字形布设。

修建反坡梯田是黄土丘陵沟壑区最常见的一种治理模式，但花费人力、物力、财力较大，且应该考虑投入、产出和使用年限等问题。一方面，将15°～25°的坡地改造为梯田，增加田面本身蓄积雨水的能力，加大降水入渗率，提高土壤含水量；另一方面，将25°以上的坡地进行退耕还林还草，改善生态环境质量，促进土地利用的生态效益、社会效益和经济效益的平衡。

三、沟道水土流失治理与拦沙防洪工程

沟道水土流失治理与拦沙防洪工程的作用在于防止沟头前进、沟床下切、沟岸扩张，可以减缓沟床纵坡、调节山洪洪峰流量，减少山洪和泥石流的固体物质含量，使山洪安全排泄。沟道水土流失治理与拦沙防洪工程体系主要包括沟头防护工程、谷坊工程、小流域拦沙坝、淤地坝工程、大型拦泥库工程和引洪漫地工程等。

(1) 沟头防护工程。其为固定沟床，拦蓄泥沙，防止或减少泥石流危害而在山区沟道中修筑的各种工程措施，如谷坊、拦沙坝、淤地坝、小型水库和护岸工程等。沟床的固定对于沟坡及山坡的稳定有重要作用。沟床固定工程包括谷坊、防冲槛、沟床铺砌、种草皮和沟底防冲林等措施。

(2) 谷坊工程。其是山区沟道内为防止沟床冲刷及泥沙灾害而修筑的横向拦挡建筑物，又名冲坝、沙土坝、闸山沟等。谷坊高度一般为 3 m 左右，是水土流失地区沟道治理的一种主要工程措施。谷坊的主要作用是防止沟床下切冲刷。因此，在考虑沟道是否应该修建谷坊时首先要研究沟道是否会发生下切冲刷作用。

(3) 小流域拦沙坝。其是以拦挡山洪及泥石流中固体物质为主要目的，防治泥沙灾害的拦挡建筑物。它是荒沟治理的主要工程措施，坝高一般为 3～15 m。在水土流失地区沟道内修筑拦沙坝，具有以下几个方面的功能：①消除泥沙对下游的危害，便于对下游河道的整治。②提高坝址处的侵蚀基准，减缓了坝上游淤积段河床比降，加宽了河床，并使流速和径流减小，从而大大减小了水流的侵蚀能力。③淤积物淤埋上游两岸坡脚，坡面比降低，坡长减小，使坡面冲刷作用和岸坡崩塌减弱，最终趋于稳定。因沟道流水侵蚀作用而引起的沟岸滑坡，其剪出口往往位于坡脚附近。拦沙坝的淤积物掩埋了滑坡体剪出口，对滑坡运动产生阻力，促使滑坡稳定。④拦沙坝在减少泥沙来源和拦蓄泥沙方面能起重大作用。

(4) 淤地坝工程。其是指在水土流失地区的沟道中兴建的滞洪、拦泥、淤地的坝工建筑物。淤地坝按其作用和库容规模分为骨干坝、中型坝和小型坝。骨干坝的单坝工程规模为 50 万～500 万 m^3，中型坝的单项工程规模为 10 万～50 万 m^3，小型坝的单项工程规模为 1 万～10 万 m^3。淤地坝的主要作用在于拦泥淤地，一般不长期蓄水，其下游也无灌溉需求。随着坝内淤积面的不断提高，坝体与坝地能较快地连成一个整体，实际上可看作一个重力式挡泥(土)墙。一般淤地坝由坝体、溢洪道和放水建筑物三部分组成，当淤地坝洪水位超过设计高度时，就由溢洪道排出，以保证坝体的安全和坝地的正常生产。放水建筑物多采用竖管式和卧管式，沟道常流水，沟道清水通过排水设施排泄到下游。淤地坝在设计、施工、管理技术上与小型水库有相同的方面，也有不同的方面。淤地坝在构

成上也要求大坝、溢洪道、放水建筑物齐全，但由于它主要用于拦泥而非长期蓄水，因此，淤地坝比水库大坝设计洪水标准低，坝坡比较陡，对地质条件要求低。淤地坝在设计和运用上一般可不考虑坝基渗水和放水骤降等问题。

我国黄土高原地区打坝淤地有悠久的历史，山西的康和沟流域至今仍保留着400多年前明朝万历年间修建的淤地坝。中华人民共和国成立以后，淤地坝工程建设曾作为一项最主要的水土保持措施受到高度重视。半个世纪以来，黄河流域累计建成治沟骨干工程1480余座，建成淤地坝11.35万座。沟道坝工程是黄土高原地区特殊的地理环境、气候条件的产物，淤地坝被誉为水土保持措施中最重要的项目，综合治理系统中的最后一道防线。

设计、建设淤地坝(系)的一个基本原则是坝系的布局、坝的高度、所控制流域的面积等因素必须满足相对稳定的要求。坝系相对稳定的提法始于20世纪60年代，当时称作“淤地坝的相对平衡”。人们从天然障碍对洪水泥沙的全拦全蓄、不满不溢现象得到了启发，认为当淤地坝达到一定的高度、坝地面积与坝控制流域面积的比例达到一定的数值之后，淤地坝将对洪水泥沙长期控制而不致影响坝地作物生长，即洪水泥沙在坝内被消化利用，达到产水产沙与用水用沙的相对平衡。坝系相对稳定的含义包括：①坝体的防洪安全，即在特定暴雨洪水频率下，能保证坝系工程的安全；②坝地作物的保收，即在另一特定暴雨洪水频率下，能保证坝地作物不受损失或少受损失；③控制洪水泥沙，绝大部分的洪水泥沙拦截在坝内，沟道流域的水沙资源能得到充分利用；④后期坝体的加高维修工程量小，群众可以负担。要达到坝系的相对稳定，设计淤地坝时必须考虑当地的水文条件(如设计洪量及历时、设计暴雨量及历时等)所控制的小流域的地理条件、地质条件、坝地的面积和所栽培的农作物种类等。

淤地坝建成以后，由于坝内淤积，覆盖了原侵蚀沟面，从而有效地控制了沟道侵蚀，其减蚀机理主要表现在：①局部抬高侵蚀标准，减弱重力侵蚀，控制沟蚀发展。坝地淤积结果一般可使近坝段的沟壁坡长从40～60 m缩短为20～40 m，从而使沟谷侵蚀和重力侵蚀的发展概率大大降低；另外，原来侵蚀最严重的沟谷和沟床，泥沙淤埋后也不再发生侵蚀。②拦蓄洪水泥沙，减轻沟道侵蚀。淤地坝运用初期能够利用其库容拦蓄洪水泥沙；同时还可以削减洪峰，减少下游冲刷。③减缓地表径流，增加坝地淤积。淤地坝运用后期，坝地已经形成，由于地势变平，比降减小，且汇流面积增大，在同等降雨条件下，形成的汇流流速减小，水流挟沙力减小，从而使洪水泥沙在坝地落淤。

(5) 大型拦泥库工程。其是指在多沙粗沙区重点支流或干沟上修建的以滞洪、拦泥为主要目的的大型坝工建筑物。大型拦泥库的单坝工程规模并没有明确的规定，通常借用水利工程的等级标准划分，其库容规模相当于中型水库。2005年，黄河上中游管理局在开展黄河粗泥沙集中来源区大型拦泥库可行性调查中，将大型拦泥库的库容规模确定为500万～10000万m^3，这个标准比较符合当前大型拦泥库建设的经济社会基础条件。

(6) 引洪漫地工程。其是指在水土流失地区的沟道中应用导流设施把洪水漫淤在耕地、低洼地或河滩地上。引洪漫地工程有引坡洪、村洪、路洪、沟洪和河洪五种。其中前三种简便易行，暴雨中使用一般农具即可引水入田；后两种需经正式规划设计，修建永久性的引洪漫地工程。引沟洪工程包括拦河坝、引洪渠等，主要漫灌沟口附近小面积川台地。拦河坝的作用是拦截洪水并抬高洪水水位，并通过设在拦河坝上的溢洪道或泄水涵洞，将大坝内的洪水安全地泄入引洪渠。引洪渠位于大坝下游，紧接溢洪道或泄水涵洞，其作用是将下泄的洪水引入农地或待开发的荒滩地。引河洪工程包括引水口、引水渠、输水渠、退水渠和田间工程等，主要漫灌河岸大面积川台地。

第五节　流域湿地环境生态工程

一、湿地系统对污染物的降解

湿地系统作为宝贵的自然资源，很早就已为人们所重视。近年来，对其在污水处理方面的研究不断深入，自然湿地系统和人工湿地系统的应用范围也在不断拓宽。国内外许多研究工作已经涉及河流湖泊治理、工业废水处理、城市暴雨径流污染和农业面源污染控制等众多领域，特别是在河湖治理方面。而由于物理、化学方法的有限性以及工厂化生物处理的局限性，对湿地的深入研究就具有更加突出的现实意义。湿地土壤(基质)、水生植物和微生物是湿地的主要组成部分。多年的研究表明，湿地能够利用土壤-微生物-植物这个复合生态系统的物理、化学和生物三重协调作用来实现对废水的高效净化。

(一) 湿地植物对污水的净化作用

湿地植物能够担当过滤器的角色，吸收和过滤污水所载的营养物质。有根的植物通过根部摄取营养物质，某些浸没在水中的茎叶也从周围的水中摄取营养物质。水生植物产量高，大量的营养物被固定在其生物体内。有研究表明，挺水植物的吸收能力为：吸收磷30～150 kg/($hm^2 \cdot a$)、吸收氮2000～2500 kg/($hm^2 \cdot a$)。当水生植物被运移出水生生态系统时，被吸收的营养物质随之从水体中输出，从而达到净化水体的作用。除营养元素外，大型水生植物还可吸收铅、镉、砷、汞和铬等重金属，以金属螯合物的形式蓄积于植物体内的某些部位，达到对污水和受污染土壤的生物修复。如凤眼莲可以富集铜、铅、镉、铬、汞、锌和银；香蒲对铅、锌、铜、镉吸收能力强；湿地植物可以将重金属积累在植物组织内，在一般植物中的积累量为0.1～100(g/g)，也有一些特殊植物能超量积累重金属。

湿地中水生植物群落的存在，为微生物和微型生物提供了附着基质和栖息场所。其浸没在水中的茎叶为形成生物膜提供了广大的表面空间，埋在湿地土壤中的根系为微生物提供了基质。植物机体上寄居着稠密的光合自养藻类、细菌和原生动物，这些生物的新陈代谢能大大加速截留在根系周围的有机胶体或悬浮物的分解矿化。例如，芽孢杆菌能将有机磷、不溶解磷降解为无机的、可溶的磷酸盐，从而使植物能直接吸收利用。此外，水生植物的根系还能分泌促进嗜磷、氮细菌生长的物质，从而间接提高净化率。湿地微生物本身也具有吸附作用，在微生物生长过程中，常常要吸收一些营养元素和重金属元素以保证微生物的生长和代谢，它们能分泌高分子聚合物，对重金属有较强的络合力。如曲霉属生物体可有效地吸附金，枯草杆菌可有效地吸附金、银和砷等。

(二) 湿地土壤对污水的净化作用

湿地土壤是湿地化学物质转化的介质，也是湿地植物营养物质的储存库。湿地土壤的有机质含量很高，有较高的离子交换能力。因此，土壤可通过离子交换转化一些污染物，并且可以通过提供能源和适宜的厌氧条件加强氮的转化。对于磷而言，土壤颗粒对磷酸盐的吸收是一个重要的转化过程，吸收能力依赖于黏土矿物中铁、铝、钙的形态或对土壤有机质的束缚。除了吸收过程外，磷酸盐也可以同铁、铝和土壤组分一起沉降，这些过程包括磷酸盐在黏土矿物中的固定以及磷酸盐同金属的复合。湿地土壤对有毒物质的“净化”机理，主要通过沉淀作用、吸附与吸收作用、离子交换作用、氧化还原作用和代谢分解作用等途径实现。

二、人工湿地污染物处理工程

在20世纪70年代以前，国际上采用天然湿地进行废水处理，鉴于其存在淤积、负荷低和效果不太理想等缺点，20世纪70年代以来，科研工作者对天然湿地进行改造或人工建造湿地，从而形成了快速有效的人工湿地废水处理新技术。基于此，用于污水净化的人工湿地可以解释为一种由人工将石、砂、土壤、煤渣等介质按一定比例构成且底部封闭，并有选择性植入水生植被的废水处理生态系统。介质、水生植物和微生物是其基本构成，净化废水是其主要功能，水资源保护与持续利用是其主要目的。

人工湿地的类型。人工湿地最初按植物形式进行分类，包括浮生植物系统、挺水植物系统和沉水植物系统，后来由于系统多采用挺水植物，故在挺水植物的前提下，根据水流方式分为以下四类。

(1) 表面流人工湿地(surface flow constructed wetlands)。又称水面湿地，它与

自然湿地最接近。废水在填料表面漫流，水位较浅；绝大部分有机物的去除是由生长在水中的植物茎、秆上的生物膜来完成。尽管表面流湿地具有建造工程量少、操作简单等优点，但处理效率低，在中国北方一些地区，由于冬季气流寒冷易发生表面结冰，影响处理效果，故采用较少。

(2) 潜流人工湿地(subsurface flow constructed wetlands)。水在填料表面下渗流，可充分利用填料表面及植物根系上的生物膜及其他各种作用处理废水，而且卫生条件较好，处理效果受气候影响小，是目前采用较多的一种湿地处理系统。

(3) 垂直流人工湿地(vertical flow constructed wetlands)。垂直流人工湿地综合了表面流人工湿地和潜流人工湿地的特点，水流在基质床中呈由上向下的垂直流。氧可通过大气扩散和植物传输进入人工湿地系统，其硝化能力高于水平流湿地，可用于处理氨氮含量较高的污水。但其建造要求高，易滋生蚊蝇。

(4) 波形流人工湿地(wavy subsurface flow constructed wetlands)。波形流人工湿地可增加水流的曲折性，使污水以波形的流态多次经过湿地内部基质，在传统潜流湿地内部增设导流板，将布水方式设计成波形流动。相对于传统湿地，波形流人工湿地在垂直方向上的处理更加优越。

人工湿地水质净化机理。人工湿地对污水的作用机理十分复杂。一般认为，人工湿地生态系统是通过物理、化学及生物三重协同作用净化污水。物理作用主要是过滤、截留污水中的悬浮物，并沉积在基质中；化学反应包括化学沉淀、吸附、离子交换、拮抗和氧化还原反应等；生物作用则是指微生物和水生动物在好氧、兼氧及厌氧状态下，通过生物酶将复杂大分子分解成简单分子、小分子等，实现对污染物的降解和去除。

(一) 基质净化

传统的人工湿地基质主要由土壤、细砂、粗砂、砾石、碎瓦片、粉煤灰、泥炭、页岩、铝矾土、膨润土和沸石等介质中的一种或几种所构成。在人工湿地污水净化过程中，基质起着极其重要的作用。去除机理就是依赖着其巨大的表面积，在土壤颗粒表面形成一层生物膜，污水流经颗粒表面时，大量的固体悬浮物和不溶性的有机物被填料阻挡截留起到沉淀、过滤和吸附的作用。

不同基质通过其物理化学特性影响基质的吸附性能，湿地基质对磷的吸附沉淀影响比较大，植物只能吸收少量无机磷，磷吸附速率和吸附量通常受到基质种类的影响，当湿地基质对磷的吸附趋于饱和后，其磷的去除率明显下降。朱夕珍等(2003)对以石英砂、煤灰渣和高炉渣为基质构建的人工湿地进行研究的结果表明：以煤灰渣为基质的人工湿地对有机物处理效果最好；以高炉渣为基质的人工湿地的除磷效果最好；石英砂吸附效果较差。

除以上常用的基质外，近年来，专家还发现了许多新型基质。例如，浮石层土壤，即火山爆发后形成的多孔性火山岩，富含铁、铝、钙和镁，作为人工湿地基质具有很好的潜力。国外有研究发现，钙化海藻作为人工湿地基质对磷的去除率高达 98%，去除效率明显高于砾石基质。

(二) 植物净化

在人工湿地中，植物对氮磷的去除包括三个方面：一是植物本身直接吸收同化含氮、磷化合物；二是其根系分泌物可促进某些嗜磷、氮细菌的生长，提高整个湿地生态系统微生物数量，促进氮、磷释放、转化，从而间接提高净化率；三是植物呼吸过程释放的 CO_2 与土壤及介质中钙离子结合形成碳酸钙，与磷形成共沉淀去除。植物对有机物的去除主要通过三种途径：①植物直接吸收有机污染物；②植物根系释放分泌物和酶；③植物和根际微生物的联合作用。

植物在生长过程中能吸收污水中的无机氮、磷等，供其生长发育。湿地植物对氮的去除作用主要是：氨的挥发作用、NH_4^+的阳离子交换作用、吸收、硝化和反硝化作用等。科学家研究认为，通过植物根部根毛周围充满氧气的液体薄膜中好氧微生物的硝化作用，可将 NH_4^+转化成气体，释放到大气中。除此之外，植物本身也可以吸收一部分 NH_4^+，NH_4^+进入植物后可通过氨化反应将其去除，合成蛋白质、氨基酸和酶等有机氮，消除其对植物的毒害作用。污水中无机磷在植物吸收及同化作用下可转化为植物的腺苷三磷酸(ATP)、脱氧核糖核酸(DNA)等有机成分，最后通过植物的收割而从系统中去除。

除营养元素外，人工湿地选用的凤眼莲、香蒲、糜稷、菖蒲、芦苇、水葱和千屈菜等水生植物对铜、铅、镉、铬、汞、锌和银等重金属具有良好的富集作用，以金属螯合物的形式蓄积于植物体内的某些部位，通过植物的产氧作用使根区含氧量增加，促进污水重金属的氧化和沉降，还可通过植物挥发、甲基化等作用达到对污水和受污染土壤的生物修复。

(三) 微生物净化

湿地微生物主要有菌类、藻类、原生动物和病毒，由于生物化学反应大多是在微生物和酶的相互作用下进行的，因此微生物在人工湿地污水处理系统中起着极其重要的作用。其中，人工湿地中的氮主要是通过微生物的硝化和反硝化作用去除，植物对无机氮的吸收只占 8%～16%，其他如氨的挥发、基质的吸附和过滤也只占一小部分。污水中有机物的降解和转化主要是由湿地微生物活动来完成的，有机物通过沉淀过滤吸附作用很快被截留，然后被微小生物利用；可溶性有机物通过生物膜的吸附和微生物的代谢被去除。微生物也能分解污水中的硫化物，有机硫化物经矿质化被分解成硫化氢，部分硫化氢挥发逸出湿地，部分则通过硫黄细菌和硫化细菌的硫化作用形成硫黄、硫酸，它们与土壤中的各种离子结合，形成无机硫化物。无机硫化物一部分会被植物吸收利用，也有一部分会在反硫化细菌的作用下经反硫化作用形成硫化氢，硫化氢再逸出湿地或又参与硫化作用。

湿地微生物还具有吸附作用，在微生物生长过程中，需要吸收一些营养元素和重金属元素以保证生长和代谢，它们分泌的高分子聚合物，对重金属有较强的络合力。它们还可通过胞外络合作用、胞外沉淀作用固定重金属，可把重金属转化为低毒状态。

(四) 水生动物净化机制

人工湿地中的水生动物有提高土壤通气透水性能和促进有机物的分解转化的生态功能。底栖动物螺蛳、螃蟹、小型软体动物、摇蚊幼虫、水蚯蚓、贝壳等和淡水鱼虾是湿地生态系统食物链中的消费者。水中的浮游生物是鱼类的饵料，通过改变鱼类的数量结构来操纵植食性浮游动物的群落结构，促进滤食效率高的植食性浮游动物生长，进而降低藻类生物量，改善水质。蚌类的增多可使水质变清，从而为轮藻类植物的大量生长提供有利条件，为草食性水禽提供食物，扩大水禽的数量及停留时间。

第六节　流域藻华防治工程技术

一、流域藻华现状及危害

(一) 流域藻华的现状

水体的浮游植物生物量显著高于其平均生物量这一现象通常被描述为藻华。藻华一般由 1～2 个占优势的种群组成，优势种群有蓝藻、硅藻、甲藻、裸藻等。水体富营养化为藻类生长提供了充足的营养条件。随着工农业的发展，排入流域生态系统的营养盐逐渐增多，促使水体富营养化，加剧了藻华的暴发频率及持续时间。2024 年 6 月生态环境部发布的《2023 年中国环境状况公报》表明，在监测的 205 个湖泊中，有 64.4%的湖泊处于中营养状态；23.4%的湖泊处于轻度富营养状态，比 2022 年下降 0.6 个百分点；3.9%的湖泊处于中度富营养状态，比 2022 年下降 2.0 个百分点。从公报结果可以发现，我国大多数湖泊仍旧处于中营养和富营养状态，其中轻度污染的太湖、巢湖和滇池主要污染指标皆为总磷。一方面，水体中的氮磷含量增加则会促使藻华暴发。另一方面，全球变暖促进湖泊等水体的表层水温上升，将会为蓝藻等藻类提供更有利的生存条件，导致藻华的分布范围扩大。1970～2009 年的世界各地湖泊数据分析结果表明，表层水温度以平均每十年增长 0.37℃的速度显著增加。通过模型预测未来湖泊温度发展趋势，发现在 RCP8.5 的高二氧化碳排放情境下，湖泊水温在 2070～2099 年预计将比 1971～2000 年升温 4～5℃。

湖泊、河流等流域生态系统暴发的藻华主要以蓝藻为主，称为蓝藻水华，常见的水华蓝藻有微囊藻、鱼腥藻、束丝藻和节球藻等。蓝藻起源于 30 多亿年前，是地球上最古老的产氧光合自养细菌，蓝藻的光合作用对地球大气的氧化起到了关键作用。蓝藻可以通过特殊的二氧化碳浓缩机制来适应不同的无机碳环境，也可以通过气囊在水体中上下移动占据主体地位；并且部分蓝藻是目前已知唯一可以固氮的藻类。这些优势使蓝藻比其他浮游植物具有更大的竞争力，使其可以在流域生态系统中快速繁殖形成密集的藻华。

目前，蓝藻在全球范围内迅速扩张，除南极洲外，其余各洲均有蓝藻水华，如北美洲的圣露西河和伊利湖，南美洲的乌拉圭河，亚洲的太湖、巢湖，欧洲的豪维尔湖和波罗的海，非洲的博格利亚湖以及大洋洲的墨累河等。通过对欧洲和北美 100 多个湖泊的蓝藻色素监测记录进行分析，发现自工业革命以来，近 60%湖泊中的蓝藻大幅增加，并且在 1945 年后这种增长还在加速。使用模型预测美国水域的蓝藻水华发生天数，发现 2090 年其将从每个水体每年 7 天增加到每年 18～39 天。

我国太湖、巢湖等浅水湖泊频繁暴发蓝藻水华，20 世纪 80 年代开始，太湖蓝藻迅速繁殖蔓延，水华面积曾高达到 1404 km^2。巢湖蓝藻水华暴发频次在 2010～2018 年间呈上升趋势，水华面积在 2017 年之后略有下降，但暴发频次仍未减少。国家发展和改革委员会 2021 年 12 月发布的《"十四五"重点流域水环境综合治理规划》中明确提出，强化太湖、巢湖等蓝藻水华防控，加强白洋淀、洞庭湖、鄱阳湖、乌梁素海等农业面源污染治理。

(二) 流域藻华的危害

1) 降低流域生态系统的物种多样性

当藻类迅速繁殖形成藻华覆盖在水体表层时，会导致水体浊度增大、遮蔽太阳光，致使水下植物的光合作用被限制，使得水下植物的正常生长受阻。衰亡蓝藻的降解消耗大量氧气，造成水体溶解氧降低，导致鱼虾等生物因缺氧而窒息死亡。此外，动植物死亡后向水体释放更多腐败的有机质，使水体 pH 升高，刺激致病的化能异样细菌滋生，进一步加重水体恶化，形成恶性循环，原有群落关系遭到破坏，流域生态系统失衡，加剧水体功能退化。

2) 干扰流域生态系统的文娱功能和经济发展

藻类大量繁殖时散发腥臭味，使得休闲娱乐水体丧失其应有的美学价值。例如，蓝藻可以产生土臭味素(geosmin)、2-甲基异莰醇(2-MIB)和硫化氢(H_2S)等具有挥发性异味的代谢产物。此外，这些藻类的代谢产物可以被水生生物吸收并储存在含有脂质的组织中，导致水产品存在异味，降低其食用价值，使渔业经济遭受损失。芬兰奥卢曾因鱼中带有难闻气味而导致当地居民的经济收入降低。我国武汉蔡甸区藻华暴发导致渔场里的鱼大量死亡，单次藻华造成的直接经济损失超过 70 万元。英格兰和威尔士因藻华损失 1.05～1.60 亿美元，美国也因藻华造成了高达 10 亿美元的经济损失。

3) 影响人类生产生活，威胁人体健康

部分有害藻类可以产生多种藻毒素，不仅直接危害水生生物的生存，还可在鱼、虾等生物体内进行积累，间接损害人体健康。根据功能特征，可将流域生态系统常见的毒素分为肝毒素，神经毒素和皮炎毒素。微囊藻毒素是肝毒素的一种，可以在水生动物的肝细胞中积累，并对肝脏器官造成损伤，最早发现于武汉东湖以微囊藻为主导的藻华。微囊藻毒素是有效的蛋白磷酸酶抑制剂，可以导致细胞骨架过度磷酸化，促使细胞死亡。巢湖附近渔民肝损伤情况的调查结果显示微囊藻毒素暴露与肝损伤存在相关性。此外，流行病学调查报告显示饮用水中的微囊藻毒素会增加原发性肝癌的风险。国内的调查研究也表明饮用被微囊藻毒素污染的水的人群患肝癌的可能性是普通人群的 8 倍。神经毒素可以攻击哺乳动物的神经系统，其中麻痹性贝毒的毒性极高，对人类的威胁最为严重，口服致死量约为 1 mg。麻痹性贝毒可以通过阻断神经细胞的钠离子通道，影响神经系统的正常传输，使肌肉功能麻痹丧失。我国的麻痹性贝毒中毒事件主要出现在福建等地，2017 年福建漳州发生麻痹性贝毒中毒事件，造成 164 人中毒。

二、流域藻华的防治工程技术

目前，各国专家学者已经研究出多种藻华防治工程技术，包括长期削减外源、内源营养物质，生物防控及物理、化学等应急抑藻方法，如图 7-11 所示。

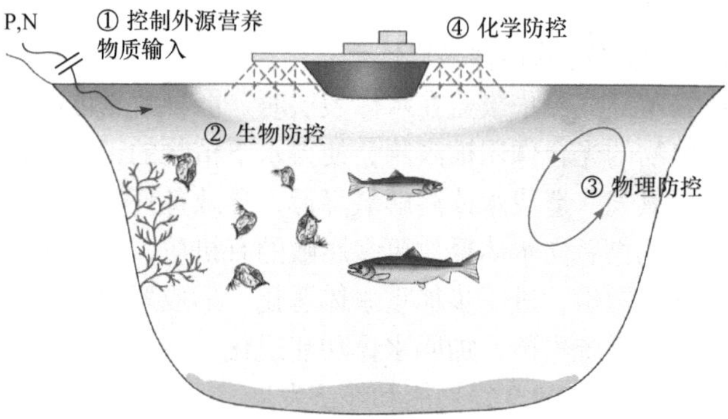

图 7-11　藻华防治工程技术

(一) 削减外源、内源营养物质

水体富营养化是导致藻华暴发的主要原因之一，因此减少外源营养物质进入水体是控制藻类暴发的重中之重。控制营养物质排放需要国家政策支持，以及国家之间共同努力协同发展。例如，从 20 世纪 70 年代开始，美国、日本等国就禁止使用含磷洗涤用品。2011 年，欧盟就禁用含磷酸盐洗涤剂达成协议，要求洗涤剂中磷酸盐含量低于 0.5%。专家预估“禁磷”行动可减少水体中 10%～15%的磷含量，有效改善水环境质量。我国国家发展和改革委员会于 2021 年 12 月发布了《“十四五”重点流域水环境综合治理规划》，该规划提出要切实削弱入湖污染负荷，加强河道整治，提升污水处理能力，加大氮磷等主要污染物的防控力度，强化太湖、巢湖等蓝藻水华的防控。通过削减氮磷营养盐控制蓝藻水华具有很强的可操作性和很好的效果，美国伊利湖、瑞士日内瓦湖、瑞典维纳恩湖、意大利马乔列湖等的治理表明，减少营养盐输入能显著降低有害藻类生物量。虽然控制营养物质向水体中输入是关键控藻措施，但该方法用时长，见效慢，可能需要数十年才能初见成效。

底泥中往往存在着过剩的营养物质，可为湖泊等水体的长期物质循环提供营养物质，尤其是磷。如果富营养化已经促使湖泊等流域生态系统转变为以浮游植物为优势的“浊水态”，那么将会需要更久的时间修复生态系统。因此，当外源营养物质被大量削减后，流域生态系统仍无法恢复，则需注重内源营养物质的清除。目前，常见的内源营养物质清除方法包括引水稀释、底泥疏浚、底泥洗脱等(表 7-9)。引水稀释是指通过引入营养物质含量较低的“清洁水”，稀释原位水体的营养物质含量，减少水体内源污染。同时可以降低有害藻类密度，提升水体自我净化能力，改善水体环境，适用于小型水体。美国绿湖通过引入“清洁水”，有效抑制藻类生长，水体透明度显著提升。底泥疏浚是较为常见的富营养化修复技术，该技术通过对湖泊表层底泥进行疏浚，可以有效控制底泥中富营养物质的释放，从而增强水体的净化能力。但底泥疏浚的治理效果目前还存在诸多争议，国外有许多成功案例，但南京玄武湖的水质在进行疏浚后并未得到显著改善。因此，需认真、全面考察底泥疏浚工程，避免由生态系统结构、水力作用等因素导致的处理效果偏离预期。底泥洗脱技术是指通过对底泥进行机械或曝气搅动，使富营养物质进入上覆水，然后进行絮凝等操作，将水中营养物质清除后再返回原水体。同时，粗颗粒泥沙原位沉降后，覆盖泥面，形成稳定的沉积层，可减缓底泥深层营养物质的释放。该方法已成功运用到北戴河国家湿地公园排洪河、北京凉水河、安徽池州百荷公园景观湖、山东胶州桃源河等水体，均能有效改善水质，使水体透明度在短时间内显著提升，促进了水体由以浮游植物为优势的“浊水态”向以水生植物为优势的“清水态”转型。

表 7-9　内源污染物削减工程技术

工程技术	优点	缺点
引水稀释	见效快	成本高、局限大、生态扰动大、需长期持续运行
底泥疏浚	精度高、可防止二次污染	成本高、施工复杂、成效不稳固
底泥洗脱	精度高、生态扰动小、操作简便	成本高、底泥处理过程可能产生二次污染
底泥抽槽	可降低风浪扰动对泥水界面的影响、成本相对较低	污染削减程度未知
湖泊下层水排除	适用于深水湖泊和水库	削减效果具有滞后性、需长期多次运行

(二) 生物防控工程技术

生物防控是指借助生态学理念，通过构建生态系统和食物网结构等生态修复措施，创造不利于藻类生长的条件。目前，生物防控藻华的工程技术主要包括：生物操纵和水生植物群落构建。

1) 生物操纵工程技术

生物操纵工程技术指利用浮游动物和滤食性动物等的摄食作用削减藻类，可分为经典和非经典两类操纵手段(图 7-12)。经典生物操控提倡增加肉食性鱼类，减少浮游动物食性和底栖动物食性鱼类，通过营养级联效应调控食物网，保护浮游动物生长，从而增加来自浮游动物的牧食压力，降低藻类丰度。位于太湖流域下游的傀儡湖通过增加肉食性鱼类放养比例，增加浮游动物食性和底栖动物食性鱼类的捕捞量等方法有效调控水体鱼类群落，使得水体透明度显著提升，叶绿素 a 的平均生物量明显下降，从 2011 年的 6.30 μg/L 下降至 2015 年的 3.72 μg/L，表明水体藻类丰度显著降低。此外，水生植物丰度和覆盖度都有明显改善，覆盖度从 20%上升至 73%，进一步加强生物操纵控藻效果。丹麦通过反复捕捞富营养化湖泊中的浮游动物食性和底栖动物食性鱼类，使得水体叶绿素 a、总磷、总氮和悬浮物浓度都显著降低了 50%～70%，促使浮游动物牧

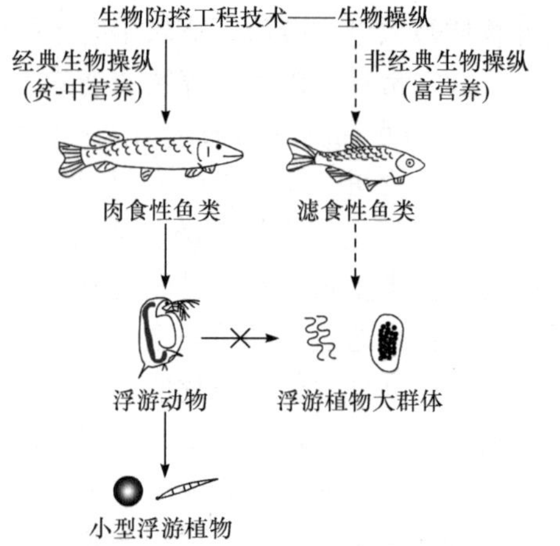

图 7-12　生物操纵工程技术原理示意图

实线箭头为经典生物操控，虚线箭头为非经典生物操控

食压力增加，藻类生物量显著下降，尤其是蓝藻生物量。在一项对丹麦和荷兰实施经典生物操纵技术工程的 70 个湖泊修复结果调查中发现，超过一半的湖泊水体透明度显著提高，初级生产力明显降低，并且发现应用生物操纵 4～6 年后湖泊恢复效果最为显著。经典生物操纵适用于富营养化程度较低的湖泊，该方法在以营养盐上行效应为主导的水体中难以发挥作用，并且浮游动物难以捕食大群体，因此该方法对原位水体的生物群落结构具有较为严格的要求，实施难度较大。

非经典生物操纵工程技术是指向水体投加滤食性鱼类，直接滤食浮游植物，从而达到抑制藻类生长的目的。罗非鱼对藻类具有较好的摄食和消化，宁波月湖及其他富营养化水域通过饲养罗非鱼有效降低藻类繁殖，控制藻华暴发。鲢和鳙也能有效控制藻华，在洱海红山湾开展鲢鳙控藻原位实验结果表明鲢和鳙对藻类的削减效果高达 64%；在浙江千岛湖邵家渔场使用鲢控藻的实验结果表明，鲢有效降低了 29.0%～67.5%的藻密度，可以显著抑制浮游植物现存量，控制藻类过度繁殖。滤食性鱼类的摄食速率高于藻类的生长速率是利用非经典生物操纵成功控藻的关键，否则将无法控制藻华。与经典生物操纵相比，非经典生物操纵更适用于富营养化程度较高的湖泊，但该方法仍存在诸多争议，如鲢、鳙的单次滤食无法完全消化藻类，甚至可能增强藻类活性。

2) 水生植物群落构建工程技术

水生植物对有害藻的抑制作用主要源于三类机制：水生植物和藻类存在营养竞争、水生植物对藻类的遮光效应、水生植物释放化感物质抑藻。

水生植物可以有效吸收水体和沉积物中的营养盐，降低水环境中的营养物质，控制藻类生长。苦草(*Vallisneria spiralis*)、穗花狐尾藻(*Myriophyllum spicatum*)、黑藻(*Hydrilla verticillata*)等沉水植物对总氮总磷的去除率高达 75%。滇池草海东风坝沉水植物修复示范区重新构造土著沉水植物群落，使得水体总磷浓度降低了 59.5%，叶绿素 a 浓度降低了 42.3%，水质得到明显改善。挺水植物对水体营养盐的吸收也具有良好的效果。风车草(*Cyperus alternifolius*)、海芋(*Alocasia macrorrhizos*)、水葱(*Scirpus tabernaemontani*)等 10 种挺水植物具有较好的河涌污水净化能力，总氮、总磷的平均去除率分别为 55%和 64%，其中花叶美人蕉(*Canna generalis*)对总氮、总磷的去除率高达 82%和 81%。漂浮植物目前研究较多的为凤眼莲(*Eichhornia crassipes*)，已有研究表明凤眼莲可有效去除富营养化水体中总氮、总磷含量，去除率分别为 82.1%和 55.2%。秦淮河的外港河长期遭受严重污染，通过引种凤眼莲改善水质，经过 5 个多月的治理，水体总氮含量下降了 49.7%，水体透明度从 40 cm 提升至 120 cm。凤眼莲漂浮在水面上，不仅可以通过与藻类竞争营养物质抑藻，还可以通过遮光效应抑制藻类生长，其覆盖度与遮光抑藻效果呈正相关。

大量研究利用气相色谱质谱联用仪(GC-MS)、液相色谱质谱联用仪(HPLC-MS)等分离植物化感物质，排除营养竞争、遮光效应，证实了植物化感抑藻作用。水生植物可以通过释放化感物质抑制藻类生长，目前报道的具有抑藻效果的典型水生植物及其所含主要化感物质总结见表7-10。沉水植物苦草释放的酚酸可以显著抑制铜绿微囊藻的生长；黑藻的养殖水可以抑制铜绿微囊藻生长，并且通过 GC-MS 发现，养殖水的抑藻活性物质为邻苯二甲酸二异辛酯、邻苯二甲酸丁酯 2-甲基丙酯等。挺水植物芦苇(*Phragmites australis*)释放的化感物质 2-甲基乙酰乙酸乙酯具有良好的抑藻效果，并且人工合成的 2-甲基乙酰乙酸乙酯也具有相同抑藻作用，说明可以通过人工合成化感物质进行抑藻。石菖蒲(*Acorus tatarinowii*)可以通过释放α-细辛醚和β-细辛醚抑制鱼腥藻和四尾栅藻的生长。互花米草(*Spartina alterniflora*)中含有的异荭草素和麦黄酮具有明显的抑藻效果，可以有效抑制球形棕囊藻(*Phaeocystis globosa*)、塔玛亚历山大藻(*Alexandrium tamarense*)等。漂浮植物凤眼莲可以有效抑制铜绿微囊藻、斜生栅藻(*Scenedesmus obliquus*)和塔玛亚历山大藻的生长，其具有抑藻活性的化感物质为亚油酸、亚油酸甘油酯、*N*-苯基-2-苯胺等。大薸(*Pistia stratiotes*)含有木犀草素等化感物质，可以显著抑制铜绿微囊藻的生长。

表 7-10 具有抑藻效果的典型水生植物及其所含主要化感物质

分类	名称	拉丁名	主要化感物质
沉水植物	苦草	*Vallisneria spiralis*	咖啡酸、阿魏酸、原儿茶酸、香草酸
	黑藻	*Hydrilla verticillata*	邻苯二甲酸二异辛酯、邻苯二甲酸丁酯 2-甲基丙酯、对羟基苯甲酸、顺式阿魏酸、原儿茶酸、香草酸
	穗花狐尾藻	*Myriophyllum spicatum*	咖啡酸、(+)-儿茶素、没食子酸、鞣花酸、邻苯二酚酸、特里马素Ⅱ
	金鱼藻	*Ceratophyllum demersum*	己酸、辛二酸、棕榈酸、戊二酸
	马来眼子菜	*Potamogeton malaianus*	脂肪酸、甾醇
	伊乐藻	*Elodea muttallii*	苯甲酸、对羟基苯甲酸、棕榈酸、壬二酸
挺水植物	芦苇	*Phragmites australis*	2-甲基乙酰乙酸乙酯
	石菖蒲	*Acorus tatarinowii*	α-细辛醚、β-细辛醚
	芦竹	*Arundo donax*	芦竹碱

续表

分类	名称	拉丁名	主要化感物质
挺水植物	荷花	*Nelumbo nucifera*	芹菜素、异槲皮苷、亚油酸、木犀草素、槲皮素、棕榈酸、对香豆酸
	互花米草	*Spartina alterniflora*	异荭草素、麦黄酮
漂浮植物	凤眼莲	*Eichhornia crassipes*	亚油酸、亚油酸甘油酯、*N*-苯基-2-苯胺、壬酸、丙酰胺、1-亚油酸基-外消旋-甘油
	大藻	*Pistia stratiotes*	木犀草素、棕榈酸、芹菜素、没食子酸
	睡莲	*Nymphaea tetragona*	槲皮素、对香豆酸、山奈酚、香草酸

利用水生植物控藻需要考虑水体的实际环境条件、植物的适应性以及物种间的相互作用，需要建立长效机制，长期跟踪监测管理，适时调整控藻方案，才可以有效抑制藻华暴发。但是，如果湖泊等水体面积过大，那么操作难度和不确定性将会增大，很难有效改善水体环境。因此，化感物质凭借其较高的抑藻活性以及较低的生态毒性逐渐走进研究学者的视野。直接投加化感物质抑藻的方式，易造成短时间内局部水体浓度过高，存在引发次生危害、抑藻效果维持时间较短等问题。借助缓释微球技术，搭载化感物质并将其缓慢释放的抑藻缓释微球逐步被研制出来，模拟水生植物化感抑藻的模式，提升了化感抑藻方法的持效期和生态安全性。例如，以海藻酸钠-壳聚糖为载体的木犀草素抑藻缓释微球，可持续高效抑藻超 49 天；搭载黄酮类化合物的抑藻缓释微球，其理论释放时间长达 120 天，足以覆盖整个藻华季节。

(三) 物理防控工程技术

上述控藻方法一般都需要较长的时间才可以有效控制藻华发生，因此需要在短时间内就能见效的应急控藻方法。物理方法可以快速控藻，主要包括机械打捞法、超声波法、曝气法等(表 7-11)。机械打捞法是目前最为成熟、普遍的应急控藻方法，可以快速去除有害藻类，并且该方法生态安全性高，不易对生态系统造成二次危害。但该方法需要消耗大量人力，一般在大面积暴发藻华时使用。曝气法通过水汽掺混，可以阻碍藻类在水面堆积，使藻类向下层水体迁移，从而抑制藻类的正常生长。该方法成本低廉，操作简单，但如果在浅水湖泊应用该技术，容易促进底泥中的营养物质重回水体，从而促进藻类生长，较为适合应用于深水水库。超声波法可以通过声波破坏藻细胞，致使藻类死亡，但是会导致藻细胞内的毒素释放。而使用低强度超声波虽然可以避免细胞破碎，但只能使蓝藻沉降，不能杀死藻类，并且由于超声波对其他水生生物也有影响，所以该方法目前仍存有一定争议。

表 7-11　物理防控工程技术

工程技术	优点	缺点
机械打捞	生态安全性高	成本高
曝气	操作简便、成本低、适用范围广	易加速底泥中营养物质释放
超声波	操作简便、成本较低	易对非靶向水生生物造成不良影响
机械加压	避免藻类在水面堆积	存在增加水质恶化的风险
物理阻隔	阻止藻华扩散	成本高、不能减轻藻华的生态危险

(四) 化学防控工程技术

化学控藻也属于应急控藻法，通过向水体投加化学物质，达到迅速消除蓝藻藻华的效果(表 7-12)。但是部分化学药剂难以降解，容易在环境中累积，并且对其他非靶向水生生物具有毒害作用，如硫酸铜、敌草隆等。此外，一些化学药剂的应用还会导致藻细胞破裂释放藻毒素，导致水质再次恶化。过氧化氢具有强氧化力，可以分解成水和氧气，并且对蓝藻的抑制效率远高于其他水生生物，可以达到选择性抑制蓝藻生长的目的，因此被认为是具有较高生态安全性的化学抑藻剂。但是过氧化氢分解速度过快，在水体中停留时间短，容易导致蓝藻藻华反复暴发，而加大过氧化氢投放量则会对其他水生生物造成不良影响。有研究表明，当过氧化氢投放浓度较高时，会降低浮萍的叶片存活率，也会对鲤鱼造成 DNA 损伤。

表 7-12　化学防控工程技术

工程技术	优点	缺点
金属抑藻剂——细胞毒性	成本低	对非靶向生物具有广谱毒性，在环境中存在积累效应，加速藻毒素释放
金属抑藻剂——絮凝沉降	成本低，合理使用下对非靶向生物毒性低，同时适用于磷去除	影响水体 pH，在水体停留时间较短时效果不明显
过氧化氢	成本低，对非靶向生物毒性较低，降解后无残留	降解速度过快，作用时间短，高浓度存在环境风险和操作风险
酞菁	生物降解性好	易造成水体染色(蓝/绿色)，影响美观
除草剂	成本低	对非靶向生物具有广谱毒性，毒性残留在水中，对饮用水安全具有一定风险

三、典型藻华防治工程

(一) 太湖藻华防治工程

太湖是中国第三大淡水湖，地理位置十分优越。20 世纪 80 年代之后，人口和企业逐渐增加，导致太湖水质逐渐下降，从贫营养上升至中营养。1987 年太湖北部梅梁湖水域暴发小规模蓝藻水华，当时未及时采取治理措施；1990～2007 年太湖水质快速下降，蓝藻暴发的频率和持续时间显著增加。为控制水体富营养化、改善水质，20 世纪 90 年代开始治理太湖污染，采取控源措施，主要控制工业污染。例如，1997 年国务院发布《关于环境保护若干问题的决定》，制定了治理太湖的“零点行动”方案，即太湖流域工业企业污水必须达标排放，短时间内有效降低了排入湖泊的污染物，但该方案并未减轻太湖的富营养化程度。为有效改善太湖水质，保障人民群众用水安全，由水利部统一管理，于 2002 年起开展“引江济太”调水工程，利用望虞河将长江清水引入太湖及周边河网，有效改善太湖东半部水域环境。

但在 2002～2007 年，太湖已处于中度至重度富营养水平，促使 2007 年蓝藻水华大面积暴发，引发无锡水污染事件。该事件发生后，党中央及地方政府高度重视，加大太湖治理投入力度，太湖流域经历了大范围、高强度的治理及修复，主要包括：

(1) 削减外源营养物质排入水体。以太湖流域上游地区为重点，太湖湖体和下游地区联动，减氮控磷。建设污水处理厂及配套污水收集管网，加强畜禽养殖废水防治，控制工业和生活点源等。

(2) 清除内源营养物质。太湖生态清淤是改善水质、抑制藻类生长的重要一环。太湖淤泥体量约为 1800 万立方米，从 2007 年至 2020 年间，无锡市共清淤 2300 万立方米。该方法可有效清除底泥中的总氮、总磷和蓝藻种源。

(3) 机械打捞。无锡市设有多个蓝藻打捞点，配备专业打捞团队及机械化打捞运输船只，蓝藻打捞常态化。根据资料统计，至 2017 年约打捞 1100 万立方米。

(4) 生态调水。“引江济太”为太湖流域水环境治理重要举措，该方法有效增加了太湖水资源量，加快了太湖水体流动速度，抑制太湖蓝藻大规模暴发。

(5) 生态保护修复。实施生态修复试验示范工程，恢复太湖沿岸湿地，构建水生植物群落，如适当降低太湖水位，增加水底光照，以利于修复沉水植物群落和沿岸芦苇湿地。

自 1997 年的“零点行动”以来，太湖经过多年的治理，已取得了较为明显的成效，有效减轻了富营养化程度，但每年仍会暴发蓝藻水华。因此，太湖全面实施五级河长制湖长制体系，采用技术集成综合措施，力争消除太湖蓝藻暴发。

(二) 于桥水库藻华防治工程

于桥水库是天津重要的饮用水水源地，总库容 15.59 亿立方米。因其磷污染和富营养化等问题影响供水安全，受到广泛关注，于 1997 年首次发生藻华事件。我国高度重视天津饮用水安全问题，将于桥水库划定为饮用水水源保护区，协同天津市多管齐下整治于桥水库污染问题。主要防治工程技术如下：

(1) 加强水库源头治理，改善上游来水水质，削减外源营养物质。天津、河北两省市建立引滦入津上下游横向生态补偿机制。引滦入津工程是将河北省滦河水跨流域引入天津市的城市供水工程，水源地为潘家口水库，后流经大黑汀水库，进入于桥水库。2000 年左右，由于潘家口水库大规模发展网箱养鱼，导致水库水质快速恶化，顺流而下进入于桥水库，促使于桥水库暴发蓝藻水华。因此，为最大限度减少于桥水库入库水污染问题，河北省大力推进潘家口水库、大黑汀水库周边农村环境综合整治，减少农业面源污染。此外，天津市蓟州区也将于桥水库周边农村群众生活污水全部纳入主管网，集中进入污水处理厂进行处理，致力于将汇入于桥水库的污染降到最低。

(2) 开展污染底泥清淤工程，清除内源营养物质。天津市投入资金 3.2 亿元，实施了于桥水库污染底泥清淤工程，于 2018 年完成了水库清淤，累计清除水库底泥 458 万立方米，有效清理水库多年堆积的富营养化物质，降低水库氮磷含量，遏制藻类大量繁殖。

(3) 实施生态扩容，优化水库生物结构。开展于桥水库系列水生植物修复，投放水生植物浮床，2017～2020 年累计投放水生植物 871 余万株。采取水库菹草打捞行动，防止菹草大量死亡腐烂造成二次污染，2017～2020 年累计打捞菹草 95.1 万立方米。科学增殖放流，2017～2020 年累计投放鱼蟹约 4887 万尾，并且实行禁渔期禁渔区制度。2020 年于桥水库水生植物出现多样化生长现象，从以单一菹草生长为主，变为由漂浮植物、挺水植物、沉水植物组成的水生植物群落，水库内生物多样性开始逐渐恢复，水库生态环境呈向好趋势。

(4) 开发藻华监测预警系统，全面掌握于桥水库水环境变化动态。自 2018 年水库藻华多模式预测模型系统运行以来，已连续 5 年为于桥水库环境管理决策提供重要技术支撑。

于桥水库入库水污染严重，导致水库富营养化，水质下降，水生态环境遭到破坏，丧失自净能力，蓝藻水华大规模暴发。为改善于桥水库水生态环境，遏制藻华暴发，保证饮用水安全，天津市联合河北省采取了一系列措施，逐步修复水库水生态环境。于桥水库经过多年的综合治理，水质呈逐年向好趋势。2018～2022 年，于桥水库总体水质均达到地表水Ⅲ类，并且汛期没有发生明显藻华现象。

第七节　流域环境恢复生态工程

通过实施退耕还林、退田还湖和河道生态修复等工程及管理措施，提高流域生态环境承载力。恢复流域与河流生态系统，恢复地下水位和湿地，使流域的总体生态环境得到恢复，流域内呈现水流岸绿、山清水秀、生机盎然的景象，最终使生态环境能够适应流域经济社会可持续发展的需要。

一、退耕还林还草工程

退耕还林还草的内涵：退耕还林还草是指从保护和改善生态环境的角度出发，将易造成水土流失的坡耕地和易造成土地沙化的耕地，有计划、有步骤地停止继续耕种，本着宜林则林、宜草则草的原则，因地制宜地造林种草，恢复植被。

退耕还林还草的核心内容：在对土地资源进行适宜性评价的基础上，从保护和改善生态环境的角度出发，将坡度达到25°，曾是林(草)地或其他类型的土地资源，在人口过多的压力下被开垦为耕地，而现在不适宜作为耕地的土地资源，转换土地利用方式，变更为从事林(草)地的系统工程。

退耕还林还草工程适宜性：退耕还林还草实际上是一个退化生态系统的恢复或重建问题，是改善区域生态系统服务功能的一项重大举措，其实质是将低产的、环境危害严重的农田生态系统转变为林草生态系统，在建设的过程中应考虑其适宜性。

(一) 生态适宜性规律

退耕还林还草的问题首先是一个生态适宜性问题，纬度地带性、经度地带性和垂直地带性及其水热光组合模式，是确定恢复植被类型的基础。在大尺度上区分退耕地属于森林气候、草原气候还是荒漠气候是确定特定区域还林或还草的重要依据。天然分布植被是人工还林还草的最基本参照物，是植物物种与环境之间长期演替和自然选择的必然结果。

我国受季风性气候的影响，降水一般自东南向西北递减，东南半部(大兴安岭—吕梁山—六盘山—青藏高原东缘一线以东)是森林区，西北半部是草原和荒漠区。气温由北向南递增，表现为寒温带—温带—暖温带—亚热带—热带气候。由于海陆地理位置所引起的水分差异，从沿海的湿润区，经半湿润区到内陆的半干旱区、干旱区，植被类型表现出明显的沿经度方向的更替现象，顺次出现森林带、森林草原带、草原带、荒漠带。除有灌溉和集流条件的地方适宜退耕还林外，其余干旱区、半干旱区，即年降水量在400 mm以下地区，退耕还草更为适宜。年降水量低于400 mm的山地，恢复乔木植被相当困难，对提高森林覆盖率不能期望过高。在黄土高原半湿润区，年降水量 500 mm 以上的山地，发展油松、云杉、落叶松用材林具有一定潜力；低于 300 mm 的地区，则属于干旱的荒漠草原气候，无法大面积还林。

(二) 土地适宜性规律

土地适宜性是指在一定环境条件下土地对从事农林牧生产的适宜程度，包括在当前环境条件下的适宜性和改良后的潜在适宜性，一般更看重后者。组成土地的各要素，如气候、地形、土壤、植被、水资源及有关社会经济条件对农林牧用途有不同的适宜性和限制性，一般选取水分、气温、坡度、有效土厚度、土壤质地、土壤侵蚀强度、盐渍化程度、水文与排水条件、有机质含量和生物产量等作为土地质量鉴定的评价因素。

二、退田还湖工程

历史上长江中下游有众多的湖泊与洼地调蓄洪水，至 1949 年尚有通江湖泊，面积为 17200 km^2。由于泥沙的逐年淤积，人类逐渐对江湖洲滩进行开发利用、围垦建垸等，湖泊自然水面逐渐缩小，目前只剩有鄱阳湖和洞庭湖两个通江湖泊，共有湖泊面积约 6600 km^2。据调查自 1954～1978 年，鄱阳湖区在 21 m 高程围垦总面积就达 1210 km^2。人们对河湖滩涂围垦造田的活动，在一定时期内确实解决了部分地区和人们的衣食问题，但却对江河流域的自然生态环境造成了较大的影响。1998 年长江全流域性大洪水，就给了我们一个极大的启示，人类在改造自然活动，兴利除弊的同时，更应遵循自然发展的规律，营造生态环境的良性发展。

自 1998 年特大洪水后，为治理江河流域、根治水患、进行灾后重建，国务院及时提出了“封山植树，退耕还林；平垸行洪，退田还湖；以工代赈，移民建镇；加固干堤，疏浚河湖”的 32 字方针。“平垸行洪，退田还湖”是其中一项重要的内容，旨在通过“平退”影响江湖行蓄洪或防洪标准低的洲滩民垸，提高江湖行洪、调蓄洪水的能力；同时“移民建镇”是将居住在列入“平退”圩垸内及临近河湖、常受洪涝威胁的洲滩民垸中的居民搬迁至不受洪涝影响的地方安居乐业。这既是变被动抗洪救灾为主动防灾减灾、根治水害的重大举措，也是恢复和保护生态环境并使之可持续发展的战略方针。

退田还湖区生态农业模式组建与建设效益：目前“平垸行洪，退田还湖”采取退人不退田的“单退”和既退人又退田的“双退”两种方式。“单退”即是“低水种养，高水蓄洪”，遇一般洪水仍可进行农业生产，遇大洪水时分蓄洪水或行洪；“双退”即平圩清障彻底放弃耕作，还圩区为天然湖面。如果全部采取“双退”方式，由于大洪水到来之前，大部分容积已充蓄，真正能起到调洪削峰的容积很少，防洪作用较小；采取“单退”的圩区部分容积可作为类似于分洪区使用，这样既可较好地发挥蓄洪削峰作用，又有利于移民的生产生活，减轻政府负担。

根据种植业生态工程，养殖业生态工程原理和退田还湖区的景观生态结构与功能，在单退垸、双退垸等不同区域组建合理利用空间与资源的多种复合高效的避灾生态农业发展模式，以达到安全行洪减灾与区内人民生存发展致富的有机统一。

(一) 单退垸生态农业模式

单退垸将其原来封闭的围垸垦殖方式，改造为半封闭式的种养业，即成为“低洪保，高洪弃”的景观生态类型。正常洪水年份垦殖生产，大洪水年份开闸蓄洪。受水情变化的制约，一年中有可能进水淹没一次甚至多次，也有可能几年也不会淹没一次。且应根据相应的水淹概率和部位，考虑充分利用洪水前后的空隙与避洪等因素，在垸内建立多种避洪耐渍型的生态农业模式。

(1) 高地势生态农业模式。该模式适用于地势较高，多数年份为陆地，只有在大洪水年才起蓄洪作用的区域，且淹没时间短。为保证大洪水年仍然可发挥蓄洪作用，适宜发展鱼、猪、蚕、禽的池塘复合循环生态农业模式，在低洼地筑堤造池塘，池塘周围堤上建舍养猪、禽、蚕，堤坡上植桑、种饲料作物，喂蚕，养猪，池塘内放鱼、鸭、鹅。猪、蚕、禽等粪料放入池中喂鱼，形成一条完整的食物链，使种、养业在水体与周围旱地两个不同空间中形成良性循环。宜林高位湿地，可实施以林为主的林、芦、牧、鱼共生模式，在避水区开沟配渠，平整土地，营造耐渍性强、效益高的欧美黑杨速生林，林间植芦或种草放牧，沟渠内养鱼。但在洪水和钉螺风险大的地段，需控制芦苇面积，放牧以围栏方式为主，以利行洪，防止钉螺感染。

(2) 季节性淹没区生态农业模式。该区域多属洪水年，6～9 月淹没在水下的中、低位湿地。应准确掌握湿地显露与淹没规律，巧妙地利用时间和空间，发展牧、稻、鱼、禽共生模式。湿地显露期放牛羊，割草养鱼喂兔，用机械割草，打捆筛螺，堆放升温，使湖草达到无害化后储蓄，以保证淹水期和冬季枯草期的饲草供应。在低洼地带筑坝拦蓄，或挖沟渠降低高程，使湿地淹没期增大水面和水深，以利于调洪、落淤、种稻、养鱼、放鸭鹅。在非洪水季节，该区域相当于池塘养殖，可按池塘养殖方式管理，在洪水季节该区域相当于围网养殖。

常年淹水区适宜发展立体混养与网箱养殖模式，分层次养殖不同食性的鱼、珠、蚌或鱼、鳖等特种水产，形成复合立体的特种养殖模式。由于鱼、珠、蚌和鱼、鳖生活在不同层次的水体空间，能充分利用不同层次水体空间的光照、养分等条件，形成较为合理的层次结构，具有较高的集约化程度网。深水区也可发展网箱养鱼辅以幼鳖套养模式。该模式是高强度的集约化养殖方式，易于管理，对洪水抗性强，但科技含量高，应通过人工繁殖、苗种培育和饲料配方等技术解决好品种选择、种苗供应、鱼病及环境污染防治问题。

(3) 渍水低田耐涝生态农业模式。其将退田还湖后的渍水低田，划湖切块，形成网格型池田，积极发展以水生蔬菜为主、辅以稻-鱼轮作模式，也可进行珍珠、河蟹、青虾等特种养殖，形成多样化的、高效复合的多功能耐涝生态农业发展模式体系。

(4) 湿地生态旅游园模式。在湿地生态系统较为完整的单退垸中，以恢复和保护湿地功能为中心，相应建立野生水生植物保护圈、国家珍稀濒危鸟类保护区等以生态链为主体的水生植物种植园、特种水产养殖塘、水禽与陆禽饲养场和天然畜牧场等，同时进行游览中心、观鸟台、游道和交通系统等设施建设，使之成为人与自然和谐相处的乐园。

(二) 双退垸生态农业模式

双退垸即退人又退田。对行洪不利的堤垸彻底实施平垸行洪，使之成为行洪区，这类垸受湖泊水位涨落的制约，多为季节性和常年性淹水区域，这就为水生种植和养殖提供了广阔的空间，适宜推行的避洪抗洪生态农业模式主要有以下几个。

(1) 水生蔬菜与水生饲料种植模式。在水流缓慢的滞洪区和回水区，种植耐水性强的莲藕、菱白、菱角等水生蔬菜和浮萍、水浮莲、水葫芦等水生饲料，并通过大力开发种植技术，培育优良品种，在行洪避水区逐步形成无害水生蔬菜园和优质水生饲料基地。

(2) 鸭鹅规模养殖，辅以天然捕捞模式。在避开水流主要通道的水域区，既有丰富的水草资源和水产下脚料，又有品种多样的天然鱼虾，可发展速生鸭、鹅等水禽。采用群体放养方式，配建饲养场、水禽防疫站、饲料储存库、宰杀场、食品加工厂，以形成集中管理和规模经营体系。同时开发天然渔业捕捞技术，提高捕捞产量。

(3) 网箱养殖与围网精养模式。该模式具有养殖强度大，集约化程度高，抗洪性强，适宜平垸行洪区大水面开发，但投入大，养殖技术要求高，应积极开展对优质品种的筛选与培育、饲料配方与投喂标准、放养强度及鱼病防治等精养配套技术的综合开发与应用。

(4) 在季节性淹没区，地势较高，仅一般洪水年的主汛期(7～8 月)受淹行洪，阻洪不大，可发展以林为主的林、作物、蔬菜共生模式，种植阻洪不大、耐涝性强的欧美杨、杞柳等速生工业用材林，林间栽种西瓜、豆类、玉米等早熟夏季作物和冬季蔬菜。为充分利用洪水前后的空隙，还可选择特早熟稻品种，种植优质水稻，在 7 月上旬收获，高洪水位淹没期休耕，9 月下旬退水后可种植冬季作物或冬季蔬菜。

三、河道生态修复工程

河道是包括河堤、河床、护坡、水体和生物等的复杂生态系统，既是防洪排涝和引水抗旱的通道，又是生态、景观、休闲和旅游的重要场所。随着人口及社会经济的迅速发展，河道的生态环境状况越来越差，给河道景观和居民身体健康带来了严重危害，正日益成为困扰社会发展的重要瓶颈之一。在传统的河道整治过程中，通常采用的硬化河床、修筑石块和混凝土护坡等做法虽然有利于河道清淤和维护岸坡的稳定性，但也带来了严重的生态环境问题。据报道，目前我国已整治的河道中有 58%以上达不到设定功能区的水质标准，同时河床硬化覆盖阻断了地下水的补给。随着可持续发展意识的增强，河流生态系统的修复问题受到社会各界的广泛关注。河道生态修复技术具有处理效果好、工程造价低、无须耗能和运行成本低等优点，因此成为河道修复的一种新措施和发展方向。

河道生态修复指利用生态工程学或生态平衡、物质循环的原理和技术方法或手段，对受污染或受破坏、受胁迫环境下的生物生存和发展状态的改善、改良或恢复、重现。河道生态修复主要通过在河道中创造适合于河道各类生物生存的生境条件，形成各种生物群落配比合理、结构优化、功能强大和系统稳定的河流生态系统，重建受损河流生态系统的结构和功能。

(一) 河道生态修复原则

20 世纪 80 年代后，国外许多水利工作者纷纷开始思考生态河流的构建技术，并提出了自己的理论。瑞士、德国等国家于 20 世纪 80 年代末提出了全新的“亲近自然河流”概念和“自然型护岸”技术；20 世纪 90 年代初，日本提出了“多自然型河川整治”技术、美国提出了“自然河道设计”技术等。在河道生态修复过程中，应重视中国特色，适合我国实际情况的河道生态修复技术应该遵循以下原则。

(1) 结构整体性与功能复杂性。生态河流是由水流及其中的动物、植物、微生物和环境因素构成的生命系统。河流内部各生态要素进行复杂的物质、能量和信息交换，使它们相互依赖，不可分割，组成了有机的生命整体，从而保持河流的健康可持续发展，发挥河流的生态功能。生态河流内部有丰富的水量、多样化的栖息地以及丰富的营养物质，从而能够从周围环境中吸收更多的生物、物质和能量。河流有栖息地功能、过滤屏蔽功能、廊道功能和汇源功能。河道生态修复应注重满足河流的多重生态功能，应避免仅注重其中一项或几项功能，其结果都会导致生态系统结构的不完整或河流生态环境的恶化。

(2) 物种组成多样性。物种组成多样性不受外界干扰的自然河流，内部的物种多样性非常丰富。生态河流构建应以自然河流为参照，创造多样化的生物栖息环境，使河流在尽可能短的时间内具备多样性丰富的物种和完善的生物群落。河道生物多样性丰富，能够为河流生物有稳定的基因遗传和食物网络，维持系统的可持续发展。例如，台北市大沟溪生态整治后，河流系统生物数量大幅度增加，并且出现了原来河流中并不存在的生物。同时，生态河流丰富的物种多样性，也能够调节周围环境的生物数量，使周围生态系统保持平稳状态。

(3) 景观结构开放性和多样性。生态河流是一种开放的生态系统，具有良好的连通性，为物质、能量和信息的传递提供了通道。河流生物能够在上下游、左右岸、干流与支流、河流与湖泊之间，或者在河流的周边来回迁移。同时也应确保河流与周边环境的连续性。传统的河流整治，主要出于防洪安全目的，对河流进行裁弯取直或采用单纯的规则断面，使河床平直，河水流态单一，很难为生物提供丰富多彩的栖息环境。河道生态修复必须利用自然河势，避免简单地对河流裁弯取直和规则化断面，最大限度地利用河流的自然恢复能力，尽量保护、恢复河流原有的状态。依据生态学原理，模拟自然河道，制造水陆交错、蜿蜒曲折或处于分汊散乱状态，或依山傍水，或河湖相连，深潭与浅滩相间的多样性河流景观。

(4) 取材本土性。生态河流在构建过程中，应尽量使用当地的土壤、石块、木材和物种，防止外来物种入侵。在工程实施过程中，要充分考虑所用材料与周围环境的协调性，尽量保留原有的河流生态要素。

(二) 河道生态修复技术

(1) 生态河床修复技术。其去除传统整治河道铺设在河床上的硬质材料，恢复河床自然泥沙状态，恢复河床的多孔质化，建设生态河床，为水生生物重建栖息地环境。以生物防护稳定河床、改善河床生态环境的方法符合人与自然和谐相处的科学发展观，增强了河道生态的自然修复功能，有效地提高了河道行洪能力，改善了河道生态环境，为人们提供了良好的亲水环境。

(2) 生态护坡修复技术。传统的河道整治方法往往忽视生态，把护坡建成直立式或用钢筋混凝土覆盖护坡，从而破坏了生物的生长环境。从修复河道的生态环境出发，有条件的护坡都应种植草坪或灌木，草坪和灌木可有效增强护坡的稳定性、防止水土流失，为此可在坡面植草或灌木。同时，运用生态工程的技术与方法，充分发挥护坡植被的缓冲功能，恢复和重建退化的护坡生态系统，保护和提高生物多样性。

(3) 生态河堤修复技术。河堤具有廊道、缓冲带和植被护岸等功能，不仅可为防洪安全提供可靠保障，同时还是人水相亲的风景线。因此，不仅要高度重视加固堤防工作，而且要同步实施河堤的生态修复工作，把河堤建成防洪和生态兼顾的绿色坚固长廊。通过建设河堤，使河堤符合防洪标准；通过实施河道沿线景观综合整治工程，使河道实现水清、景美的目标，成为自然景观与人文景观相协调的河道生态景观区。

(4) 生态水体修复技术。河道生态修复的首要任务是水体水质的修复：一是控制污染物流入，增加水量，稀释污染物，输移污染物，提高水体的纳污能力，提高水环境容量和水环境承载能力。二是采取工程措施提高河道本身的自净能力和恢复水体水质，主要方法有：①通过水利设施调控引入污染水域上游或者附近清洁水源的水进行冲刷、稀释污染河道，以改善河道水环境质量；加大河道的枯水期流量，增加河道的稀释能力。②人工增氧的应急方法，对河道水环境的改善具有极其重要的作用。人工增氧能加快水体中溶解氧与污染物质之间的氧化还原反应速度。提高水体中好氧微生物的活性，加快有机污染物的降解速度。

(5) 生态缓冲带。生态缓冲带的构建是河道与陆地交界的一定区域内建设乔、灌、草相结合的立体植物带，能够控制水土流失、防止河岸冲刷、对外界带来的氮、磷等污染物起到过滤作用，同时可以为鸟类和水生生物提供必要的栖息地。缓冲带的构建包括两项内容：一是缓冲带宽度的确定；二是缓冲带植被的选取。缓冲带宽度的选取与河岸的坡度、土壤渗透性、稳定性、河流水文情况、周边环境和缓冲带所要实现的目的功能有关。在一般情况下，缓冲带的功能决定了缓冲带的宽度，并不存在一种普遍的能够起到净化水质、稳固河堤、保护鱼类和野生动植物以及满足当地人生活需求等各种效果的生态缓冲带。在河流及其周边，原本生长着与该地环境相适应的植物，并为鱼类、鸟类和昆虫类等动物提供了生存环境。因此，原则上应尽量选择该河道原有的植物品种用于生态带构建，减少外来品种的引入。

(三) 面源污染河道生态修复工程实例

本节以浙江省湖州市长兴县吕山乡面源污染河道为例，介绍河道生态修复实例。面源污染河道生态修复工程技术路线如图 7-13 所示。

面源污染河道生态修复工程建议重点建设农田土壤氮磷原位减排(源头减排调理)、农田生态沟渠拦截(过程拦截强化)、种植农药减量(源头减量)和受纳水体生态修复(系统消纳耦合)四大技术工程。

1) 农田土壤氮磷原位减排

根据推广应用区的土壤调查数据，制订面源调理剂关键应用参数及方案，并

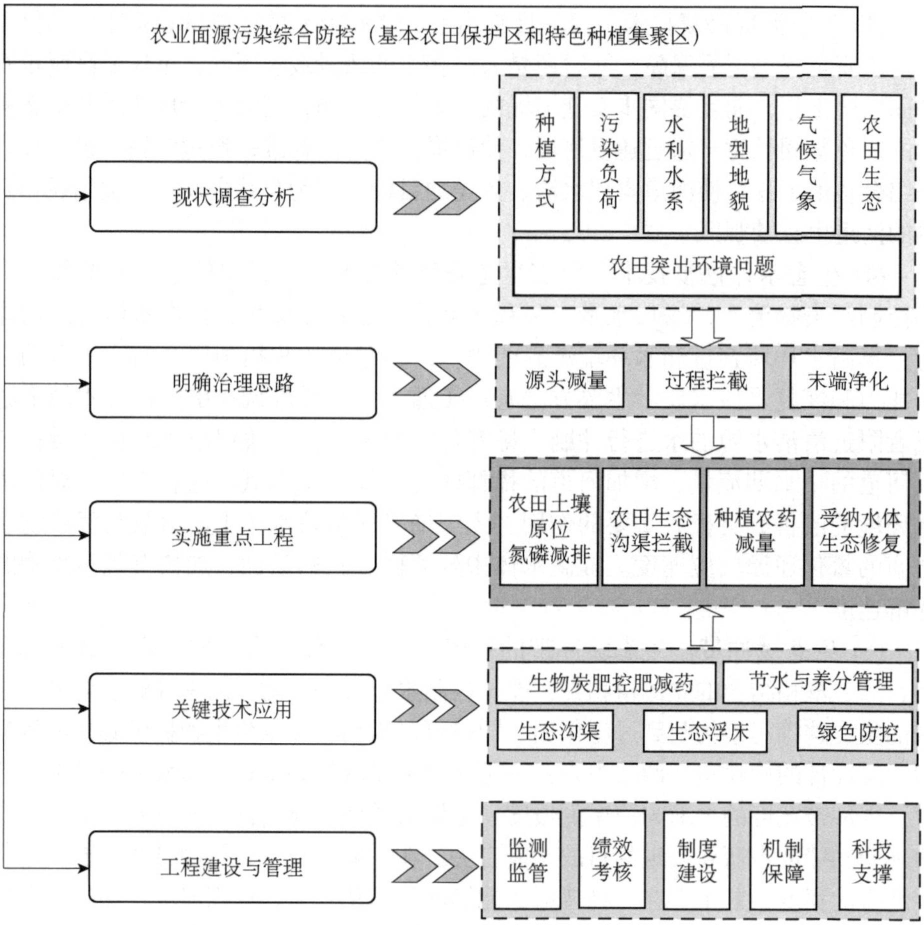

图 7-13 面源污染河道生态修复工程技术路线

结合干湿交替灌溉(AWD)技术与实地养分管理(SSNM)技术，实现农田土壤氮磷原位减排，具体实施流程如图 7-14 所示。

面源调理剂可以结合推广应用区农业生产特点，如以“功能生物炭”配制而成。水分管理可以采用 AWD 技术，该技术力求在充分利用土壤种类、作物特点以及气象预报等方面上寻找合适的灌水安全阈值，从而在不降低粮食产量的基础上节水 15%～30%。养分管理建议根据叶绿素仪记录的叶绿素含量(SPAD 值)或叶片比色卡(LCC)的计数来监测水稻生长过程中的养分需求，同时根据植株的实际养分状况来判断和调整分蘖期和拔节期所需的追肥量(图 7-15、图 7-16)。

配套土建工程包括农用设施仓库、消防设施及配电室用房、径流池、抽排池以及土地整治等(表 7-13)。

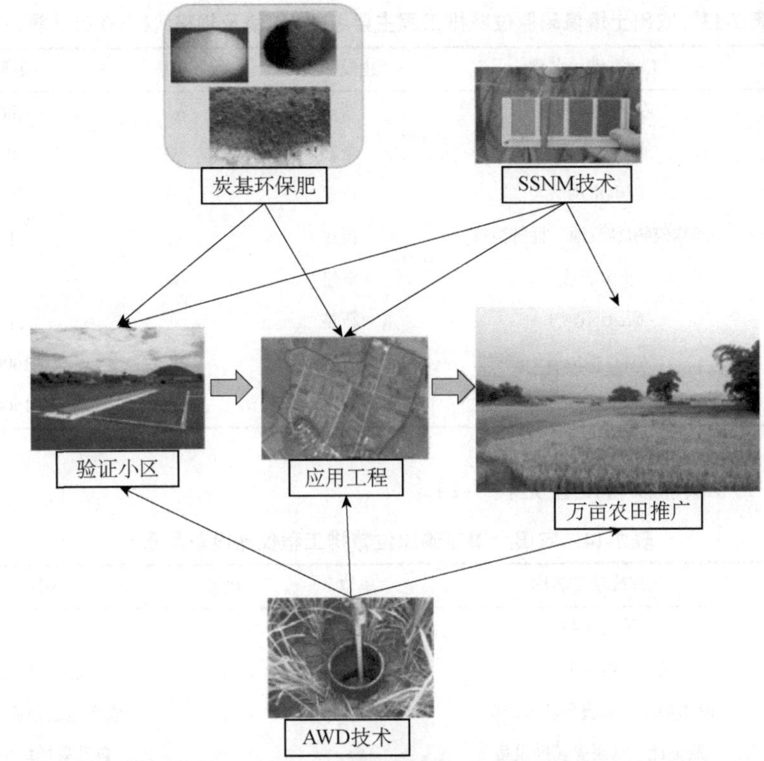

图 7-14　农田土壤氮磷原位减排工程流程

图 7-15　田间水位 AWD 监控

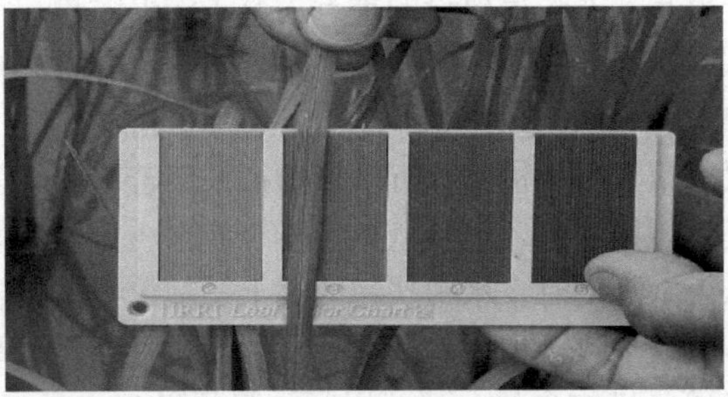

图 7-16　水稻实地养分管理叶片比色卡

表 7-13　农田土壤氮磷原位减排工程主要建(构)筑物及规格(以 500 亩计算)

序号	工程和费用名称	建设性质	单位	数量
1	农用设施仓库	新建	m^2	100
2	消防设施用房	新建	m^2	30
3	配电室用房	新建	m^2	20
4	田间构筑物(径流池、抽排池等)	新建	座	1
5	土方工程	新建	项	1
6	面源调理剂	新建	t	115
7	AWD 灌溉管	新建	只	1000
8	SSNM 叶片比色卡	新建	张	1500

本项工程仪器设备配置见表 7-14。

表 7-14　农田土壤氮磷原位减排工程仪器设备配置

序号	工程或项目名称	单位	数量	备注
1	消防水泵	套	1	
2	供、配电仪表仪器	套	1	自动采样机配套
3	降雨触发式径流自动采样机	套	1	农田地表径流监测
4	流量计、水泵等辅助设备	套	1	自动采样机配套
5	集装箱	套	1	
6	App 控制	套	1	

2) 农田生态沟渠拦截

农田沟渠是农业地表径流汇入河流、湖泊等天然水体的必经通道，因而对农业面源污染的削减起着极为重要的作用，建议对推广应用区部分沟渠进行生态化改造，确保在不影响排灌水等功能的前提下，通过多种水生植物的优化配置、设置氮磷去除装置以及底泥捕获与微水循环装置等措施，强化其污染拦截能力。承担排水任务的主干渠是生态沟渠建设的重点。鉴于沟渠防渗、污染物截留效率等因素考虑，沟底采用三维植物网+多孔板，沟壁采用六边形护坡砖、生态混凝土等组成“全护砌型”，并在沟壁刷涂高效复合氮磷拦截层材料，在空心砖空隙区种植狗牙根草和黑木草等当地植物，沉水植物拟采用苦草和菹草组配，增加水路连续性的同时，提供生物生长环境及栖息场所，使水、土、植物等共同形成了一个生态系统。水从渠中流出时，水中挟带的泥土等颗粒物可以被水生植物和草拦截下来，从而减少水土流失，降低农业面源污染。为了便于调节水量、沉降底泥、降低水中氮磷等污染物含量，建议田间沟渠每隔 20 m、其余沟渠每隔 50 m

设置氮磷去除装置。每个氮磷去除装置设置 3～5 个生态袋，袋中装有碎石、多面空心球、反硝化吸磷基质、生态混凝土和美人蕉，装置深度低于沟渠，折流板的目的是减缓流速，并通过多次转变水流方向，使得水流充分接触氮磷去除模块，降低水中氮磷等污染物含量，并捕获部分底泥。

为了更好地去除沟渠污染物，可在生态沟渠交叉节点增设节点水微循环装置，即浇筑边长为 1.2 m 的方形集水池，集水池通过溢流阀和混凝土管道与沟渠相连，在集水池中央底部挖深 30 cm，放置太阳能水泵，在上部布网(有横条固定)并放置底部穿孔的容器，水泵通过一个 PVC 管穿过容器底部的孔。运作时太阳能水泵将坑里的水通过 PVC 管泵入容器，待容器中水满溢出后又回到坑中，实现跌水曝气加强污染物去除的目的，同时又能增加水流中的氧气，易于微生物的生长，降低氮的含量。

同时，建议在推广应用区现有池塘基础上建立生物滞留池工艺。生物滞留池拟采用路缘石开口单点进水的形式，开口位于生物滞留池和水田湿地的相交处。由于采用的是集中进水形式，建议设计防冲刷保护措施，即在进水口布设石块，达到降低流速和分散水流的目的。预处理池位于进水口与生物滞留池之间，目的是去除粒径大于 1 mm 的颗粒并暂时储存。填料层由过滤层、过渡层和排水层组成，其中过滤层填料为细砂，有机质含量为 3%、外渗营养土，pH 为中性，过渡层填料为粗砂，其粒径和过滤层填料为一个数量级，排水层填料为碎石，粒径平均约为 5 mm。排水层朝向溢流井有 0.5%的坡降，在池底和四周设置防水土工布。为了提高滞留池的水流净化能力和景观效益，滞留区栽种植被宜选择氮、磷、钾及重金属固定能力较强、耐淹能力强的当地植物，建议选择美人蕉、黄菖蒲。通过生物滞留池中的植物、土壤和微生物系统的处理，可以达到蓄渗、净化水流的作用。植物具体配置参数见表 7-15。

表 7-15　生态沟渠植物配置

种植植物	最佳种植密度	主要习性特征
狗牙根	5～8 g/m²	低矮草本，具根茎，下部匍匐地面蔓延生长，直立部分高为 10～30 cm，直径为 1.0～1.5 mm
黑木草	5～8 g/m²	多年生草本，具细长根茎，多分枝；宽为 2～4 mm，高度一般为 3～5 cm
秋英	15～30 g/m²	又名波斯菊，一年生或多年生草本，高为 1～2 m，舌状花颜色多样；花期为 6～8 月，果期为 9～10 月
苦草	24 株/m²	沉水草本，具匍匐茎，叶基生，对氮、磷等污染物具有高效的吸收作用
菹草	24 株/m²	多年生沉水草本植物，有近圆柱形的根茎，生于池塘、沼泽或沟渠中
红叶石楠	25 株/m²	常绿小乔木，春季新叶红艳，夏季转绿，秋冬春三季呈现红色，霜重色越浓，低温色更佳
紫薇	2 株/m²	千屈菜科紫薇属落叶灌木或小乔木，株高为 2～5 m，花期为 6～9 月
粉美人蕉	27 株/m²	多年生草本植物，全株绿色无毛，株高可达 1.5 m，花期为 3～12 月

该技术土建工程主要建(构)筑物及规格见表 7-16。

表 7-16　农田生态沟渠系统拦截工程主要建(构)筑物及规格(以 500 亩计算)

序号	工程和费用名称	建设性质	单位	数量
1	排水闸门	新建	个	320
2	生态沟渠	新建	m	3520
3	生态沟渠六角砖护坡	新建	m^2	1600
4	生物滞留池	新建	m^2	2100
5	生态护坡	新建	m^2	3000
6	土方工程(土方开挖、回填、外运和场地平整等)	新建	m^3	40000
7	水位调节池	新建	m^2	100
8	氮磷去除设施	新建	座	184
9	氮磷去除基质	新建	套	600
10	高效复合氮磷拦截层涂料	新建	m^2	1600
11	面源拦截剂(用于绿化带)	新建	kg	1500
12	节点水微循环设施	新建	座	6
13	集水井	新建	个	13
14	出水口	新建	个	318
15	水田湿地平整费	新建	亩	552
16	柏油路	新建	m^2	1162
17	4.0 m 宽水泥路拓宽	扩建	m^2	1280
18	道路绿化	新建	m	3000

本项工程仪器设备配置见表 7-17。

表 7-17　农田生态沟渠系统拦截工程仪器设备配置

序号	工程或项目名称	单位	数量	备注
1	配水泵	套	2	监测小区用
2	太阳能监控套件	套	5	微水循环设施配套

3) 受纳水体生态修复

面源污染河道建议采用基于微纳米曝气技术的河道污染立体修复技术。该技术从上到下不同层次主要由六个部分组成：①修复植物；②基质层；③固定系统；④复合菌群载体系统；⑤动物处理体系；⑥微纳米曝气。河道污染立体修复平台的组成结构为：以人工浮体为载体通过固定系统将水生植物固定于河面上，浮体下挂特殊材质组成的复合菌群载体，载体中附着生长亲水型复合菌群系统，系统最底层设置动物处理体系(图 7-17)。微纳米曝气是一项新型的水处理技术，可应用于二级和三级水处理工艺过程中。微纳米曝气与传统曝气方式相比，微纳米气泡水具有气泡小、比表面积大、上升速度慢和水中停留时间长等优势。

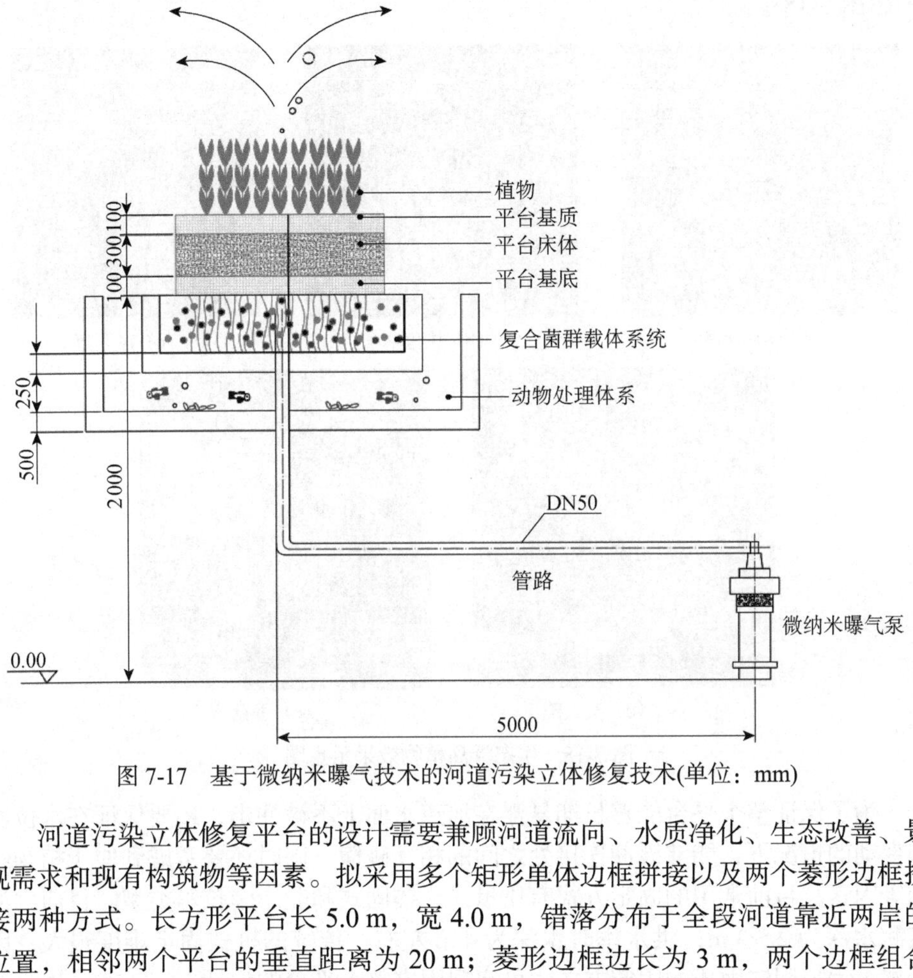

图 7-17　基于微纳米曝气技术的河道污染立体修复技术(单位：mm)

河道污染立体修复平台的设计需要兼顾河道流向、水质净化、生态改善、景观需求和现有构筑物等因素。拟采用多个矩形单体边框拼接以及两个菱形边框拼接两种方式。长方形平台长 5.0 m，宽 4.0 m，错落分布于全段河道靠近两岸的位置，相邻两个平台的垂直距离为 20 m；菱形边框边长为 3 m，两个边框组合成一个整体，放置于南北流向的河道中央的位置，与相邻的距离为 30 m。平台基底要求坚固、耐用、抗水蚀，目前一般使用不锈钢管、木材和毛竹等材料。本工程采用聚乙烯管材，该材料无毒无污染，持久耐用，且质量轻，持久抗水蚀。平台床体是植物栽种的支撑物，也是整个平台浮力的主要提供者。采用聚乙烯材料浮件，该材料具有使用寿长、浮力大、无毒无害和施工方重复利用率相对较高等优点。为达到理想效果，应对植物进行合理搭配，如深根系植物与浅根系植物搭配，吸收 N 多的植物与吸收 P 多的植物搭配，以及常绿植物与季相搭配等。

生态浮床的植物配置忌单一品种，以避免出现季节性的功能下降或功能单一。不仅在视觉效果上相互衬托，形成丰富而又错落有致的效果，对水体污染物处理的功能也能够互相补充，有利于实现生态系统的自我循环。结合推广应用区的实际情况，可采用鸢尾、梭鱼草、风车草、美人蕉和香菇草等水生植物配合搭配(图 7-18)。

(a) 鸢尾　(b) 梭鱼草　(c) 风车草

(d) 美人蕉　(e) 香菇草

图 7-18　生态浮岛植物效果示意图

为了保证整个平台能够长期悬浮在河道水面上不被冲走，还要保证在水位剧烈变动的情况下，能够缓冲连接处之间的相互碰撞，同时还要考虑到便于植物收割等因素。目前常用的固定方式有质量式、锚固式和驳岸牵拉等类型。目前大河实测水深为 2～3 m，洪水季时水深为 4 m 左右，传统的桩式固定难度很大，因而本工程采用锚固式的固定方式，可实现固定整个平台的设计。

为强化平台的净化功能，采用环境友好型生物膜载体基质材料作为平台基质(图 7-19)，其具有较强的生物亲和性、吸附性能，并能保证植物根系生长。每个平台建议使用 5 kg 高效复合微生物菌群载体基质，每半年更换一次。在生物膜载体中附着生长亲水型复合菌群系统(酵母菌、放线菌、乳酸菌和光合菌等多种有益微生物组合而成)。复合菌群在生长过程中能迅速分解河水中的有机物，同时依靠相互间共生繁殖及协同作用，代谢出抗氧化物质，生成稳定而复杂的生态系统，并抑制有害微生物的生长繁殖，激活水中具有净化水功能的动物、微生物及水生植物，本平台中使用外源添加的田螺、泥鳅等动物，通过这些生物的综合效应从而达到净化水体的目的(图 7-20)。

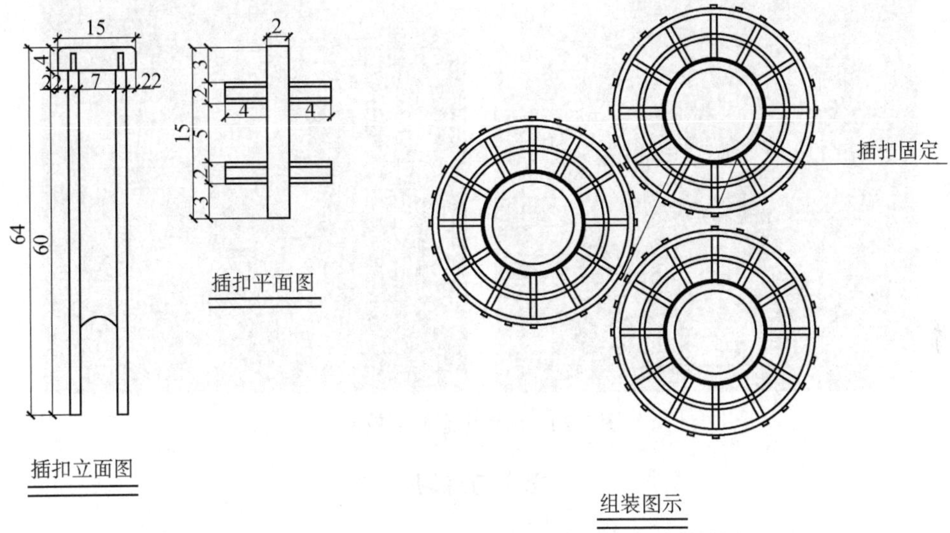

图 7-19　河道污染立体修复平台组装(单位：mm)

河道生态修复工程设备材料见表 7-18。

表 7-18　河道生态修复工程设备材料

序号	材料名称	型号规格	单位	数量	备注
1	浮床聚乙烯浮件	330 mm×330 mm×60 mm	个	4000	
2	聚乙烯给水管	DN32 mm	m	1000	
3	45°聚乙烯弯头	DN32 mm	个	1000	
4	90°聚乙烯直弯	DN32 mm	个	250	
5	水生植物	鸢尾	株	8000	生态浮岛植物
6		美人蕉	株	5000	生态浮岛植物
7		梭鱼草	株	5000	生态浮岛植物
8		风车草	株	3000	生态浮岛植物
9		香菇草	盆	4000	生态浮岛植物
10	管道	DN50 mm	m	100	
11	圆木桩	直径 12～15 cm	根	5400	生态护坡

图 7-20　河道生态修复效果

思考与练习

1. 什么是流域生态系统？它有什么特征？
2. 湿地生态系统的功能有哪些？人工湿地有哪些类型？各有什么特点？
3. 水土流失治理方式有哪些？
4. 退耕还林还草工程建设需注意哪些规律？
5. 为什么水生生物能够用于流域水生态环境状况的监测？
6. 能够用于构建浮游动物生物完整性指数的指标有哪些？它们对于环境干扰的响应又是如何？
7. 流域藻华防控技术有哪几类？其优缺点分别是什么？
8. 设计流域藻华防治工程时，需要注意哪些问题？
9. 生态河道修复工程有哪些原则和技术？

第八章　近岸环境生态工程

海岸带作为海洋与陆地交界的过渡带，是自然生态空间的重要组成部分。近岸湿地生态系统固定的碳称为滨海蓝碳，能长久且大量被固存，对减缓温室效应等气候问题具有重要意义。由于海平面上升、外来物种入侵和人为开垦，近岸湿地面积大规模减小、海洋生物栖息地大量消失，近岸湿地生态功能明显退化，严重威胁海洋生态系统安全，同时碳的流失加剧了全球变暖。为了达到碳中和的目标，需要修复近岸湿地并且提高其碳汇能力。

第一节　蓝碳生态系统概述

一、蓝碳生态系统的组成与特征

随着工业化时代的到来，人类活动导致大气中温室气体浓度急剧上升，成为全球气候变化的重要原因。全球气候的骤变引发了高频自然灾害，深刻影响着生物圈中生态系统的格局分布、演变过程及结构功能，从而严重影响并阻碍了人类经济社会的可持续发展。因此，气候变暖及引起的一系列环境问题和社会问题成为全球关注的热点，并且受到各国政府、广大学者及公众的强烈关注，如何减少大气中温室气体的含量也成为人类所面临的挑战。

政府间气候变化专门委员会(IPCC)第五次报告指出，自工业化以来，大气中二氧化碳浓度已增加了40%，主要来源分别为以下两方面：第一是化石燃料的排放，第二是土地利用变化导致的净排放。相对地，为减少温室气体应对气候变化，一方面要开发利用绿色能源以代替传统化石燃料，另一方面要将大气中二氧化碳以各种方式固定下来。力争实现碳达峰、碳中和，这是一场广泛而深刻的经济社会系统性变革。减排和增汇是实现碳中和的两条根本路径。2015 年，《中共中央 国务院关于加快推进生态文明建设的意见》提出通过增加森林、草原、湿地、海洋碳汇等手段，有效控制温室气体排放。

2009 年，联合国规划署等联合发布的《蓝碳：健康海洋固碳作用的评估报告》中首次提出了“蓝碳”概念，即海洋生物捕获的碳，特指海洋和滨海湿地生态系统从大气中固定并长期储存在沉积物中的碳。滨海湿地生态系统是介于陆地和海洋间的生态系统，红树林、海草床、盐沼湿地均为滨海湿地(图 8-1)。滨海

图 8-1　近岸生态系统

湿地生态系统固定的碳称为滨海蓝碳，能长久且大量被固存，对减缓温室效应等气候问题具有重要意义。虽然红树林、海草床、盐沼湿地只占地球表面积的0.1%，但其沉积物埋藏的碳占海洋沉积物碳埋藏量的 50%，贡献的海洋初级生产力是全球的 1%～10%。与陆地生态系统相比，滨海湿地生态系统具有固碳速度更快、固碳能力更长久持续的优势。一方面植物可通过光合作用吸收空气中的二氧化碳固定碳，土壤在微生物的作用下也可积累固定碳；另一方面植物和土壤微生物的呼吸会释放碳，导致陆地生态系统的固碳能力在几十至百年的年限上达到饱和，使净固碳量趋于零。在滨海湿地生态系统中，植物凋落物及根系会沉积到土壤中转化为有机质，海水的往复运动和海平面上升使滨海湿地长期处于厌氧状态，有效减缓了微生物对有机质的分解，使得这些有机质能在长久的时间内被埋藏在地下而不会释放到大气中。此外，海水中存在大量硫酸根离子，能抑制湿地中甲烷的排放，实现有效固碳。

2018 年，我国滨海湿地面积约为 7474 km^2。其中滩涂湿地面积最大，占比为71.9%，江苏省拥有的滨海湿地面积最多，其次是山东省、福建省和浙江省。我国各地区滨海湿地碳储量为 48.12～123.95 Tg，年埋藏量为 0.84 Tg/a，土壤有机碳储量为 236.91 Mg/hm^2，其中红树林有机碳储量最高，平均为 344.67 Mg/hm^2，海草为 175.14 Mg/hm^2，盐沼湿地土壤有机碳储量最低为 134.37 Mg/hm^2。此外，由于我国滨海湿地的分布地区经纬度跨度较大，包括温带、热带等不同气候带，各地区植被碳储量分布差异也较大，辽河三角洲湿地的固碳能力平均值为 1.77 $kg/(m^2 \cdot a)$，是黄河三角洲滨海湿地植被年均固碳量的 5 倍；长江口崇明东滩中的海三棱藨草和芦苇两种植被的固碳能力分别是全国陆地植被固碳能力均值的 3.3 倍和 1.3 倍。由于受到海岸带地区城市化、养殖活动、滩涂围垦等的影响，我国滨海湿地面积呈现急速退化的趋势。1975～2016 年，我国滨海湿地总面积减少了约 28.7%。滨海湿地面积的减少将直接降低我国滨海蓝碳储量并影响生态系统功能。

目前蓝色碳汇在应对气候变化中的地位长期被忽略。近年来沿海城市快速发展、海岸带过度开发，滨海湿地生态系统(红树林、盐沼、海草床)退化、面积减少或直接丧失已经成为较为普遍的现象。由于我国海岸带地区的开发建设活动，近 70 年来自然岸线已经下降至 40%左右，尤其从 20 世纪 90 年代以来，下降幅度高达 30%以上，大量的潮滩湿地被改变为水产养殖、围填海、港口码头等利用方式。例如，在我国黄海和渤海地区，过去 50 多年的围填海等开发活动已经导致 65%的潮滩湿地消失，这些地区因湿地面积减少造成二氧化碳排放增加 29.0 Tg。

(一) 红树林生态系统

红树林是一种生长在沿海湿地潮间带独特的森林生态系统，具有生产力高、结构稳定的特点，主要分布于河口、海湾等海陆交汇地带，是滨海湿地中耐盐常绿的海岸森林。红树林得名于其树叶、树干和根部具有红色或棕红色的特点。这些树木适应了咸水环境，它们的根系可以吸收氧气，并过滤掉盐分，这种适应性使得红树林能够在潮汐起伏和咸淡交替的环境中存活。红树林具有重要的生态功能，在防风固沙、净化水体、保护海岸、维持生物多样性、促进滨海物质循环与能量流动等方面发挥着重要作用。红树广泛分布在全球 123 个国家，全球红树植物共有 16 科 24 属 84 种，其中真红树 11 科 16 属 70 种，红树伴生植物 5 科 8 属 14 种。据估计，2000 年全球红树林覆盖总面积为 137760 km^2，2019 年红树林覆盖面积约为 152000 km^2。研究表明全球 15 个国家分布了 75%的红树林，其中只有 6.9%的红树林受到保护。世界上红树林分布面积最广的国家是印度尼西亚，其次是巴西、马来西亚和喀麦隆。总体而言，亚洲拥有世界上最多的红树林(42%)，其次是非洲(21%)、北美/中美洲(15%)，最后是南美洲(11%)。

红树林是全球单位面积碳储量最高的树木类型，在固定二氧化碳、缓解温室效应等气候问题方面发挥重要作用。虽然红树林面积不及陆地面积的 0.1%，却贡献了 10%～11%由陆地输入海洋的有机质，占近海沉积物碳储量的 15%。红树林湿地总碳储量包括植物碳储量和土壤碳储量。红树林土壤碳是总碳储量的主要组成，占总碳储量的 50%～90%，土壤碳积存可深达几米甚至十几米。因潮汐周期性的淹浸，红树林土壤具有高盐和厌氧特征，使得单位面积红树林土壤有机碳远高于陆地森林生态系统，且更为稳定持久。据估算热带红树林湿地生态系统的植物和土壤碳储量为 1023 t/hm^2，约为陆地森林生态系统的 3 倍。

(二) 盐沼生态系统

盐沼湿地是指在海岸上或河口附近的受周期性潮水或咸淡水淹没的有植被覆盖的淤泥质滩涂。作为滨海湿地的重要类型之一，盐沼湿地在全球分布较广，通常位于中高纬度及低纬度盐度较高的河口或者河口附近的沿海潮间带。我国主要的盐沼植被类型为芦苇(*Phragmites australis*)、互花米草(*Spartina alterniflora*)、海三棱藨草(*Scirpus mariqueter*)、柽柳(*Tamarix*)、碱蓬(*Suaeda australis*)、茅草(*Imperata cylindrica*)、茳芏(*Cyperus malaccensis*)。我国盐沼湿地主要分布于中高纬度地区，低纬度地区(如两广地区)盐沼湿地面积较少，从北到南盐沼湿地的面积大致呈下降趋势，其中辽宁省(最北)拥有的盐沼湿地面积最多，而广西(最南)拥有的盐沼湿地面积最小；在盐沼湿地植被类型分布上，沿海省份均有芦苇盐沼湿地分布，体现了芦苇盐沼湿地分布的广泛性及芦苇植被对不同盐沼湿地生境的良好的适应性。从滨海盐沼湿地的优势物种上看，高纬度地区(辽宁、河北、天津、山东)的主要优势物种为芦苇和碱蓬；高中纬度地区过渡带(江苏省)其优势物种为芦苇、碱蓬和互花米草；中纬度地区(上海、浙江、福建)的优势物种为互花米草及芦苇；低纬度地区(广东、广西)的优势物种为互花米草及芦苇。总的来说，我国的盐沼湿地主要分布于北方滨海区域，主要的优势物种为芦苇、碱蓬及互花米草。滨海盐沼湿地是我国分布最广的滨海湿地类型，其年碳埋藏量(263～749 Gg C)约占蓝碳生态系统的 80%，对我国滨海蓝色碳汇具有重要贡献。由于周期性潮汐淹水所形成的厌氧环境，盐沼也是CH_4和N_2O等温室气体的排放源，且 CH_4 和 N_2O 比 CO_2 的增温效应强、对环境的影响时间长。湿地中的植被可以通过光合作用固定CO_2，对CH_4和N_2O的产生、消耗和运输过程也有重要作用。

(三) 海草床生态系统

海草通常生长在浅海区域，成片分布形成海草床，成片的海草床具有“海洋牧场”之称，能为众多海洋生物提供食物和栖息场所。海草床具有很高的生产力，在海洋碳、氮及磷循环中扮演重要角色，也是许多海洋生物重要的碳源之一。同时，海草通过光合作用吸收大量的CO_2形成碳水化合物储存在组织中，死后埋藏在沉积物中，可以减缓气候变化，尤其是海洋酸化的影响。可见，海草在生态系统服务中有着不可或缺的作用。

海草床生态系统不仅为海洋生物多样性做出了贡献，而且为人类提供了大量可利用资源和较为理想的研究环境。2015～2020 年中国科学院海洋研究所等科研单位，对我国沿海北起辽宁南至海南岛以及西沙宣德群岛附近海域的海草进行了深入普查，更新我国海草床面积为 26495.69 hm^2，其中温带海域海草床面积为 17095.01 hm^2，热带-亚热带海域海草床面积为 9400.68 hm^2。各沿海省市地区记录海草床面积分别为辽宁 3205.47 hm^2，河北 9170.56 hm^2，天津 466.00 hm^2，山东 4192.93 hm^2，江苏 50.05 hm^2，浙江 10.00 hm^2，福建 469.78 hm^2，广东 1537.71 hm^2，广西 665.46 hm^2 和海南 6727.73 hm^2。我国现有海草 4 科 9 属 16 种，其中 4 科包括鳗草科(*Zosteraceae*)、水鳖科(*Hydrocharitaceae*)、丝粉草科(*Cymodoceaceae*)、川鳗草科(*Ruppiaceae*)；9 属包括鳗草属(*Zostera*)、虾形草属(*Phyllospadix*)、海菖蒲属(*Enhalus*)、泰来草属(*Thalassia*)、喜盐草属(*Halophila*)、丝粉草属(*Cymodocea*)、二药草属(*Halodule*)、针叶草属(*Syringodium*)和川蔓草属(*Ruppia*)；16 种海草分别为鳗草(*Zostera marina*)、日本鳗草(*Zostera japonica*)、丛生鳗草(*Zostera caespitosa*)、红纤维虾形草(*Phyllospadix iwatensis*)、海菖蒲(*Enhalus acoroides*)、泰来草(*Thalassia hemprichi*)、卵叶喜盐草(*Halophila ovalis*)、小喜盐草(*Halophila minor*)、贝克喜盐草(*Halophila beccari*)、圆叶丝粉草(*Cymodocea rotundata*)、齿叶丝粉草(*Cymodocea serrulata*)、单脉二药草(*Halodule uninervis*)、羽叶二药草(*Halodule pinifolia*)、针叶草(*Syringodium isoetifolium*)、中国川鳗草(*Ruppia sinensis*)和短柄川鳗草(*Ruppia brevipedunculata*)，其中鳗草和日本鳗草为温带海域海草优势种，泰来草、海菖蒲、贝克喜盐草和卵叶喜盐草为热带-亚热带海域海草优势种。另外，海南是海草分布种类最多的省份，高达 12 种；广东、广西、辽宁和山东海草分布种类较多，均为 5 种。此外，温带海域优势种日本草在福建、台湾、广东、广西及海南沿海也有广泛分布。

海草作为海洋中唯一的被子植物，也是海草床生态系统中分布最广泛的初级生产者，海草以其较高的生产力，为海洋中大多数生物提供食物来源和栖息繁衍场所。附生藻类是指生长于海草叶片表面的生物群落，也是海草床生态系统中的重要有机碳源，因其附着生长在海草表面，在海草表面形成了一层“保护膜”。附生藻类对海草的影响包括正反两个方面：一方面附生藻类的存在会限制海草的对光的利用，从而降低海草的光合作用，进一步影响海草的生长状态；另一方面附生藻类的存在会降低紫外线对海草叶片的影响，还可在一定程度上减少消费者对海草的啃食作用，对海草的生长有利。海草床食物网中的大型藻类指的是红藻、褐藻和绿藻等一些肉眼可见的藻类，主要类型包括叶状、丝状以及皮壳状等，与海草相互间生，是海草床生态系统中有机碳源的重要组成部分。

(四) 大型海藻场

大型海藻是指肉眼可见的生活在海水中的个体大小不一的藻类，一般由多细胞组成，是近岸生态系统主要生产者之一，主要分为绿藻、红藻和褐藻等。大型海藻大多数都固着生长在沿海硬质基质(如岩石、珊瑚礁)上，因此一般也称为底栖海藻。此外，还有一些大型海藻也可以利用硬质构筑物等作为附着基生长，或漂浮在海面上凹。据《中国海藻志》记载，我国分布大型海藻有 1661 种。大型海藻包括天然海藻和人工栽培大型海藻。据统计，全球很多国家开展大型海藻栽培，主要栽培大型海藻约有 100 种，海带(*Laminaria japonica*)、江离(*Gracilaria*)、裙带菜(*Undaria pinnatifida Suringar*)、紫菜(*Porphyra*)、麒麟菜(*Eucheuma muricatum*)等是主要栽培种，其产量约占全球大型海藻栽培总产量的98%。中国、印度尼西亚和菲律宾等国家是大型海藻主要生产国，其产量超过了世界大型海藻产量的90%。我国一直是水产养殖大国，大型海藻栽培面积和产量一直位居世界第一，根据联合国粮农组织(FAO)统计数据，2020 年我国养殖海藻产量达到 1.7×10^7 t (鲜重)。

我国大陆海岸线长度为 18000 km，海岛海岸线约 14000 km，分布着大量暖温带、亚热带、热带及少数冷温带和极少数北极大型海藻，海藻资源十分丰富。全国沿海潮下带海藻场总面积约 3.3 万公顷，包括温带温水型海藻场、亚热带暖水型海藻场、热带暖水型海藻场等 3 种类型。这些生长在近岸沼泽、滩涂、潮间带或浅岸底质岩礁、其他硬质附着基及漂浮生长的海藻、海草、红树林等一起构成海洋初级生产者的主要支撑物种。大型海藻一般呈现纬度变化的水平分布、沿着潮带的垂直分布和随着季节变化的时空分布特征，导致海藻分布存在不同的差异。大型海藻通过光合作用将环境中无机碳转化为有机碳，并释放氧气，同时在生长过程中吸收 N、P 等生源要素，不仅提高了海洋初级生产力，为草食及碎屑食物链提供营养，还有助于生态系统生源要素循环，进而防止海洋生态系统富营养化和减少温室气体。此外，由大型海藻组成的生物群落即海藻场，对营造栖息地、提高近岸海域生物多样性，优化海洋生态系统结构和功能，保持生态系统稳定具有重要意义。

(五) 其他生态系统

牡蛎礁是由牡蛎长期积累和生长形成的海洋环境口。牡蛎礁既可以存在于潮间带，也可以出现在潮下带。牡蛎早在 2 亿年前就已经出现，开始在海岸带区域形成独特的地质环境。活体牡蛎礁广泛分布于中国沿海地区，不同区域牡蛎礁内的牡蛎种类各式各样，如渤海湾浅海活牡蛎礁内分布有 3 种牡蛎：长牡蛎(*Crassostrea gigas*)、大连湾牡蛎(*O.talienwhanensis*)和密鳞牡蛎(*O.denselamellosa*)；江苏省小庙洪牡蛎礁的牡蛎品种主要为近江牡蛎(*C.ariakensis*)、熊本牡蛎(*C.sikamea*)和密鳞牡蛎；福建省深沪湾牡蛎礁内主要存在长牡蛎和近江牡蛎。其中位于海门区的小庙洪牡蛎礁是我国目前面积最大、保存最完整的活体牡蛎礁。牡蛎礁最重要生态功能之一是净化水质，作为滤食性动物，牡蛎具有较强的过滤能力，每个牡蛎每天可以过滤 150～190 L 的水，每个牡蛎的过滤能力相当于净化污水 7.31×10^6 t/a。牡蛎通过过滤水体中的氮和悬浮碎屑物以及其他微粒，进一步改善水质，提高水体透明度，从而促进浮游植物和海草等沉水植物进行光合作用，提高水域环境的初级生产力。据报道，活牡蛎及其贝壳是硝化和反硝化的场所，修复海湾和河口牡蛎礁可以有效降低水体富营养化程度。牡蛎礁在稳定生态系统平衡方面起着重要作用，被称为“生态系统工程师”。牡蛎礁具有立体空间结构，为许多重要的鱼类和海洋底栖动物等生物提供栖息地，利于其个体繁殖、生长与发育；同时也为各种生物营造避难所，尽可能躲避天敌的攻击与追杀。牡蛎礁在保护海岸线方面也发挥着重要的作用，稳定海底沉积物，减少波浪能量和海岸线侵蚀，降低风暴潮的危害。

珊瑚礁是以热带海洋浅水造礁石珊瑚的石灰质骨骼为主体，与珊瑚藻、仙掌藻、软体动物壳、有孔虫等其他附礁钙质生物的遗骸经过各种堆积作用形成的一种岩体，主要为碳酸盐岩。珊瑚礁生态系统是以珊瑚礁岩体为依托而发育的生态系统。现代珊瑚礁生态系统中最主要的造礁生物为造礁石珊瑚，其次是红藻门的珊瑚藻，附礁生物则有软珊瑚、有孔虫、海绵、鱼类、软体动物、棘皮动物、甲壳动物、苔藓类和绿藻类等其他多样化的物种。按照其功能，可主要分为生产者、消费者和分解者三大类，生产者以植物为主，消费者主要为动物，分解者则主要由各种细菌组成。各种生物按照其功能不同相互作用，以保持整个生态系统的相对稳定。珊瑚礁生态系统拥有极高的生物多样性，虽然仅占地球海洋面积的0.25%，却栖居着 1/4 以上的海洋鱼类，被人们称为海洋雨林，具有极高的生态和经济价值。珊瑚礁在生物地球化学过程中的钙化作用使珊瑚礁具有非常高的固碳效率，珊瑚礁每年产生的 $CaCO_3$；沉积通量占全球总量的 23%～26%，对全球气候有不可忽略的影响。化石研究表明，现代主要造礁珊瑚的出现最早可追溯至中生代。珊瑚礁生态系统中钙化生物骨骼的不断累积形成的珊瑚礁岩地层，具有重要的油气、矿产资源储集潜能。同时，由于珊瑚礁生长发育对环境和气候变化极为敏感，珊瑚礁岩成为地质学家和生物学家用来追踪过去的海洋生态和环境变化的理想载体。

第二节　近岸生物入侵治理工程

一、近岸外来物种入侵概况

外来植物的入侵已被确认为对全世界范围内的本地生物多样性和生态系统功能的重大威胁之一。互花米草作为一种外来入侵物种，对中国东部滨海滩涂湿地生态系统造成了严重影响。互花米草是禾本科米草属多年生植物，其原产地位于北美大西洋沿岸，互花米草具有很强的有性繁殖及无性繁殖能力、抗盐和抗淹能力。互花米草茎秆粗壮，根系发达，可加快土壤的沉积速率，有效拦截风浪，在控制海岸侵蚀上可发挥显著作用(图 8-2)。1979 年，基于保护海岸的目的，我国开始在沿海地区引种互花米草，由于其具有极强的定居和扩散能力，较强的环境适应能力，成功引种之后即成为滩涂的优势物种，近 30 年时间互花米草在中国东部沿海岸广泛分布，北至渤海湾，南至北部湾，面积已扩展到 34451 公顷，2003 年被列入中国首批 16 种外来入侵物种名单。

图 8-2　互花米草形貌图

二、近岸外来物种入侵的影响

互花米草生长密度大，在低中潮滩会形成“生物堤坝”，减缓减弱水流海浪冲击力，故其具有促淤、护滩和保堤的作用，同时也阻隔湿地水文连通，导致航道淤塞。互花米草凭借其对环境较强的适应能力和繁殖能力，改变植被群落结构，降低海滩湿地植被群落的丰富度，挤占一些底栖动物赖以生存的空间，威胁海鸟的生存环境，导致生物多样性下降。此外，互花米草还对湿地土壤、水环境、营养物质循环和滨海景观结构产生一系列影响。

(一) 对地貌水文与景观结构的影响

互花米草可以削弱河流水流动力，使进入潮滩的水流速度减慢，并使水流产生强烈的紊动，降低水流挟沙能力，可以增加 2 倍的促淤量，具有明显的促淤作用。山东省滨州市、东营市、潍坊市等近岸海域地区属于淤泥质平原海岸，入海河流泥沙含量很高且颗粒较细，挟带泥沙的潮流进入互花米草滩时，高密度的互花米草群落改变河口湿地的水沙动力，在潮滩上形成一道软屏障，对波浪产生反作用，降低波能，入海河流流速因此会明显降低，潮流挟带的大量泥沙能以较快速度淤积于草滩中，使得滩面逐渐淤高，改变了潮滩的微地形。互花米草扩张还导致潮沟形态特征发生明显改变。以黄河三角洲滨海湿地为例，在互花米草入侵和持续扩张的条件下，黄河三角洲滨海湿地潮沟的分支增多，平均面积减小，总长度变长，平均长度缩短，平均宽度变窄，潮沟宽深比减小，连通性降低，致使盐沼排水不畅，打破潮间带地区的水盐平衡，影响海水交换，阻滞潮汐水文，阻碍潮汐通道，严重影响潮间带地区的水系连通，使船舶通行受阻。互花米草在生长旺盛季节可侵占全部潮间带，看似生机勃勃，其实却是一片“绿色荒漠”。

(二) 对湿地土壤和水环境的影响

互花米草的发达根系可以改变土壤的理化性质，使土壤的通透性增强，土壤空隙增加，光滩上栽种互花米草后，土壤剖面慢慢变成黑色，说明有机质含量逐渐增高，多年生长后，互花米草可有效地控制和减轻土壤返盐程度，有效地改良海岸带盐土土质，提高肥力。同时，互花米草对水体和土壤中重金属元素有明显的吸收作用，具有净化环境的功能。互花米草对铜、铅、镍、铬等重金属的吸收转移和累积能力强于蕉草和芦苇等海滩湿地植物。此外，互花米草对营养盐具有很好的吸收作用，互花米草碳氮比和碳磷比高于盐地碱蓬，这表明潮滩植物具有较好的碳氮磷储存效应。互花米草的这种效应可降低海水中的氮、磷含量，从而减少海洋赤潮发生率。互花米草的年固碳能力是中国陆地植被平均固碳能力的376%，明显高于海三棱藨草属盐沼植物的年固碳能力，具有较好的储碳固碳能力，在增加湿地海洋碳汇方面优势明显。

(三) 对生物多样性的影响

在山东省渤海滨海湿地生态系统中，与互花米草生境条件类似的本土植物主要是芦苇、盐地碱蓬、海三棱藨草、獐茅等。研究发现，互花米草叶绿素含量高，对养分的吸收利用能力更强，同时，互花米草的渗透势较低，能够在较高的盐境条件下通过自身的调节机制来减少细胞膜所受的伤害，能够耐受盐度、淹水时间、pH 等生态因子较大的变化幅度从而适应恶劣的环境胁迫。在潮间带，互花米草竞争能力显著大于芦苇、盐地碱蓬、海三棱藨草、秋茄等盐沼植物。除此之外，互花米草具有一系列有利于种群增长和扩散的机制。例如，互花米草可依靠种子、根状茎和无性繁殖体片段进行快速增殖和扩散，其自身具有的这种不对称性竞争优势导致土著盐沼植物种群数量的降低和分布面积的大量减少。互花米草入侵严重的滩涂形成密集的单物种群落，难以看到本土植物的生存迹象，严重威胁湿地生态系统的多样性。

底栖动物是潮间带盐沼湿地生态系统中重要的消费者类群，盐沼植被作为湿地生态系统的生产者，对大型底栖动物功能群组成及分布具有重要影响。互花米草以绝对生长优势的存在破坏这些底栖生物的生境，使得原先生活在这里的大型无脊椎底栖生物消失或者迁移，主要有泥螺、四角蛤、文蛤、缢蛏、中国绿螂等滩涂物种。互花米草入侵所引起的植被类型、植株高度和密度、生物量以及底栖动物营养来源和食物结构的变化，可能是造成大型底栖动物群落结构改变的主要原因。

植被群落是鸟类栖息地的重要组成部分，是鸟类觅食、栖息、繁殖的重要环境基础。互花米草向光滩的快速扩散和侵占在一定程度上改变沿海滩涂鸟类栖息地景观格局，导致鸟类适宜生境减少。例如，互花米草入侵导致我国沿海红树林、潮滩芦苇、碱蓬等鸟类适宜生境面积锐减，本地植被群落分布改变，造成沼泽湿地中一些特有乃至濒危鸟类栖息地丧失。绝大多数鸟类选择泥滩或芦苇生境，而被互花米草入侵后的泥滩和芦苇生境可利用性降低，涉水禽类不会在密集的互花米草群落中觅食，不利于鸟类的栖息觅食和繁殖，导致本地鸟类群落结构发生变化。但随着入侵时间的延长，互花米草对本地鸟类群落可能产生其他后果，某些鸟类开始逐步适应互花米草群落。同时，某些非本地鸟类逐步占据空白生态位，选择入侵生境作为栖息、觅食地，一些极少数小型雀形目鸟类甚至能够在其中筑巢繁殖，但大多数本地鸟类未表现出对互花米草生境的适应。

三、近岸外来物种治理措施

(一) 物理防治技术

物理法是最常规、易操作、见效快的防控管理手段，环境影响小。物理法主要包括刈割、翻耕、碎根、淹水、遮阴等。刈割法、翻耕法和碎根法在原理上是一致的，都是通过物理外力破坏互花米草的生理结构，使其死亡。淹水法是在互花米草分布区筑堤并在堤内对其进行水淹处理，抑制互花米草根部氧气交换，使其死亡。遮阴法是用黑色塑料布、厚草席、遮阴网等透光率低的织物遮盖互花米草，抑制其光合作用，因植株通过光合作用获得的养分减少，持续遮阴 1～2 个生长季节后，互花米草因养分耗尽而死亡，遮阴法比较适用于小块草丛。山东省等不少地方针对互花米草分布面积广、分布区域分散、各分布区域治理环境差别大的客观实际，确定了刈割、刈割+翻耕、刈割+筑堤围淹等治理方式，采用履带式还田机、割草机、机耕船、浮筒式挖掘机等施工机械作业，提高互花米草的治理效率。

(二) 化学防治技术

化学法主要通过喷洒除草剂防除互花米草，施用后可影响植株代谢过程而导致植株死亡，对消除互花米草有较好的作用。由于大面积使用化学法的环境风险未知，化学法适用于去除中小规模的互花米草丛。在苗期使用草甘膦、咪唑烟酸及米草净，互花米草均得到很好的去除，但对于成熟互花米草，除草效果差很多。施用除草剂在短期内会毒害某些底栖动物，喷施除草剂治理互花米草，需要针对特定滩涂环境和互花米草的生物密度选择除草剂配量，最大限度地减小除草剂对生态环境的影响。因此，在结合物理防治的同时，在新入侵的或人力机械等难以到达的互花米草分布区，可以尝试使用无人机喷洒作业等方式控制互花米草。潍坊市采用分区域化学治理、物理治理及两者相结合的处理方法清除互花米草，后期对复生苗进行二次清理，治理效果总体达到预期。若使用除草剂进行大面积治理，必须充分考虑药剂使用的方式、时间和范围，除此之外，还需要进行更全面的化学治理试剂的生物毒性试验和环境残留风险评估。

(三) 生物防治技术

生物法主要分为生物防治和生物替代两种方法。生物防治法是备受关注的一类防治方法，它以入侵生物和天敌的生态平衡理论为基本原理，依据生物间的相互依存、制约，从米草原产地引入昆虫、真菌以及病原生物等天敌来抑制互花米草的生长繁殖。目前可用于防治互花米草的主要生物有：光蝉(*Prokelisia mardinata*)、玉黍螺(*Littoraria irrorata*)、麦角菌(*Ciavieps purpurea*)、稻飞虱(*Prokelisia marginata*)等。研究表明，玉黍螺和食叶昆虫光蝉主要通过直接取食互花米草的茎叶部分造成物理损伤，间接导致互花米草死亡，但随着互花米草的进化，有些基因型的植株可能会对光蝉产生抗性。稻飞虱通过在叶片中产卵并破坏维管系统的结构降低互花米草的生物量和株高。麦角菌能够使互花米草感染病菌，从而降低其种子产量，但由于其强繁殖力而不易被感染，因此麦角菌无法有效治理互花米草。总之，利用天敌对互花米草进行生物防治方法要考虑对非目标本土物种的影响，以及天敌与互花米草二者间的生物学特征，协调好生物与生物间、生物与环境间的关系，力求达到二者种群数量的平衡。另外，考虑入侵植物对天敌可能产生的耐受性及抗性适应机制，生物防治法仍处于实验阶段。

生物替代法是根据植物群落演替的自身规律，利用有经济或生态价值的本地植物取代入侵植物的一种生态学防治技术。目前应用较多的是利用无瓣海桑(*Sonneratia apetala*)、海三棱藨草等物种对互花米草进行生物替代。研究发现利用无瓣海桑可以有效控制互花米草。无瓣海桑郁闭度增大导致互花米草得不到充分光照，从而造成光合作用减弱，生物量降低。海三棱藨草草场内螺类和贝类等底栖动物特别丰富，是湿地水鸟动物性饵料的主要食源地，适合作为湿地治理后恢复过程中的替代植物。生物替代法可有效恢复和重建合理的生态系统结构和功能，形成良性演替的生物群落，但在特定区域找出快速有效且安全的替代种仍是个难题。

三种技术治理互花米草的优缺点对比见表 8-1。

表 8-1　传统互花米草防治技术

防治技术分类	优点	缺点
物理法：刈割、翻耕、碎根、淹水、遮阴	易操作、见效快、环境影响小	成本高、费时费力
化学法：喷洒除草剂	效率高	二次污染
生物法：生物防治和生物替代	环境友好、成本低	生物二次入侵

(四) 综合防治技术

综合防治法是指将物理、化学或生物防治法中的一种或多种有机地结合起来，以达到有效控制和防治互花米草扩散和繁殖的一种综合整治技术。目前，国内外治理互花米草的物理、化学及生物防治方法治理效果不一，均存在一定优缺点，若仅采取其中的一种方法很难达到彻底治理互花米草的效果。所以，在总结前人治理互花米草的经验，分析不同地域在互花米草防治措施与成效的基础上，建立适合不同区域不同立地条件下的综合防治方法显得十分必要。这对保障互花米草的治理过程既不污染环境，又可恢复生态系统结构与功能，实现地区经济的可持续发展至关重要，对指导我国大部分区域的互花米草入侵治理具有重要意义。不同立地条件互花米草治理宜采取的综合整治方法总结如下：

(1) 刈割+翻耕+碎根+人工去除/除草剂+生物替代防治方法。适合南方沿海地区对各种环境各个生长期的大面积互花米草的治理。具体步骤：6～8 月刈割，12 月翻耕，深度 50～60 cm；自第二年 7～9 月，人工/除草剂去除复发苗；最后种上乡土植物替代。优点：对环境污染小，操作简单，经济有效。缺点：互花米草复发率高，需要多次治理管控，人工成本较高。

(2) 刈割+围堰水淹+生物替代防治方法。适合土质结实且水源充沛的沿海地区，各个生长期互花米草的治理。具体步骤：6～7 月初，围堰；水淹 6 个月淹水高度 1 m，温度 45℃；放水后，晒地灭活 30 天；9 月中下旬翻耕，种上红树植物或土著植物。优点：治理效果显著，且互花米草复发概率低。缺点：堤坝建设难度大，需要定期维护，治理成本高。治理期间对滩涂水动力及动植物均有一定的影响。只适合在土质较结实的地区对小面积的互花米草进行治理。

(3) 挖掘+碾埋+围堰水淹/除草剂+生物替代防治方法本方法适合在各个地区互花米草的治理。具体步骤：9～12 月用挖掘机将米草挖出；覆盖 40～75 cm 沉积物；第二年 2～3 月，若互花米草复发面积大，采用围堰水淹的方法去除，若互花米草复发面积很小，采用喷除草剂的方法去除，整地掩埋复发的互花米草残体，并种植先锋红树植物。优点：治理效果好，经济环保又高效，有利于防止互花米草的再次入侵。缺点：耗时长，需要的人力多，成本较高。

(4) 刈割+梯田式围淹防治方法。既适合于小斑块互花米草的治理，也适用于大斑块的互花米草治理；既适用于泥质海滩，也适用于沙质海滩。具体步骤：滩涂高程每增加 15～20 cm，建一条堤坝，梯田式围淹，淹水深度达 20～30 cm，移除坝排水，恢复海滩自然环境。优点：互花米草治理效果好，成本较低，适用范围广，对环境影响小。缺点：堤坝设计及布置技术要求高，工程量较大，比普通治理方法成本高。

(5) 刈割+遮阴+生物替代防治方法。适合任何地方小面积的互花米草的治理。具体步骤：6～7 月，刈割，覆盖双层黑色塑料薄膜，1～2 个生长季节；去掉覆盖的黑色塑料薄膜，种上乡土植物。优点：适合任何地方，治理效果好，成本低，耗时短。缺点：不适合大面积互花米草的治理，塑料薄膜易造成环境污染。

四、典型工程

(一) 浙江镇海海岸带互花米草除治

2021 年，浙江省海塘安澜千亿工程之一镇海区海岸带生态修复及海塘安澜工程启动。项目以陆海统筹的理念，针对 12.6 km 的海岸线范围的围垦区内外、海堤以及近海生态展开统一空间规划和生态系统恢复，其中互花米草区域约 146 hm^2，清除治理是难度最大的攻坚任务之一。项目建设方应用生物调控剂除控技术，采取“三步连环走”的系统性、综合性解决方案，完美打赢了这场攻坚战。所谓“三步连环走”即“互花米草生物制剂调控清除乡土植被占位修复”、“生物多样性共生环境营造”三位一体的技术和工程措施。该技术集成了“互花米草的生活史研究”、“互花米草种群扩张机制研究”以及“互花米草与乡土物种竞争机制研究”等一系列研究成果，经过多年实践探索，形成了一套完整的技术体系。

第一步：应用生长调控剂专利技术彻底清除互花米草。互花米草经刈割后，使用无人机进行超低空喷洒 2 个配方的植物生长调控剂。首先喷施的是促分蘖型调控剂，其功能是诱导互花米草地下组织过度生长，在植物地上叶片被刈割，植物无法从光合作用合成新的营养物质的情况下，消耗植物整体储备的营养，让植物处于“入不敷出”的状态，等植物储存的营养大量被消耗后(地下部分不再继续刈割)，再喷洒抑制型调控剂，抑制互花米草的生长，促使刈割后新发叶片老化，破坏免疫调节机能，从而导致植物真正死亡。

第二步：类自然种群形态的乡土优良植物生态修复。互花米草清除后，迅速进入乡土植物生态修复阶段。项目从低潮位区域到高潮位区域，主要种植了海三棱藨草、芦苇、盐地碱蓬 3 种乡土植物，快速占领互花米草清除后空出的生态位。在乡土物种生态修复过程中，考虑植物生长特性和区域微地貌及水文特点，采用种苗移植、种子播撒、丸化型种子播撒等多种方式进行种植。项目中使用的海三棱藨草种苗是经过人工选育的高抗逆性种苗，种苗活性好，均一度高具有耐盐耐淹高抗逆性的种苗培育，是该项目成功的关键技术之一。

第三步：营造生物多样性共生环境并进行生态监控与评估。在恢复乡土植物占位优势的同时进行营造生物多样性的共生环境，包括生态堤坝建设，底栖动物增殖放流，持续恢复生态本底和海岸自然原生风貌。

在 2021 年 12 月，项目对互花米草根系活性进行采样分析。通过第三方实验室进行氯化三苯基四氮唑(TTC)法测定互花米草根系活性，结论为所有样品中均未检出细胞活性。通过 2022 年 2～7 月连续对镇海项目潮间带互花米草复发斑块进行监测调查，项目区复发的互花米草面积小于总面积的 5%。

(二) 上海市崇明东滩互花米草治理

东滩鸟类国家级自然保护区位于长江入海口，我国第三大岛——崇明岛的最东端，是我国规模最大、最为典型的河口型潮汐滩涂湿地之一，具有国际重要意义的生态敏感区，是亚太地区候鸟迁徙路线的重要组成部分，对维持迁徙候鸟种群的生命过程发挥着重要作用，也是长江水系和东海近岸水生生物的重要游通道和繁育场所。不过，这个鸟类栖息的"圣地"也曾遭遇过巨大的危机，几年中鸟类数量急剧减少。经研究发现，湿地生态环境的改变是导致水鸟数量变化的主要因素。危机来自外来入侵植物互花米草。互花米草入侵通过竞争取代的方式严重威胁土著植物海三棱藨草和芦苇，已经造成海三棱藨草分布面积的严重萎缩，而海三棱藨草的种子、球茎与幼苗是长江口候鸟重要的食物来源。互花米草的入侵将会影响鸟类的食物来源和栖息地面积，造成湿地生态系统结构的改变和功能的退化。

为治理互花米草，上海市发改委、财政局、绿化局、崇明区政府等通力合作，数年前启动了总投资 11.6 亿元的东滩生态修复项目。该项目是亚太地区候鸟迁徙路线上规模最大的以控制外来物种，修复、恢复迁徙水鸟栖息地功能为主要目标的生态修复工程。项目主要建设内容包括：互花米草生态控制、鸟类栖息地优化和科研监测基础设施等三大部分内容。在互花米草控制与治理过程中，东滩遵循"围、割、淹、晒、种、调"六字方针，并结合东滩实际，边实践，边摸索，研发了适合在水深 0.4 m 以上、淤泥质滩涂上行驶的带水刈割设备，同步实施了泵闸联动调水，成功消除了项目实施区域 22841 亩互花米草，灭除率达 95%以上，彻底扭转了互花米草在崇明东滩大肆扩张蔓延的严峻态势。与此同时，经人工种植和自然恢复，东滩土著物种芦苇、海三棱藨草等逐步恢复，退化湿地生态系统逐步改善并趋于稳定。

(三) 河北省唐山市滦南湿地互花米草清除

滦南湿地总面积 18400 hm^2，2015 年被认定为河北省省级重要湿地。滦南湿地属于滨海湿地类型，是陆地与海洋的过渡地带，兼具丰富的陆生和海洋动植物资源，是天然的基因库和独特的生境，其特殊的气候、水文和土壤环境对支持复杂完备的动植物群落、保护物种、维持生物多样性具有重要的生态价值。滦南湿地地处东亚-澳大利西亚候鸟迁飞路线的重要节点，被视为候鸟迁徙的"咽喉之地"。从 2014 年开始，滦南湿地及周边海域内出现互花米草大面积扩增现象，并在往复潮流的作用下，沿岸线不断迁移和扩散。截至 2020 年，互花米草年均增长速率超过 30%。互花米草侵占了潮间带生物生境和湿地滩涂，导致该区域湿地生态系统稳定性和生物多样性降低。

为降低对滩涂养殖和盐场的影响，采用物理法对滦南湿地及周边海域的互花米草进行清除。主要过程为茎叶刈割、根系深清、土壤翻耕、茎叶外运及处理，共清理互花米草 18.3 hm^2。①茎叶刈割：在互花米草达到性成熟前完成茎叶刈割，防止有性繁殖；②根系深清：按照互花米草实际的根系发育深度，采用人工挖掘的方式，清除其根状茎和主要须根；③土壤翻耕：根状茎清除后，通过旋耕机对生长区滩涂进行翻耕处理，破坏须根结构，降低繁殖再生能力，从而抑制根系繁殖生长。

项目清理互花米草 18.3 hm^2，有效遏制了互花米草蔓延趋势，恢复了湿地滩涂和本地植被，改善了底栖生物生存环境，增加了底栖生物多样性，为鸟类提供了捕食、栖息的生境空间，互花米草从滩涂消失。项目施工完成后，2020 年 10 月、2021 年 7 月和 12 月、2022 年 4 月采用无人机航拍及人工现场核查的方式，对互花米草清理区域进行现场勘察。经实地监测，在监测期内互花米草无复长现象。由于互花米草的生物入侵，形成了单一的生物群落，严重侵占了湿地滩涂面积，贝类等潮间带生物锐减。潮间带生物监测数据显示，目前修复区内的潮间带生物物种数量已逐渐恢复至修复区外侧无互花米草入侵区域的物种水平，且修复后潮间带平均生物量增加了 335%，平均栖息密度提高了 228%。通过实施互花米草清理工程，恢复了湿地原有的生境条件，潮间带生态系统得到了有效改善。

三个典型案例中互花米草治理和修复对比见表 8-2。

表 8-2　互花米草治理案例

案例地点	修复方法	效果
浙江镇海海岸带	应用生长调控剂、乡土植物生态修复、营造生物多样性共生环境并进行生态监控与评估	复发的互花米草面积小于总面积的 5%
上海市崇明东滩	“围、割、淹、晒、种、调”综合治理	消除了 22841 亩互花米草，灭除率达 95%以上
河北省唐山市滦南湿地	茎叶刈割、根系深清、土壤翻耕、茎叶外运	清理互花米草 18.3 hm^2

第三节　近岸湿地恢复生态工程

一、近岸湿地退化现状

(一) 红树林退化现状

据报道，世界上将近 50%的红树林已被人类活动所改变或毁灭，2000 年据联合国粮食及农业组织估计全球红树林面积已不到 1.5×10^7 hm^2，许多国家的红树林面积与 50 年前相比减少了 50%～80%，如菲律宾在 2000 年时与 20 世纪 50 年代比，红树林积减少了 75%。据资料记载，1957 年中国拥有红树林 42000 hm^2，

2016 年统计中国红树林面积为 20700 hm^2，较历史记载减少了一半左右。现有的红树林群落还表现出活立木株数减少、死亡率增高、郁闭度降低等退化现象，围塘养殖与海堤建设等人为活动也导致红树林资源减少，原滩涂生境破坏，地形地貌改变，使得系统的完整性缺失，稳定性降低，生物多样性减少，部分红树植物濒临灭绝，红树林生态系统服务功能大幅下降。

(二) 盐沼退化现状

过去两个世纪美国旧金山湾失去约 79%的盐沼，1980～2010 年间中国丧失高达 59%的盐沼。在工业革命的推动下，欧洲较早地对潮滩进行开发利用，以至当前仅有极小规模的自然盐沼存留下来。海岸带土地开发、陆域来沙下降、地面沉降、海岸带侵蚀和海平面上升都是引起湿潮滩面积下降的原因，但就不同驱动力的贡献程度而言，人类主导的土地利用转化是导致全球潮滩丧失的主要驱动力。

(三) 海草床退化现状

海草退化已是公认的全球性问题，我国海草分布面积也发生了急剧萎缩。近四十年来我国沿海各地海草床均发生了非常严重的退化。据《中国海湾志》记载，1982 年山东莱州湾芙蓉岛附近分布有大约 1300 hm^2 的鳗草海草床，如今却消失不见，难觅踪迹；从 2015 年至 2021 年，山东黄河口超过 1000 hm^2 日本草床受互花米草入侵和台风影响而退化迅速。广西沿海对海草分布区进行用填，改造成为港口码头用地、房地产用地等，已造成共计 354 hm^2 海草生境的永久性丧失，生境年均丧失率为 5.5%。总体而言，与 20 世纪 80 年代以前相比我国近岸海域超过 80%的海草床已经消失。我国海草床退化原因主要包括海岸工程建设及围填海活动、陆源污染、渔业活动、大型藻类暴发、互花米草入侵和台风等极端气候事件。

二、近岸湿地修复技术

(一) 红树林修复技术

红树林的生态修复应充分对现场实地进行调研考察，设计者应该亲临滩涂，实地调查滨海生态修复区域的土壤性质，根据滩面实际高程，充分利用乡土物种，设计出不同的红树和半红树植物品种进行搭配，将单纯的植被修复提高到滨海湿地生态系统整体功能修复的高度，把生物多样性、提高生态效益、促进社会经济等纳入修复目标。

1) 滨海湿地植物物种搭配

由单一的秋茄纯林提升为低滩位种植白骨壤，中低滩位种植桐花树和白骨壤，高滩位种植秋茄等植物，提高树种多样性。充分结合地形、高程、水文，对红树植物进行合理布局搭配。避免纯林造成病虫害大面积爆发，红树生境退化，生物多样性降低等带来的弊端。对海陆交接的高滩位，海水淹没不到的盐渍土地配置耐盐碱、耐盐雾的半红树植物，由灌木-乔木过渡，底层配置爬藤类半红树植物，如马鞍藤、海刀豆、碱蓬、海滨整、海马齿等。充分结合环境地形构造，发挥红树、半红树植物的特性，营造最优的生态生境，提升滨海湿地生态的效益。

2) 适当保留光滩和潮沟

光滩和潮沟为鸟类觅食栖息提供充足的活动空间，为当地村民滩涂养殖留有发展空间提高经济收入来源，调节人与自然的矛盾，同时还能起到调节水量、净化水质等生态效益。遵循原本水文动力方向，不改变、不改道的自然条件下，潮沟的自然保留有着快捷、经济的优势。且潮沟的发育与演替对滩涂生态保护、地质溃迹景观等均产生重要的影响。

3) 人工营造微地形

结合地形、水文条件，选取风小浪小的区域，营造微地形。例如，人工修建小岛，为鸟类停歇提供休憩场所，或营造大水塘，采用牡蛎礁围堰技术，对水塘岸进行改造，采用生态环保的方式增加景观效果。除此之外，水塘还增加了湿地蓄水防洪的功能，起到水位调节作用，扩充了鱼虾蟹等海洋动物的滞留活动产所，增加了生物多样性。

4) 困难立地造林区尝试红树林先锋物种

福建沿海地区适宜红树植物造林区并不多，现存的尚未实现造林的潮间带滩涂基本上为高盐度高滩位海滩、沙砾质海滩、深水海滩、强风浪海滩等红树林造林难度较大的海滩立地。困难立地造林规划设计一方面应考虑修复区域常规红树品种能否成活，另一方面应将增强红树林的生态防护功能考虑进来，有利于生物多样性保护，同时兼顾红树林的景观美学功能。

(二) 盐沼修复技术

根据盐沼湿地受损程度可将湿地生态恢复分为主动恢复和被动修复两种，前者是指湿地受损不超过其负荷且可逆的情况下，湿地内部生态系统自然恢复的过程，后者是指湿地受损较严重且不可逆的情况下，利用生态技术或生态工程人为修复或重建湿地的过程。相关研究人员根据湿地退化的驱动因素，因地制宜地提出了一系列修复技术与工程措施，以达到修复湿地植被、恢复湿地生态功能的效果。在修复的过程中，主要采用的技术方法有湿地生境恢复技术、生物修复技术和生物-生境联合修复技术等。

1) 生境恢复技术

滨海盐沼湿地生境恢复技术可细分为基底改造、水生态恢复和土壤理化性质恢复三类。

基底改造技术是指采用工程措施改造湿地地形地貌，达到减少滩面水土流失、促进本土植物生长繁殖和抵御海岸带侵蚀等目的。例如，在美国密西西比河流域利用高压喷雾疏浚技术显著抬升了退化湿地地形，使修复后盐沼植被覆盖度达到修复前的 3 倍，取得了较好的生态恢复效果。人类为减缓海水侵蚀引发海岸线后退的现象，陆续发展出硬海岸线工程和软海岸线工程两种基底改造技术。其中，硬海岸线工程主要是采用混凝土或沥青修筑防波堤、人工护岸和丁坝等基础设施，可有效防止海水侵蚀和洪水暴发，但这一方法存在明显弊端，它会通过滨海湿地与外海的水文连通，危害湿地的生物多样性及泥沙输运平衡。因此，随着认识的提高，人们开始引入软海岸线工程这一生态恢复技术，它是指在原有硬质海岸工程附近通过种植植物、放置岩石或添加围挡的生态方式，达到改善生物栖息环境、减弱风浪侵蚀、增加美观度和稳定海岸线等效果。

根据工程措施的不同，可将水生态恢复技术分为水质修复与水文恢复两类。水质修复是指人为采取各种水体净化措施和污水处理技术控制水体富营养化、消除水体有害微生物和净化水体的技术。具体做法为：首先，在生态前置库种植大量沉水植物与盐生植物群落，利用植物的富集吸收作用消除水体中部分悬浮物、有机物和氮磷等营养物质；其次，以改进土壤为基底在表面流湿地放置碎石并种植芦苇，可有效去除水体中有害藻类、氨氮和无机磷等污染物，达到水体深层净化的效果；最后，利用清水涵养塘防止有害藻类的暴发，并为湿地提供潮汐水源，完成退化湿地的水生态恢复过程。水文恢复是指通过疏浚河道、建造水坝和修筑引水渠等人工措施改善区域湿地水文水动力条件，加强水文连通并重建湿地生态水平衡的技术。水文连通强调了水文相关各因素的循环交换程度，其主要以潮沟为媒介，连通两个地理单元上的众多物质流，可以促进水陆相互作用，加速潮滩湿地上水流、植被、生物、土壤泥沙和营养盐等物质的交换，构成整体潮滩区域生态环境系统的循环输移过程。

土壤理化性质恢复是指通过增强土壤肥力、改良滨海盐碱土和降低土壤污染等技术修复受损土壤，重建湿地生物多样性的技术。针对滨海盐碱土的改良，总体基于因地制宜的可持续发展原则，当土壤盐碱化不严重时，以自然恢复为主，当盐碱化严重且植被无法存活时，可借助人为措施对盐碱土进行修复。例如，采用潮滩深耕浅翻、平整土地等技术措施，可显著改变土壤通气性，有效提高盐地碱蓬种子的截留量、种子发芽率和幼苗的存活率，达到对潮滩湿地盐地碱蓬植被的恢复；采用生物炭技术，通过调控土壤中微生物碳的利用效率及细菌群落组成，增加土壤团聚体中碳的积累，提升土壤吸收碳与固存碳的能力，从而恢复滨海湿地作为天然“蓝碳”的特征和功能；采用种植合适植物群落的途径，植物类型及密度变化对土壤总氮、总磷及重金属去除效果有较大的影响，种植适宜的植物群落对受损湿地土壤的恢复有显著效果。由此可见，通过增加滩涂通气性、改良滩涂土壤、降低土污染等方式均能有效修复滨海盐沼湿地生境。

2) 生物修复技术

滨海湿地生物修复技术是指利用生态系统中的生物(动植物或微生物)降低湿地污染物浓度，并使其恢复到自然生态水平的过程。现有生物修复主要包括植物修复技术、微生物修复技术和植物-微生物联合修复技术。

植物修复技术分为两种：一种是基于生境恢复技术，利用植物自身对污染物的吸收、降解、挥发和富集等作用，修复湿地水生态环境或土壤理化性质，构建湿地植被适宜生境，恢复原有湿地斑块及群落组成；另一种是基于植物物种选育和移栽技术，通过人工播撒种子或引入其他繁殖体(幼苗、根茎)的方式，优化盐地碱蓬、芦苇等植被群落结构。

微生物修复技术是指土壤中土著菌或人工培养菌落通过微生物的降解作用将土壤中有毒污染物转化为无毒物质的过程。

经过长时期的实践，虽然微生物修复技术与植物修复技术在恢复受损湿地中取得了一定成效，但二者均存在明显缺点。其中，微生物修复技术中使用的细菌/真菌菌株一般只适用于在室内理想条件下分解土壤中污染物质，当应用到无植被覆盖的室外土壤时，由于生态系统的复杂性，微生物往往无法发挥其降解污染物的作用，湿地恢复效果不明显。由于植物自身存在一种生态阈值，且植物对重金属等有毒物质的吸收能力有限，因此当湿地内污染物浓度高于其耐受值时，不仅无法发挥植物的富集作用，还会导致植被大面积死亡，加重湿地受损程度。基于此，现有研究提出一种植物-微生物联合修复技术，该方法通过在野外种植大面积植被，并添加各类促进生物降解、植物生长和植被修复的微生物，可最大限度地发挥植物-微生物对受损湿地的联合修复作用。

3) 多修复技术的联合应用

由于单个生物或生境修复技术对于恢复湿地生态系统具有局限性，因此随着研究的深入，受损湿地总体经历了从简单到复杂、从单一到复合的修复过程。1996～1998 年在新泽西州特拉华河口开展的“河口增强计划”主要利用堤坝开口和主、次潮沟开挖等工程恢复了区域水文水动力条件(水生态恢复)，结合植被重建工程成功恢复了河口盐沼植被覆盖度(植物修复)。美国学者探索总结了牙买加湾湿地的生态修复过程：采取回填土的方式抬升湿地微地形(基底修复)，以减少湿地因盐度胁迫出现的土地盐碱化现象，采取外来移栽和原位移栽相结合的方式，有效修复植被群落结构；搭建防风网，以减少砂质基底流失，在湿地边缘，利用原生的互花米草和基底堆构形成植物岛丘，以促进盐沼植物自然演替。

(三) 海草床修复技术

1) 添加营养物质

营养物质是海草生长过程中必不可缺的物质，通过在沉积物中添加营养盐物质，增加肥力，促进海草生长。沉积物中增加氮元素含量，可以提高泰来草的生长速度和增加龟裂喜盐草生物量。沉积物中增加营养盐含量，可以增加日本鳗草的地下生物量。营养盐物质可以间接促进其他生物的生长，提高海草床的修复潜力，缩短海床修复时间。

2) 植物激素处理

植物激素由植物体产生或者人工合成，用于调节生理机能的有机化合物，细胞分裂素、赤霉素和色氨酸等植物激素都能促进海草生长。通过研究海草应对植物激素刺激的原理，在水环境中添加植物激素，让海草叶片吸收，提高海草生长速度。澳洲波喜荡草生长环境中添加低浓度的生长素或者细胞分裂素，提高幼苗的成活率。赤霉素可以促进小粉丝草幼苗叶片生长，但添加生长素或者细胞分裂素却抑制其生长。

3) 利用物种共生关系

不同物种或者生物与环境之间，相互作用影响彼此的生长。根据海草床内生物的种类与群落的关系，提高海草床保护和修复效率。海草可以为周边动植物呼吸提供所需的氧气，双壳贝类通过增加土壤疏松性和肥力促进海草生长，提高海草的生物量。海草床修复时放养双壳类动物或者投放牡礁，可改善土质和水文环境，提升海草的适应能力提高海草的成活率。

三、典型工程

(一) 锦州市大凌河口湿地修复

在 2018 年至 2020 年开展的渤海综合治理攻坚战生态修复工作中，锦州市在中央财政的支持下，投入 2100 余万元实施了锦州市大凌河口生态修复项目。项目从大凌河口滨海湿地生态问题出发，因地制宜地采取养殖围堰拆除、地形重塑、盐沼植被修复、海堤生态化等修复措施，有效改善了大凌河口滨海湿地生态环境，生态修复效果显著。如今的大凌河口重现了“红滩绿苇、鸥鹭齐飞”的生态景观。

大凌河发源于辽宁省与河北省接壤地区，全长 447 km，流域面积 2.33 万 km^2，年均径流量 17.91 亿 m^3，是辽宁省西部最大的河流，是辽西人民的母亲河。大凌河入海口地处辽河三角洲湿地西部，域内滩涂广袤、芦苇和碱蓬壮阔、生物群落丰富多样，是我国河口湿地的典型区域。大凌河入海口两侧原为芦苇和翅碱蓬交替出现的滨海湿地。随着区域围海养殖的大规模发展，养殖围堰占用了滨海湿地，割裂了河口天然潮沟，导致滨海湿地海水交换受阻，盐沼植被逐渐退化，自然湿地生态系统功能受损。

针对修复区域的生态问题，项目以恢复河口湿地生态功能为重点，坚持目标导向、问题导向，按照“保障生态安全、突出生态功能、兼顾生态景观”的次序，科学选取技术模式，保障修复效果。首先是湿地地形重塑：拆除围海养殖围堰 3670 m，恢复滨海湿地，因地制宜进行地形改造，疏通潮沟水系，重塑了芦苇-碱蓬湿地生境；然后是潮沟清淤疏浚：开展河口潮沟清淤疏浚，疏通养殖围堰外围潮沟 9317 m，恢复河口滨海湿地的水动力条件，修复滨海湿地 190 hm^2，改善河口生境质量；最后是盐沼植被修复：在地形重塑的基础上，选择芦苇、翅碱蓬等当地植物进行补植，恢复盐沼植被 37 hm^2，打造鸟类栖息适宜生境，恢复典型河口滨海湿地生态景观。

项目实施养殖围堰拆除及潮沟清淤疏浚后，首先恢复了原有滩涂及Ⅰ级潮沟，修复了滩涂潮沟的水动力条件，改善了滩涂径流及潮流的交互过程；并在潮沟清淤疏浚后的自然演化作用下，促进Ⅲ-Ⅳ级潮沟系统发育，形成天然的滩涂潮沟水文动力环境。其次通过滩涂生境改善及盐沼湿地植被种植等措施，逐渐恢复大凌河口芦-碱蓬生态系统景观。

2021 年 8 月 22 日，中国野生动物保护协会在修复区附近 1 天内观察到鸟类 34 种，种类涉及中型涉禽、小型涉禽、中型游禽和中小型猛禽，其中国家一级保护野生动物有黑脸琵鹭、黄胸鸡、黑嘴鸡 3 种，国家二级保护野生动物有翻石鹂、阔嘴鹂、大构鹂、白腰构鹂、大滨鹂小天鹅、白腹鹗、白尾鹗、短耳鸦 9 种，保护修复效果显著。

(二) 沧州渤海新区南大港湿地

南大港湿地是世界上负氧离子含量最高、珍稀候鸟迁徙种类最多的滨海湿地、全国 29 个国家重要湿地之一、黄渤海湿地国际联盟成员单位、东亚至澳大利西亚鸟类迁徙网络重要节点、中国黄(渤)海候鸟栖息地(第二期)世界自然遗产名录提名地。现有植物 237 种，昆虫 291 种，鸟类 268 种。其中，国家一级保护鸟类 16 种，国家二级保护鸟类 51 种。南大港产业园区针对围塘养殖行为造成的自然湿地面积萎缩、水体交换能力减弱、鸟类栖息地生境不足和湿地生物多样性降低等生态问题，开展针对性修复，保护原生湿地，打造出享有“京津南花园天然大氧吧”的滨海生态样板。

在南大港湿地北侧，早期的围塘养殖改变了自然湿地的属性和原有环境，破坏了鸟类的栖息空间。为解决生态问题，改善鸟类栖息空间，南大港产业园区深入参与河北省渤海综合治理攻坚战，在 2020 年实施了河北省南大港湿地(北部养殖池塘)生态修复项目。

该项目总投资 2898 万元，通过“退养还湿”、微地形整理、滩面营造、坡面生态化改造等措施，将养殖池塘恢复成了具有明水面—浅滩—生境岛的自然湿地结构。实现清理围堤长度 4.54 km，完成生态修复面积 108.8 hm^2，有效提升了修复区的水环境质量，鸟类的种类、数量以及珍稀程度均有明显的提升，鱼虾蟹等水生动物的自然恢复，完善了湿地生态系统结构提高了生态系统的稳定性和物种的多样性，为河北省高位养殖提供了可复制的滨海湿地生态修复模式。

在充分调研南大港湿地现有生态资源和土地利用现状的基础上，按照“优先保护、合理开发、综合治理”的原则，南大港产业园区编制了《河北南大港湿地和鸟类省级自然保护区专项规划(2018—2035 年)》和《南大港湿地生态旅游总体规划》，坚持以原生态景观保护为基础，发展生态旅游产业为重点，在保护中开发、在开发中保护，把湿地生态保护成果转化为旅游高质量发展的持续动力。2020 年 12 月，南大港湿地景区获批国家 AAAA 级旅游景区，2021 年 5 月，获批省级智慧旅游景区；2022 年 4 月，获批全国科普教育基地；2022 年 7 月，获批省级文化和旅游标准化示范单位。

开展野生动物疫源疫病监测、鸟类调查监测，形成全年鸟类监测系统资料，启动以东方白鹳为重点的国家重点保护动物专属保护栖息地建设，实时进行水质监测，每年引入达标黄河水 3000 万 m^3，有效改善野生动物栖息和繁殖地生境，进行国家重点野生动植物保护项目，增殖放流补充鸟类食源。创新开展南大港湿地科研监测一体化平台建设，修建闸涵 6 处，新建保护站点 12 处，提升改造保护点 10 处，平台多角度、全方位、各时段构建了南大港湿地生态观测网络，包括湿地野生动植物、水质、水位、大气沉降、芦苇植被、站点巡护等要素，为湿地生态环境保护修复提供了坚实保障和重要科技支撑，努力打造全省生态保护样板。

通过生态修复坚持不懈地治理，湿地生态环境持续好转，吸引着更多鸟类来到南大港湿地。修复前 2020 年共观测到鸟类 1438 只次，隶属 8 目 11 科 24 属 21 种；修复后的 2021 年共观测到鸟类 10360 只次，隶属 11 目 21 科 30 属 44 种，共记录到国家重点保护鸟类 5 种，其中包括国家一级重点保护鸟类 1 种——东方白鹤，国家二级重点保护鸟类 4 种——小天鹅、白琵鹭等；2022 年候鸟迁徙期间观测到鸟类数量 2 万余只，记录到国家一级保护动物 2 种——东方白鹤、白枕鹤，国家二级保护动物 4 种——大天鹅、小天鹅、疣鼻天鹅、白琵鹭，鸟类的种类、数量以及珍稀程度均有明显的提升。修复区内水体盐度、化学需氧量、五日生化需氧量、总氮等水环境指标下降 60%～70%；湿地土壤监测点位平均清洁度提升 27.5%，土壤质量向好转变，湿地水体环境和水文连通性改善之后，游泳动物实现了自然恢复，矛尾鰕虎鱼、中华绒螯蟹、梭鱼、鲫鱼等游泳动物的恢复，完善了湿地生态系统结构，提高了生态系统的稳定性和物种的多样性。

两个近岸湿地修复案例的方法及效果对比见表 8-3。

表 8-3　近岸湿地修复案例

案例地点	修复方法	效果
锦州市大凌河口	湿地地形重塑、潮沟清淤疏浚、盐沼植被修复	修复滨海湿地 190 公顷、恢复盐沼植被 37 公顷
沧州渤海新区南大港	退养还湿、微地形整理、滩面营造、坡面生态化改造	修复后 1 年共观测到鸟类 10360 只次，水环境指标下降 60%～70%，湿地土壤监测点位平均清洁度提升 27.5%

第四节　近岸生态碳汇扩增工程技术

一、生物炭技术

经过生物质高温裂解等作用产生的生物炭，具有多孔结构和较大的比表面积，是富碳的固体颗粒。第一，生物炭作为土壤改良剂，其自身的高碳属性有利于应用土壤的直接增汇；第二，施加生物炭可以增加土壤中的有机质和养分含量，改善土壤结构，促进植物生长，实现碳增汇吸收；第三，生物炭在碳减排中也发挥着重要作用，通过稳定土壤中的有机碳、调整微生物群落结构和功能，从而减少土壤的碳排放量，如图 8-3 所示。滨海湿地是储存包含生物炭等惰性黑炭的重要载体，埋藏在地下的生物炭可以存储数百年甚至数千年之久，相当于将碳固存到土壤中，起到了固碳减排的作用。

在自然条件下，植物通过光合作用吸收的 CO_2 量的 50%通过呼吸作用重返大气中，剩余的 50%的 CO_2 量以植物残体的形式进入土壤，成为土壤碳的主要来源，但是这部分碳进入土壤后，在较短时间内会被分解，重新回到大气中。因此，在这个过程中，大气 CO_2 的被封存率是有限的。然而，在有生物炭参与的情况下，植物光合吸收的 25%的碳可以通过热解过程转化为生物炭，实现在土壤中长时间的固存。生物炭的固碳和减排潜力受其理化性质的影响，生物炭的理化性质主要取决于原材料的选择和制备工艺条件。此外，土地类型、植物类型、气候和环境条件等外部因素对生物炭固碳和减排潜力也有重要影响。

在生物炭制备过程中，各种工艺条件的设定和生物质原料的选择能直接或间接地影响生物炭的固碳和减排潜力。通过改变生物炭产量可以直接影响生物炭本身的碳固存潜力，通过改变生物炭的理化性质可以间接影响生物炭的碳固存和减排潜力。生物炭制备工艺的影响主要体现在热解温度和热解时间等条件上，以及多个条件的协同作用。不同生物质的成分组成存在差异，如不同种类植物生物质中的木质素、纤维素和半纤维素含量，甚至是在不同土壤中生长的同一种植物生物质中的木质素、纤维素和半纤维素含量，都会存在差异。在生物炭的制备过程中，所用的电力及其运输过程的耗能等也涉及碳的排放，因此可以采用生物炭生命周期法，估算碳排放量，实现低碳生产与应用提高碳增汇、减排的效应与潜力。

生物炭已经被广泛应用于滨海湿地生态系统中。将生物炭施用到滨海湿地的盐碱土壤中，不仅能够促进植物生长还能抑制土壤有机质的矿化，增加了土壤碳的储量。以黄河三角洲滨海湿地中的互花米草和芦苇作为原料制备的生物炭能改善当地盐碱土壤的质量。施用生物炭有利于退化盐沼的恢复，能增强盐沼的碳汇功能。此外，红树林中的红树植物(真红树植物和半红树植物)、盐沼中的盐生植物等都是重要的生物质资源，这些植物通过人工培养都可以用于生物炭制备，由此可以避免或减少用外源材料制备的生物炭对自然生态系统的干扰。

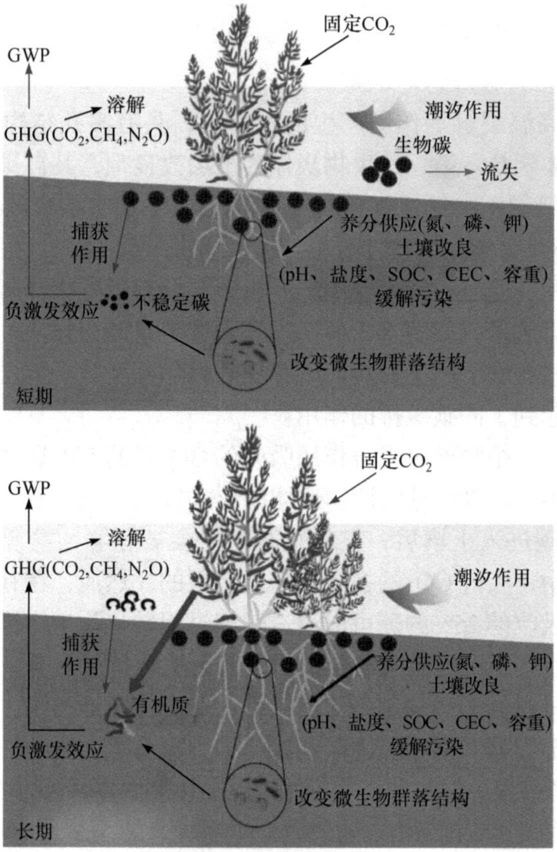

图 8-3　生物炭增汇技术

二、生物质能-碳捕集与封存技术

作为气候变化背景下最具有发展潜力的碳负排放关键技术，生物质能-碳捕集与封存技术可以将大气中的CO_2去除，并且封存在地质储存库中。该技术的原理是植物通过光合作用吸收大气中的CO_2，并将其合成为有机物，以生物质能源的形式存储起来，这些生物质再通过燃烧发电或者化学反应等过程，实现能量的转换和利用，最后，对产生的副产物CO_2进行压缩和冷却后，利用管道运输注入合适的地质结构中，进行永久封存。

已经在土地利用、生物多样性损失、生物质资源、食物竞争和水资源危机等方面，对生物质能源和碳捕集与封存技术的实用性开展了深入研究。若要捕集全人类排放的CO_2的 2/3，至少需要种植 1 万亿棵树。生物质能-碳捕集与封存技术的生物物理和经济限制评估结果显示，若使用该技术控制 2℃升温目标，需要使用人类淡水资源总量的 3%，至少占用全球耕地面积的 25%。因此，合理部署和分配资源是一个巨大挑战。已经尝试对生物质能-碳捕集与封存技术进行改进。以种植速生、丰产且碳捕获效率高的草本植物来替代生产周期长的普通植物物种，既解决了普通生物质能源效率低的问题，又解决了其与粮食需求的矛盾。考虑到陆地上的淡水和土地资源有限、植物光合作用效率低下等问题，将生物质能-碳捕集与封存技术与海洋中藻类的利用相结合，形成藻类生物质能-碳捕集与封存技术。

三、土地利用和管理技术

将土地利用和管理技术应用于滨海湿地生态系统，最主要的体现就是“蓝碳”增汇，类似于在陆地生态系统采用“农业土壤”方法进行碳去除和封存。滨海湿地蓝碳增汇是指增加红树林、盐沼、海草床和其他潮汐或咸水湿地中植物或沉积物的碳储存量。蓝碳增汇可以通过恢复水文连通、提高生物固碳能力和土壤埋藏等技术实现。红树林、盐沼和海草床可以捕获和储存大量的碳，因其固碳效率非常高，故称为蓝碳生态系统。滨海湿地蓝碳是海洋碳汇的重要组成部分，其在应对全球气候变化中具有十分重要的作用。由于一些滨海湿地已经被改变为农田、水产养殖塘和建设用地，因此急需系统评估被占用的滨海湿地的可恢复性，因地制宜地恢复滨海湿地，加强滨海湿地的蓝碳功能。

思考与练习

1. 什么是蓝碳？蓝碳生态系统各有什么特征？
2. 如何防治外来入侵物种互花米草？
3. 近岸湿地退化原因是什么？如何治理？
4. 近岸生态碳汇扩增技术有哪些？

第九章　环境生态工程建设规范性文件

本章以农田面源污染控制氮磷生态拦截沟渠系统建设为例介绍环境生态工程典型建设规范标准。

第一节　生态拦截沟渠系统建设标准文本

一、标准文本

(一) 范围

本标准规定了农田面源污染控制氮磷生态拦截沟渠系统的设计、施工、验收、管护要求。

本标准适用于农田面源污染控制氮磷生态拦截沟渠系统的设计、施工、验收和监测管护。

(二) 规范性引用文件

下列文件中的内容通过文中的规范性引用而构成本标准必不可少的条款。其中，注日期的引用文件，仅该日期对应的版本适用于本标准；不注日期的引用文件，其现行版本(包括所有的修改单)适用于本标准。

《灌溉与排水工程设计标准》(GB 50288—2018)；

《农田排水工程技术规范》(SL/T 4—2020)；

《渠道防渗衬砌工程技术标准》(GB/T 50600—2020)。

(三) 术语和定义

下列术语和定义适用于本标准。

(1) 生态拦截(ecological interception)：采用建筑工程技术、生物技术和管理技术等相结合的污染物阻控措施。

(2) 拦水坎(ditch barrier)：依据沟渠长度、坡度和渠水流向，布设于沟渠中端和末端，用于维持渠底水深以满足沟渠水生植物生长的堤埂。

(3) 底泥捕获井(sediment capture well)：用于聚集并沉淀沟渠水中挟带的泥土等杂质的井。

(4) 氮磷去除模块(nitrogen and phosphorus removal module)：安置于底泥捕获井中，由多孔性矿物等材料组成，用于同步去除沟渠水中氮磷的模块。

(5) 生态透水坝(ecological permeable dam)：采用砂石等滤料在沟渠中人工垒筑的，通过配置植物对沟渠水质进行净化的坝体。

(6) 生态浮岛(ecological floating island)：以水生植物为栽植主体，充分利用水体空间生态位和营养生态位，建立的人工生态系统。

(7) 排涝模数(drainage modulus)：在一定频率设计的暴雨情景下，单位面积地面所产生的径流量。

(8) 承泄区(drainage receiver)：承纳沟渠末端排出水的缓冲区域。

(四) 系统设计

1) 基本原则

氮磷生态拦截沟渠系统建设应综合考虑区域特性、气象水文条件、地形地貌、土壤质地、地下水埋深、种养结构等实际情况，宜利用原有排水沟渠进行改造和提升。

氮磷生态拦截沟渠系统建设应加强设计、施工、验收、管理、拦截基质资源化利用等环节的衔接，形成统一完整、绿色生态、协同高效的可持续运行系统。

氮磷生态拦截沟渠系统应与区域农田排水系统相结合，综合考虑排水通畅、污染拦截、景观生态和安全等因素，主要服务于初雨①径流污染拦截。

氮磷生态拦截沟渠系统应在农田排水主干沟上建设，并由主干排水沟、生态拦截辅助设施、植物等部分组成。生态拦截辅助设施应至少包括节制闸、拦水坎、底泥捕获井、氮磷去除模块，宜设置生态浮岛、生态透水坝设施。氮磷生态拦截沟渠系统的植物应包括沉水植物、挺水植物、护坡植物和沟堤蜜源植物②，且配置应以本土优势植物为主，兼顾污染净化、生态链恢复、植物季相、景观优化等因素(图 9-1)。

氮磷生态拦截沟渠系统服务范围内应设置标识标牌，明确建设、运维、管护责任主体等内容。

2) 主干沟设计

氮磷生态拦截沟渠系统主干沟长度应在 300 m 以上，具有承纳 10 hm^2(150 亩)以上农田汇水和排水的能力。主干沟设计用地形图的比例尺应按照《农田排水工程技术规范》的规定执行。

① 浙江省初雨量一般为 8～10 mm。

② 蜜源植物是指供蜜蜂采集花蜜和花粉的植物。

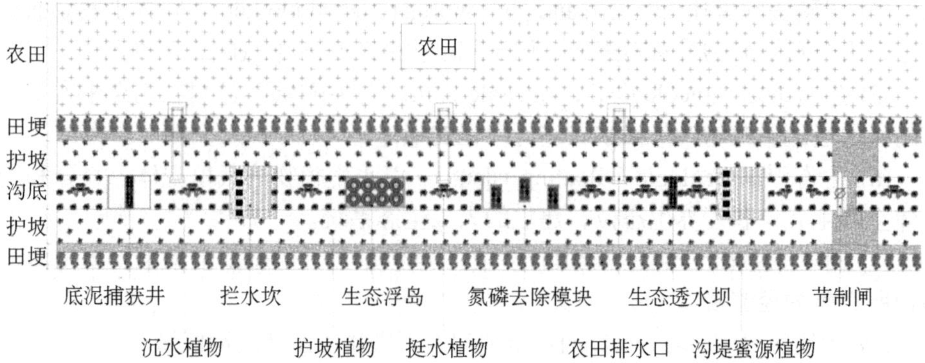

图 9-1　氮磷生态拦截沟渠系统示意图

氮磷生态拦截沟渠系统主干沟流量设计应根据其控制面积、产流和汇流条件，按与排水任务相应的排涝模数乘以其控制面积确定。主干沟排涝模数计算和流量设计应按照《灌溉与排水工程设计标准》的规定执行。

氮磷生态拦截沟渠系统主干沟的断面设计和水位设计应按照《灌溉与排水工程设计标准》的规定执行，并应符合下列规定：

(1) 主干沟可采用梯形、矩形或“U”形断面，断面沟壁材质宜采用生态袋、六角砖、圆孔砖、鹅卵石等有利于护坡植物定植的材料。

(2) 生态沟渠沟壁与土壤接合处不应衬砌或建不透水护面。

(3) 主干沟过流断面底宽和深度不宜小于 0.4 m。

主干沟排水承泄区的选择应按照《农田排水工程技术规范》的规定执行。

主干沟应分段设置拦水坎，宜在主干沟末端位置设置生态透水坝，兼具净化水质与为下游沟渠提供势能的效果。

3) 生态拦截设施设计

拦水坎高度应高于沟渠底面 0.15～0.20 m。

生态透水坝坝高不宜超过沟深的 30%，坝顶应种植湿生或水生植物。透水坝的透水能力与几何尺寸关系计算参见下文(“二、标准附录”部分)。

每条氮磷生态拦截沟渠系统设置 1 座以上底泥捕获井。底泥捕获井宜设置在拦水坎、生态透水坝等构筑物上游的位置；井深深度应小于 1 m，井宽不小于沟渠底宽，井长大于 1 m，每 0.5 m 安置 1 个氮磷去除模块，井口应安放可卸式格栅，格栅上可定植湿生或水生植物。

在底泥捕获井中放置多个氮磷去除模块时，应水平交错放置；模块深度应与底泥捕获井基本一致，模块宽度应为底泥捕获井宽度一半以上，模块上表面应与沟渠底面齐平，每个模块厚度应在 0.1 m 以上。

氮磷生态拦截沟渠系统末端和承泄区落差大于 1 m 时应设置阶梯式截流池

或坡式跌水，阶梯式截流池前宜设置拦水坎抬高水位。

宜在主干沟最宽位置或沟渠承泄区设置生态浮岛。

宜在氮磷生态拦截沟渠系统配置生态塘，用于净水、蓄水、农业供水、农田生态恢复和田园景观营建。

4) 植物配置

植物配置不宜选用浮叶植物，应以本土沉水、挺水、护坡植物为主。

(五) 系统施工与验收

氮磷生态拦截沟渠系统建设应按照《农田排水工程技术规范》有关明沟工程的规定进行施工。

沟渠防渗应按照《渠道防渗衬砌工程技术标准》的规定执行。

氮磷生态拦截沟渠系统验收应按照《农田排水工程技术规范》的规定进行，底泥捕获井、氮磷去除模块等部位应在施工期间进行验收。

(六) 系统管护

1) 管护要求

氮磷生态拦截沟渠系统建设工程管理应按照《农田排水工程技术规范》的规定执行，应落实管护责任，管理组织应制定并严格执行运行维护管理规章制度。

氮磷生态拦截沟渠系统的管理应包括必要的监测和经常性管护。

宜对氮磷生态拦截沟渠系统的主干沟进口和末端出口的水量和水质进行每月监测 1 次，监测指标至少包含总氮、总磷、氨氮和高锰酸盐指数。

2) 经常性管护

宜每周定期检查沟渠系统损坏和堵塞现象，及时进行修复，并清除沟体内的杂物。沟底淤积厚度超过 0.1 m 时应进行清淤。

每年汛期前，应对生态沟渠系统进行全面检查，保证沟渠系统排水畅通；汛期后，对易受冲刷沟段应重点检查和修复。

应及时对沟渠中的水生植物进行修剪，并对修剪废弃物进行处置。

底泥捕获井应每 2 个月清泥 1 次，氮磷去除模块吸附基质和生态透水坝的滤料应每半年更换 1 次。井泥和废滤料应做资源化循环利用。

二、标准附录

(一) 透水坝的几何尺寸

透水坝的透水能力与其几何尺寸密切相关，可以结合渗流方程和达西定律对其进行计算。对于采用粒径小于 3 cm(渗透系数小于 0.15 m/s)砂石材料垒筑的透水坝，达西定律的适用范围为流速 $v<1.5$ m/h，水力坡降 $J<0.1$，用雷诺数 Re

表达的达西定律的上界为 $Re<5$。根据透水坝形状的不同，一般采用矩形和梯形两种计算模型。

1) 矩形模型

根据达西定律和有自由水面的非承压渗流微分方程，得到矩形断面的透水坝的渗流方程——杜平公式，即

$$q = k(H_1^2 - H_2^2)/2L_1 \tag{9-1}$$

式中，q 为单宽流量，$m^3/(m \cdot d)$；L_1 为坝长(沿水流方向长度)，m；k 为渗透系数，m/d；H_1 为坝前水深，m；H_2 为坝后水深，m。

如透水坝的宽度为 L_2，则总渗流量(Q)为

$$Q = kL_2(H_1^2 - H_2^2)/2L_1 \tag{9-2}$$

已知流量、坝体前后水深条件，根据杜平公式，选取合适的渗透系数可求得坝长。

2) 梯形模型

如图 9-2 所示，透水坝截面为梯形，上下游坝面为斜面，上游边坡系数为 m_1，下游边坡系数为 m_2。

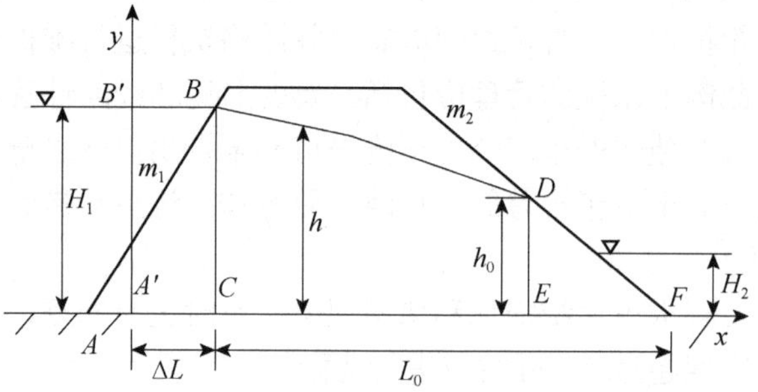

图 9-2　透水坝渗流梯形模型示意图

梯形模型的渗流计算可分为 3 块渗流区，即上游段(ABC)、中间段($BCED$)和下游段(DEF)，上游河段可用长度为 ΔL 的等效矩形 $A'B'BC$ 代替，即

$$\Delta L = m_1 H_1 / (2m_1 + 1) \tag{9-3}$$

中间段 $BCED$ 根据式(9-2)有

$$Q = k({H_1}^2 - {h_0}^2)/2(\Delta L + L_0 - m_2 h_0) \tag{9-4}$$

下游段 DEF 包括贴坡流和一个三角区域的渗流，可以用矩形替代法估算，即

$$Q = \frac{k(h_0 - H_2)}{m_2 + 0.5}\left[1 + \frac{H_2}{2h_0 - H_2 + m_2 H_2 / 2(m_2 + 0.5)^2}\right] \tag{9-5}$$

一般来说，考虑到坝体的稳定，通常采用大于砂石自然边坡系数(一般 $m \geqslant 1$)的梯形结构。

(二) 透水坝的渗透系数

根据平原河网地区现场的条件，通过渗透实验可获得较为准确的渗透系数，粒径 1 cm 碎石的渗透系数为 3～5 cm/s，粒径 2～4 cm 砾石的渗透系数为 8～12 cm/s。

一般的筑坝材料粒径以 1～5 cm 为宜。在筑坝材料的级配方面，应保证大小粒径的 $d_{10}(d_{50})$之比小于 5～10。

d_{10}：颗粒累积分布为 10%的粒径，即小于此粒径的颗粒体积含量占全部颗粒的 10%；d_{50}：也称中位径或中值粒径，是一个表示粒度大小的典型值，指颗粒累积分布为 50%的粒径，小于此粒径的颗粒体积含量占全部颗粒的 50%。

第二节　生态拦截沟渠系统建设标准编制说明

一、项目背景

(一) 我国农业面源污染现状

我国农业快速发展带来的环境污染问题日益凸显。目前，我国农业化肥年施用量达 6022 万 t，利用率仅为 35.2%。根据 2020 年 6 月 8 日公布的第二次全国污染源普查数据，我国农业源对水体氮、磷的贡献率分别高达 46.5%和 67.2%，是水体富营养化、水生生态系统失稳的重要诱因，对饮用水安全也造成严重威胁。因此，不解决农业面源污染问题就难以突破我国水环境质量改善的瓶颈。全国污染源普查氮磷排放情况见表 9-1。

表 9-1　全国污染源普查氮磷排放情况　　(单位：万 t)

污染物类别	工业源	农业源	生活源	集中污水设施	合计
COD	90.96	1067.13	983.44	2.45	2143.98
氨氮	4.45	21.62	69.91	0.36	96.34
总氮	15.57	141.49	146.52	0.56	304.14
总磷	0.79	21.2	9.54	0.01	31.54

(二) 浙江省农业面源污染防治情况

1) 浙江省农田面源污染现状

近年来随着测土配方、肥药双减等措施的大力推进，浙江省化肥年施用量已逐步实现负增长，但是化肥施用的基数依然庞大，氮磷流失问题仍旧不容忽视(表 9-2)。根据 2018 年数据进行测算，浙江省通过沟渠地表径流流失的氮、磷分别达 54300 t 和 4200 t。因此，有必要加快氮磷生态拦截沟渠系统的建设进程，减少氮磷对水体的污染。

表 9-2 浙江省化肥年施用量情况(化肥按折纯量计算) (单位：万 t)

化肥	2013 年	2014 年	2015 年	2016 年	2017 年	2018 年
氮肥	50.46	47.64	46.26	44.19	42.90	40.15
磷肥	11.45	10.66	10.15	9.71	9.34	8.59
钾肥	7.32	7.20	6.84	6.58	6.56	6.10
复合肥	23.20	24.12	24.27	24.00	23.83	22.93

2) 浙江省氮磷生态拦截沟渠系统建设情况

生态拦截沟渠系统是原始农田排水沟渠的一种改进，既能提高沟渠对农田排水氮磷养分的拦截效率，降低氮磷排水对受纳水体的污染，又能提升治理区域内的生态功能和景观效果，是切实解决农业面源污染的一项重要举措。浙江省作为农业可持续发展试验示范区和绿色农业发展先行区，氮磷生态拦截沟渠系统建设任务被列入全省“五水共治”一类考核目标，并入选了《浙江省水污染防治行动计划》考核亮点工作。2018～2019 年全省累计建设氮磷生态拦截沟渠系统 306 条。

(三) 国内外现行相关法律、法规和标准情况

1) 国家层面政策情况分析

国家十分重视农业面源污染治理工作，国务院及其各部委相继出台了一系列文件与政策，习近平总书记先后发表了一系列讲话。

(1) 中央一号文件。

2015 年中央一号文件《中共中央 国务院 关于加大改革创新力度加快农业现代化建设的若干意见》指出：“加强农业生态治理。实施农业环境突出问题治理总体规划和农业可持续发展规划。加强农业面源污染治理，深入开展测土配方施肥，大力推广生物有机肥、低毒低残留农药，开展秸秆、畜禽粪便资源化利用和农田残膜回收区域性示范。”

2016 年中央一号文件《中共中央 国务院 关于落实发展新理念加快农业现代化 实现全面小康目标的若干意见》指出：“加快农业环境突出问题治理。基本形成改善农业环境的政策法规制度和技术路径，确保农业生态环境恶化趋势总体得到遏制，治理明显见到成效。实施并完善农业环境突出问题治理总体规划。加大农业面源污染防治力度，实施化肥农药零增长行动，实施种养业废弃物资源

化利用、无害化处理区域示范工程。积极推广高效生态循环农业模式。”“加强农业生态保护和修复。实施山水林田湖生态保护和修复工程，进行整体保护、系统修复、综合治理。”

2017 年中央一号文件《中共中央　国务院　关于深入推进农业供给侧结构性改革 加快培育农业农村发展新动能的若干意见》指出：“集中治理农业环境突出问题。实施耕地、草原、河湖休养生息规划。开展土壤污染状况详查，深入实施土壤污染防治行动计划，继续开展重金属污染耕地修复及种植结构调整试点。扩大农业面源污染综合治理试点范围。”

2018 年中央一号文件《中共中央　国务院　关于实施乡村振兴战略的意见》明确指出：“把山水林田湖草作为一个生命共同体，进行统一保护、统一修复。”“加强农村突出环境问题综合治理。加强农业面源污染防治，开展农业绿色发展行动，实现投入品减量化、生产清洁化、废物资源化、产业模式生态化。”“加强农村水环境治理和农村饮用水水源保护，实施农村生态清洁小流域建设。”到 2035 年，“农村生态环境根本好转，美丽宜居乡村基本实现。”

2019 年中央一号文件《中共中央　国务院关于坚持农业农村优先发展做好“三农”工作的若干意见》指出：“加强农村污染治理和生态环境保护。统筹推进山水林田湖草系统治理，推动农业农村绿色发展。加大农业面源污染治理力度，开展农业节肥节药行动，实现化肥农药使用量负增长。”“落实河长制、湖长制，推进农村水环境治理，严格乡村河湖水域岸线等水生态空间管理。”

(2)《“十三五”生态环境保护规划》。

在《“十三五”生态环境保护规划》中，第五章第四节“加快农业农村环境综合治理”指出：“打好农业面源污染治理攻坚战。优化调整农业结构和布局，推广资源节约型农业清洁生产技术，推动资源节约型、环境友好型、生态保育型农业发展。建设生态沟渠、污水净化塘、地表径流集蓄池等设施，净化农田排水及地表径流。实施环水有机农业行动计划。推进健康生态养殖。实行测土配方施肥。推进种植业清洁生产，开展农膜回收利用，率先实现东北黑土地大田生产地膜零增长。在环渤海京津冀、长三角、珠三角等重点区域，开展种植业和养殖业重点排放源氨防控研究与示范。”

(3)《关于全面推行河长制的意见》。

中共中央办公厅、国务院办公厅发布的《关于全面推行河长制的意见》第七条指出：“加强水污染防治。落实《水污染防治行动计划》，明确河湖水污染防治目标和任务，统筹水上、岸上污染治理，完善入河湖排污管控机制和考核体系。排查入河湖污染源，加强综合防治，严格治理工矿企业污染、城镇生活污染、畜禽养殖污染、水产养殖污染、农业面源污染、船舶港口污染，改善水环境质量。优化入河湖排污口布局，实施入河湖排污口整治。”

(4)《关于加快推进长江经济带农业面源污染治理的指导意见》。

《关于加快推进长江经济带农业面源污染治理的指导意见》指出农业农村面源污染仍是长江水体污染的重要来源之一。“综合防控农田面源污染，推动农业绿色发展”作为指导意见明确地提出重点任务：“控制和净化地表径流。大力发展节水农业，提高灌溉水利用效率。加强灌溉水质监测与管理，严禁用未经处理的工业和城市污水灌溉农田。充分利用现有沟、塘、窖等，建设生态缓冲带、生态沟渠、地表径流集蓄与再利用设施，有效拦截和消纳农田退水和农村生活污水中各类有机污染物，净化农田退水及地表径流。”

(5)《中共中央关于制定国民经济和社会发展第十三个五年规划的建议》。

《中共中央关于制定国民经济和社会发展第十三个五年规划的建议》第五部分“坚持绿色发展，着力改善生态环境”中指出：“加大环境治理力度。以提高环境质量为核心，实行最严格的环境保护制度，形成政府、企业、公众共治的环境治理体系。推进多污染物综合防治和环境治理，实行联防联控和流域共治，深入实施大气、水、土壤污染防治行动计划。”“坚持城乡环境治理并重，加大农业面源污染防治力度，统筹农村饮水安全、改水改厕、垃圾处理，推进种养业废弃物资源化利用、无害化处置。”

(6)《水污染防治行动计划》。

国务院印发的《水污染防治行动计划》指出：“制定实施全国农业面源污染综合防治方案。”“完善高标准农田建设、土地开发整理等标准规范，明确环保要求，新建高标准农田要达到相关环保要求。敏感区域和大中型灌区，要利用现有沟、塘、窖等，配置水生植物群落、格栅和透水坝，建设生态沟渠、污水净化塘、地表径流集蓄池等设施，净化农田排水及地表径流。”

(7)《农业农村部关于打好农业面源污染防治攻坚战的实施意见》。

该实施意见在“加快推进农业面源污染综合治理”中指出：“大力推进综合防治示范区建设。落实好《全国农业可持续发展规划(2015—2030 年)》和《农业环境突出问题治理总体规划(2014—2018 年)》部署的农业面源污染防治重点任务，在重点流域和区域实施一批农田氮磷拦截、畜禽养殖粪污综合治理、地膜回收、农作物秸秆资源化利用和耕地重金属污染治理修复等农业面源污染综合防治示范工程，总结一批农业面源污染防治的新技术、新模式和新产品。”

(8)《全国农业可持续发展规划(2015—2030 年)》。

规划中提出的第四项重点任务为“治理环境污染，改善农业农村环境”。其中任务内容明确提出：“防治农田污染。全面加强农业面源污染防控，科学合理使用农业投入品，提高使用效率，减少农业内源性污染。普及和深化测土配方施肥，改进施肥方式，鼓励使用有机肥、生物肥料和绿肥种植，到 2020 年全国测土配方施肥技术推广覆盖率达到 90%以上，化肥利用率提高到 40%，努力实现化肥施用量零增长。推广高效、低毒、低残留农药、生物农药和先进施药机械，推进病虫害统防统治和绿色防控，到2020年全国农作物病虫害统防统治覆盖率达到40%，努力实现农药施用量零增长；京津冀、长三角、珠三角等区域提前一年完成。建设农田生态沟渠、污水净化塘等设施，净化农田排水及地表径流。综合治理地膜污染，推广加厚地膜，开展废旧地膜机械化捡拾示范推广和回收利用，加快可降解地膜研发，到2030年农业主产区农膜和农药包装废弃物实现基本回收利用。开展农产品产地环境监测与风险评估，实施重度污染耕地用途管制，建立健全全国农业环境监测体系。”

(9) 中国共产党第十九次全国代表大会。

习近平总书记在党的十九大报告中指出：“必须树立和践行绿水青山就是金山银山的理念，坚持节约资源和保护环境的基本国策，像对待生命一样对待生态环境，统筹山水林田湖草系统治理，实行最严格的生态环境保护制度，形成绿色发展方式和生活方式，坚定走生产发展、生活富裕、生态良好的文明发展道路，建设美丽中国，为人民创造良好生产生活环境，为全球生态安全作出贡献。”“加快水污染防治，实施流域环境和近岸海域综合治理。强化土壤污染管控和修复，加强农业面源污染防治，开展农村人居环境整治行动。”“我们要牢固树立社会主义生态文明观，推动形成人与自然和谐发展现代化建设新格局”。

2) 地方层面政策情况分析

加强农业面源污染治理、修复田园生态系统是加快推进浙江省国家农业可持续发展试验示范区、绿色农业发展先行区和绿色农业强省建设的必然要求，也是实现“两美”浙江和建设高水平全面小康社会奋斗目标的重要保障。近年来，浙江省出台了一系列与农业面源污染治理相关的政策和管理措施(表9-3)。

表9-3　相关地方政策文件

序号	发布部门	政策文件名称
1	浙江省农业农村厅	《浙江省农业厅关于全力推进农业水环境治理全面加强农业面源污染防治的实施意见》
2	浙江省人民政府	《浙江省劣Ⅴ类水剿灭行动方案》
3	浙江省人民政府	《浙江省水污染防治行动计划》
4	浙江省农业农村厅	《关于印发〈浙江省农田面源污染控制氮磷生态拦截沟渠建设技术规范(试行)〉的通知》
5	浙江省农业农村厅	《浙江省农业农村厅关于印发农业绿色发展试点先行区2019年实施计划的通知》
6	浙江省农业农村厅	《浙江省农业农村厅关于加快推进高标准示范引领性农田氮磷生态拦截沟渠建设的通知》
7	浙江省生态环境厅等	《杭州湾污染综合治理攻坚战实施方案》

续表

序号	发布部门	政策文件名称
8	浙江省生态环境厅、浙江省农业农村厅	《浙江省生态环境厅　浙江省农业农村厅关于印发浙江省农业农村污染治理攻坚战实施方案的通知》
9	浙江省生态环境厅	《浙江省治污水暨水污染防治行动 2020 年实施方案》
10	浙江省生态环境厅	《浙江省近岸海域污染防治实施方案》

(四) 国内相关标准比较

目前，我国尚未针对农田氮磷生态拦截沟渠系统建设制定专门的国家标准，一些地方根据农业生态环境保护实际需求，制定了地方农田氮磷生态拦截沟渠建设规范(表 9-4)。

表 9-4　国内已发布生态拦截沟渠建设标准情况一览表

序号	发布地区	标准名称	备注
1	江苏省苏州市	《农田径流氮磷生态拦截沟渠构建技术规范》(DB3205/T 157—2008)	已发布
2	江苏省	《农田径流氮磷生态拦截沟渠塘构建技术规范》(DB 32/T 2518—2013)	已发布
3	山东省	《华北集约化农田生态沟渠建设技术规范》	征求意见稿

二、工作简况

(一) 任务来源

开展农田氮磷生态拦截沟渠系统建设是填补农业面源污染治理盲区的有力保障，也是贯彻落实促进农业绿色发展、推动美丽乡村建设的重要举措。2018 年 6 月，《浙江省质量技术监督局关于下达 2018 年第二批省地方标准制修订计划的函》(浙质标函〔2018〕123 号)文件将《农田面源污染控制氮磷生态拦截沟渠建设规范》的制定列入其中。经专家筛选，该项目由浙江大学主持制定。

(二) 协作单位

本标准由浙江大学联合浙江省相关单位共同完成。标准起草工作主要由浙江大学负责；支撑标准制定的生态沟渠调研布点、采样监测、效果评估等工作由各编制单位共同完成。

本标准由浙江大学 A 教授总体负责并组织成立标准编制组，有序完成标准的初稿编制、评审、修改等各项工作。氮磷生态拦截沟渠系统的调研工作主要由 B、C、D 等完成。E、F、G 等在标准编制过程中提供了相关技术指导。编制组所有成员参与了标准文稿的撰写、修改、资料收集整理等工作。

(三) 主要工作过程

2018 年 6 月 27 日，项目承担单位成立标准编制小组。

2018 年 7 月，标准编制小组召开内部研讨会，对浙江省质量技术监督局关于浙江省地方标准制修订项目(编号 ZJ-987038-1)和浙江省农业农村厅《关于加快推进高标准示范引领性农田氮磷生态拦截沟渠建设的通知》进行系统分析，针对标准的主要内容、工作方法等开展了讨论，初步确定标准撰写方向，确定了《农田面源污染控制氮磷生态拦截沟渠建设规范》项目的整体架构。

2018 年 8 月～2019 年 7 月 30 日，结合浙江省农田氮磷生态拦截沟渠系统建设的实际情况，初步起草了标准编制说明和标准文本。

2019 年 8 月 21 日，起草组织单位召开了浙江省地方标准《农田面源污染控制氮磷生态拦截沟渠建设规范(草案)》的专家咨询会，对标准文本和编制说明进行了检查。

2019 年 8 月，根据专家提出的意见对标准草案进行修改，形成了《农田面源污染控制氮磷生态拦截沟渠建设规范》——省地方标准征求意见稿。

2019 年 9～10 月，向全省 11 个地市使用生态拦截沟渠系统的单位主管部门以及国内科研院所行业专家发送了省地方标准征求意见函，累计收到反馈意见 146 条。经仔细研究，标准编制组采纳反馈意见 129 条，未采纳 8 条，部分采纳 9 条，进一步修改完成后形成送审稿。

2020 年 8～9 月，根据浙江省标准化研究院的审评意见，对送审稿进行多次修改，形成审评材料。

2020 年 10 月，浙江省市场监督管理局组织召开了标准审评会，与会专家对标准文本和编制说明等相关材料逐章逐条进行审查，经会上讨论修改和会后完善形成报批稿。2021 年 4 月 13 日，《农田面源污染控制氮磷生态拦截沟渠系统建设规范》正式发布，2021 年 5 月 13 日起，该标准正式实施。

三、标准编制原则和确定地方标准主要内容的依据

为保障标准的科学性、准确性、实践性和可操作性，标准编制小组成员在标准编制过程中，以浙江省农业面源污染现状和沟渠氮磷迁移转化机制为依据，以农田氮磷生态拦截沟渠系统建设经验为基础，结合江苏省太仓等地生态沟渠现状调查，不断完善生态拦截沟渠系统的相关设计，力求技术指标更先进合理，从而使其达到国内先进水平。

(一) 标准编制原则

(1) 与浙江省农业面源污染实际情况相结合。根据浙江省农田面源污染特征、

区域特性、种养结构及规模，因地制宜地设计与建设氮磷生态拦截沟渠系统。

(2) 宽严结合，适度调整优化。针对由沟渠结构不甚合理、水土流失和底泥淤积严重、排水不畅、外来入侵植物丛生及本土优势植物缺失等造成的生态功能退化问题，优化沟渠结构，清挖淤泥，清除杂物和外来入侵植物，加固边坡，合理配置水生植物，要求建设节制闸、拦水坎、透水坝和底泥捕获井等设施，在沟渠内和承泄区适度建设阶梯截流池、新型生态浮床、生态塘等有利于提升沟渠、承泄区净化能力和生态修复的设施，营造出美丽宜人的田园景观。

(3) 技术经济可行性原则。本标准中氮磷生态拦截沟渠系统建设涉及了众多新技术、新工艺和新材料。浙江大学、浙江省农业农村生态与能源总站、浙江农林大学、浙江科技学院、浙江省农业科学院等从事农业生态环境保护的高校或科研院所作为技术支撑单位，协助开展生态沟渠建设标准编制，充分考虑相关技术所能达到的污染控制水平，并结合当地的经济承受能力与管理水平，确保技术措施先进实用。

(4) 生态环境友好型原则。氮磷生态拦截沟渠系统融合了水力学与生态工程学的理论，既可以提高农田排水沟渠对农业排水氮磷的拦截效率，减少农业面源氮磷排放对受纳水体的污染，又可以改善治理范围内的植被种群结构，优化农田生态环境及景观组成。

依据上述原则，标准编制组制定了标准编制技术路线，如图 9-3 所示。

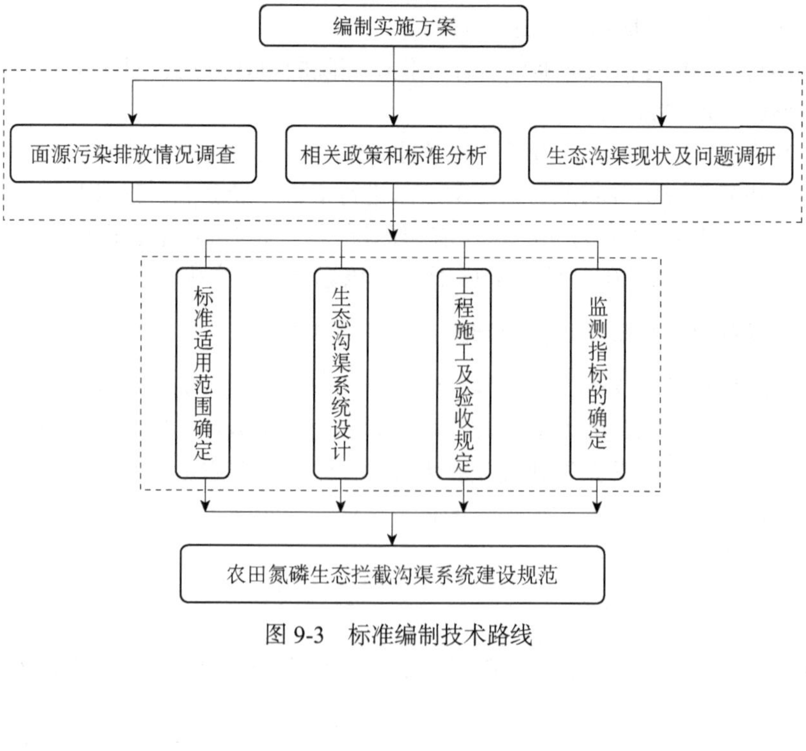

图 9-3　标准编制技术路线

(二) 地方标准适用范围

本标准规定了农田面源污染控制氮磷生态拦截沟渠系统(简称生态沟渠系统)的术语和定义、系统设计、施工、验收、管护要求。

本标准适用于生态沟渠系统的设计、施工、验收和监测管护。

(三) 确定主要内容的依据及说明

1) 主要内容

本标准除范围和规范性引用文件外，主体内容框架由术语和定义、系统设计、系统施工与验收和系统管护 4 项内容组成。

2) 主要内容依据及说明

本次地方标准的编制，参照国内外已发布的相关标准，并以大量实际工程为基础，融合了水力学与生态工程学的理论，力求生态沟渠系统能够设计合理、施工有序、验收规范、管护到位、处理有效。其中需要说明的内容如下。

(1) 术语和定义。

本标准对生态拦截、拦水坎、底泥捕获井、氮磷去除模块、生态透水坝、生态浮岛、排涝模数和承泄区 8 个术语进行了定义。其中，参考《农田径流氮磷生态拦截沟渠塘构建技术规范》(DB 32/T 2518—2013)中生态拦截的描述和定义，对生态拦截进行了定义。此外，结合本标准中“农田面源污染控制氮磷生态拦截沟渠系统”的实际建设情况，对个别已有定义但不常见的如排涝模数等术语的定义重新进行整理，并对底泥捕获井、氮磷去除模块、生态透水坝等专有术语进行了定义。

本标准与各地标准的术语和定义的比较情况见表 9-5。

表 9-5　本标准与各地标准术语和定义比较情况一览表

序号	术语名称	江苏省苏州市	江苏省	山东省	本标准
		《农田径流氮磷生态拦截沟渠构建技术规范》	《农田径流氮磷生态拦截沟渠塘构建技术规范》	《华北集约化农田生态沟渠建设技术规范》(征求意见稿)	《农田面源污染控制氮磷生态拦截沟渠系统建设规范》
1	生态拦截	采用生物技术、工程技术等措施对农田径流中的氮、磷等物质进行拦截、吸附、沉积、转化及吸收利用，从而对农田流失的养分进行有效拦截，达到控制养分流失，实现养分再利用，减少水体污染物质的目的	采用生物技术、工程技术等措施对农田径流中的氮、磷等营养物质进行拦截、吸附、沉积、转化及吸收利用，达到控制养分流失，实现养分再利用，减少流域水体污染负荷的目的	采用生物技术、工程技术等措施对农田径流中的氮、磷等物质进行拦截、吸附、沉积、转化及吸收利用，从而对农田流失的养分进行有效拦截，达到控制养分流失，实现养分再利用，减少水体污染物质的目的	采用建筑工程技术、生物技术和管理技术等相结合的污染物阻控措施

续表

序号	术语名称	江苏省苏州市	江苏省	山东省	本标准
		《农田径流氮磷生态拦截沟渠构建技术规范》	《农田径流氮磷生态拦截沟渠塘构建技术规范》	《华北集约化农田生态沟渠建设技术规范》(征求意见稿)	《农田面源污染控制氮磷生态拦截沟渠系统建设规范》
2	生态沟渠(塘)	在农田系统中构建成一定的沟渠，在沟渠中配置多种植物，并在沟渠中设置透水坝、拦截坝等辅助性工程设施，对沟渠水体中氮、磷等物质进行拦截、吸附，从而净化水质。这样的沟渠称为生态沟渠		在集约化农田的小排水沟渠和农田外河道底部及两侧种植各种植物，对农田产生径流的水流经小排水沟渠和河道时拦截、吸附水体中氮、磷等物质，从而净化水质，另外植被覆盖沟渠和河道起到绿化美观的效果。这样的排水系统称为集约化生态沟渠	
3	节制闸(坝)		沟渠中调节上游水位，控制下泄流量的水闸叫节制闸。修建在渠道的坝体上的节制闸统称节制闸坝，其利用闸门启闭，调节上游水位和下泄流量，以满足向下一级渠道分水或控制、截断水流的需要		
4	拦水坎				依据沟渠长度、坡度和渠水流向，布设于沟渠中端和末端，用于维持渠底水深以满足沟渠水生植物生长的堤埂
5	底泥捕获井				用于聚集并沉淀沟渠水中挟带的泥土等杂质的井
6	氮磷去除模块				安置于底泥捕获井中，由多孔性矿物等材料组成，用于同步去除沟渠水中氮磷的模块

续表

序号	术语名称	江苏省苏州市	江苏省	山东省	本标准
		《农田径流氮磷生态拦截沟渠构建技术规范》	《农田径流氮磷生态拦截沟渠塘构建技术规范》	《华北集约化农田生态沟渠建设技术规范》(征求意见稿)	《农田面源污染控制氮磷生态拦截沟渠系统建设规范》
7	生态透水坝		基于人工湿地原理和快速渗滤机理，用砾石或碎石在河道中的适当位置人工垒筑坝体，利用坝前河道的容积储存一次或多次降雨的径流，通过坝体的可控渗流来调节坝体的过流量，同时抬高上游水位，为下游的处理单元提供“水头”		采用砂石等滤料在沟渠中人工垒筑的，通过配置植物对沟渠水质进行净化的坝体
8	生态拦截型沟渠塘系统		主要由工程部分和生物部分组成，工程部分主要包括渠体及拦截坝、节制闸等，生物部分主要包括渠底、渠两侧的植物		
9	生态浮岛				以水生植物为栽植主体，充分利用水体空间生态位和营养生态位建立的人工生态系统
10	排涝模数				在一定频率设计的暴雨情景下，单位面积地面所产生的径流量
11	承泄区				承纳沟渠末端排出水的缓冲区域

(2) 系统设计。

本标准在确定生态沟渠系统设计基本原则的基础上，规定了生态沟渠系统的主要服务对象，着重对生态沟渠系统的主干沟设计、生态拦截设施设计和植物配置做了具体要求。与其他标准对比情况见表 9-6。

表 9-6　本标准与其他地区沟渠设计标准情况比较一览表

序号	设计内容	江苏省苏州市	江苏省	山东省	本标准
		《农田径流氮磷生态拦截沟渠构建技术规范》	《农田径流氮磷生态拦截沟渠塘构建技术规范》	《华北集约化农田生态沟渠建设技术规范》(征求意见稿)	《农田面源污染控制氮磷生态拦截沟渠系统建设规范》
1	密度、布局	满足农田排水要求和生态拦截需要，一般为每公顷农田 100 m 生态沟渠。一般分布在农田四周与农田区外的河道之间	工程建设密度应能满足农田排涝要求和生态拦截需要，一般为每公顷农田建 150 m^2 生态沟渠。结合农田原有排灌沟渠、田间道路和受纳水体进行布设		主干沟应设置在排水沟渠上，主干沟应在 300 m 以上，具有承纳 10 hm^2(150 亩)以上农田汇水和排水的能力
2	渠体设计	渠体断面为等腰梯形，上宽 1.5 m，底宽 1.0 m，深 0.6 m。渠壁、渠底均为土质	断面：梯形断面、复式断面； 水流方向：应根据地形条件，坚持由高向低自流的原则，地势平坦地区可采用双向排水方式，坡地采用单向排水方式。各段节制闸口设计水位低于上游同期或同频水位，如受下游水位顶托不能自流排水时，可设置抽排泵站	因地制宜，小排水沟渠清理平直，去除杂草。农田区外的河道经挖掘清理，清除掉原有杂草及杂物，平整沟渠两侧，以便于种植植物	设计流量：按照《灌溉与排水工程设计标准》的规定执行，根据其控制面积、产流和汇流条件，按与排水任务相应的排水模数乘其控制面积确定； 断面和水位设计：按照《灌溉与排水工程设计标准》的规定执行，并应符合①主干沟可采用梯形、矩形或“U”形断面，断面沟壁材质宜采用生态袋、六角砖、圆孔砖、鹅卵石等有利于护坡植物定植的材料。生态沟渠沟壁与土壤接合处不应衬砌或建不透水护面。②主干沟过流断面底宽和深度不宜小于 0.4 m； 排水承泄区：应按照《农田排水工程技术规范》的规定执行
3	生态拦截设施设计	拦水节制闸坝设计：在生态沟渠的出水口用混凝土建造拦截坝，拦截坝的高度为 0.5 m，低于排水沟渠渠埂 0.1 m，拦截坝总长为 0.6 m，总	节制闸坝设计：在生态沟渠的出水口用混凝土建造拦截坝，拦截坝的高度为 0.5 m，低于排水沟渠渠埂 0.1 m，拦截坝总长为 0.6 m，总宽为 1.25 m，并在拦截坝上建一个排水节制闸。排水节制闸的闸顶高程为 0.45 m，闸底高程设计为 0.1 m，闸孔净高		拦水坎：高度应高于沟渠底面 0.15～0.20 m； 生态透水坝：生态透水坝坝高不宜超过沟深的 30%，坝顶应种植湿生或水生植物(本标准附录中补充了透水坝透水能力及几何尺寸的计算)； 底泥捕获井：每条生态沟渠系统设置 1 座以上底泥捕获

续表

序号	设计内容	江苏省苏州市 《农田径流氮磷生态拦截沟渠构建技术规范》	江苏省 《农田径流氮磷生态拦截沟渠塘构建技术规范》	山东省 《华北集约化农田生态沟渠建设技术规范》(征求意见稿)	本标准 《农田面源污染控制氮磷生态拦截沟渠系统建设规范》
3	生态拦截设施设计	宽为 1.25 m，并在拦截坝上建一个排水节制闸。排水节制闸的闸顶高程为 0.45 m，闸底高程设计为 0.1 m，闸孔净高设计为 0.35 m，闸孔净宽设计为 0.4 m，闸门采用直升式平面钢闸门。排水口底面离渠底 20 cm； 透水坝设计：透水坝其剖面为梯形复式结构，坝坡的边坡系数为 1∶1～1∶2.5，用炉渣、碎砖等多孔材料建成与渠体断面相对称的渗漏型生态拦截坝，坝高 0.4 m，与渠埂持平，宽 0.3 m	设计为 0.35 m，闸孔净宽设计为 0.4 m，闸门采用直升式平面闸门。排水口底面离渠底 20 cm； 透水坝设计：透水坝其剖面为梯形复式结构，坝坡的边坡系数为 1∶1～1∶2.5，用炉渣、碎砖等多孔材料建成与渠体断面相对称的渗漏型生态拦截坝，坝高 0.4 m，与渠埂持平，宽 0.3 m。透水坝分布在沟渠中，起址坝离拦水节制闸坝前 1 m，以后每间隔 50 m 设 1 座； 潜流坝设计：在生态沟渠的水流转向处建造潜流坝； 生态塘设计：塘体用料应就地取材，利用旧河道、池塘、洼地等进行改造修建		井。底泥捕获井宜设置在拦水坎、透水坝等构筑物上游的位置；井深深度应小于 1 m，井宽不小于沟渠底宽，井长大于 1 m，每 0.5 m 安置 1 个氮磷去除模块，井口应安放可卸式格栅，格栅上可定植湿生或水生植物； 氮磷去除模块：氮磷去除模块在底泥捕获井中放置多个时，应水平交错放置；模块深度应与底泥捕获井基本一致，模块宽度应为底泥捕获井宽度一半以上，模块上表面应与沟渠底面齐平，每个模块厚度应在 0.1 m 以上； 阶梯式截流池：生态沟渠系统末端和承泄区落差大于 1 m 时应设置阶梯式截流池或坡式跌水，阶梯式截流池前宜设置拦水坎抬高水位； 生态浮岛：宜在主干沟最宽位置或沟渠承泄区设置生态浮岛； 生态塘设计：宜在生态沟渠系统配置生态塘，用于净水、蓄水、农业供水、农田生态恢复和田园景观营建

(3) 系统施工和验收。

为确保生态沟渠系统建设的安全性及合理性，本标准根据《农田排水工程技术规范》的要求对生态沟渠系统的施工和验收进行了规定。

(4) 监测管理。

建立生态沟渠系统稳定运行的长效机制是实现有效拦截氮磷等污染物的前提。为保证生态沟渠系统能够保持高效的氮磷去除能力及良好的景观效果，本标准规定了生态沟渠系统建成后的管护要求以及必要的监测和试验工作。本标准与其他地区沟渠植物配置及管理标准情况比较见表 9-7。

表 9-7 本标准与其他地区沟渠植物配置及管理标准情况比较一览表

序号	设计内容	江苏省苏州市	江苏省	山东省	本标准
		《农田径流氮磷生态拦截沟渠构建技术规范》	《农田径流氮磷生态拦截沟渠塘构建技术规范》	《华北集约化农田生态沟渠建设技术规范》(征求意见稿)	《农田面源污染控制氮磷生态拦截沟渠系统建设规范》
1	沟渠管护	沟渠的水生植物要定期收获、处置、利用。沟底淤积物超过 10 cm，或杂草丛生，要及时清淤，沟渠清理不要彻底清理沟渠，要保留部分植物和淤泥	定期收获、处置、利用生态沟渠塘中的水生植物。采取防塌固坡措施，对土质不稳定的沟渠塘进行护化。沟底淤积物超过 10 cm，或杂草丛生，严重影响水流的区段，要及时清淤，保证沟渠的容量和水生植物的正常生长。农田排灌沟渠清理不要彻底清理沟渠，保留部分植物和淤泥		管护要求：生态沟渠系统建设工程管理应按照《农田排水工程技术规范》的规定执行，应落实管护责任，管理组织应制定并严格执行运行维护管理规章制度。生态沟渠系统的管理应包括必要的监测和经常性管护。宜对生态沟渠系统的主干沟进口和末端出口的水量和水质进行每月 1 次监测，监测指标至少包含总氮、总磷、氨氮和高锰酸盐指数； 经常性管护：①宜每周定期检查沟渠损坏和堵塞现象，及时进行修复，并清除沟体内的杂物。沟底淤积厚度超过 0.1 m 时应进行清淤。②每年汛期前，应对生态沟渠系统进行全面检查，保证沟渠系统排水畅通；汛期后，对易受冲刷沟段应重点检查和修复。③应及时对沟渠中的水生植物进行修剪，并对修剪废弃物进行处置。④底泥捕获井应每 2 个月清泥 1 次，氮磷去除模块吸附基质和生态透水坝的滤料应每半年更换 1 次。井泥和废滤料应做资源化循环利用

(5) 附录。

参考《透水坝渗流流量计算模型的选择》(田猛等，2006)一文，在本标准附录 A 中提供了透水坝的透水能力与几何尺寸的计算方法，为透水坝的设计提供了科学依据。

(6) 总结。

通过对术语、设计规范和生态沟渠系统管护的对比，发现本标准具有以下特色：①沟渠系统长度扩大了 2 倍；②渠体设计更详细，增加了流量和水位设计；③配套设施更完备，相比其他标准，本标准增加了底泥捕获井和生态浮岛；④管护更系统，现有标准大多仅涉及植物管护，而本标准更注重系统管理，对各环节可能出现的问题加以考虑，并提出管理要求；⑤本标准通过将水力学与生态工程学理论相融合构建农田氮磷生态拦截沟渠系统，为建立氮磷生态拦截沟渠系统长期稳定有效运行的机制提供了保障。

四、主要实验(或验证)分析报告、相关技术和经济影响论证

标准编制组在浙江省杭州市余杭区径山镇粮食功能区、湖州市长兴县吕山乡、绍兴市柯桥区和温州市瑞安市等地区开展了本标准涉及的农田面源污染控制氮磷生态拦截沟渠系统的验证试验。

(一) 浙北地区杭州市余杭区典型生态沟渠系统测试效果

该生态沟渠系统建设点位于浙江省杭州市余杭区径山镇前溪村粮食功能区(图 9-4)，生态沟渠系统特征及主要建设内容见表 9-8。

图 9-4　余杭区径山镇生态沟渠系统工程

表 9-8　余杭区径山镇生态沟渠系统建设情况

主干沟参数	数值	生态拦截辅助设施	数值	植物参数	数值
沟渠长度/m	800	节制闸数量/个	1	生态浮岛面积/m^2	40
沟渠底宽/m	1～5	拦水坎数量/个	2	沉水植物-菹草/m^2	250
沟渠深度/m	0.5～1	拦截坝/座	2	沉水植物-苦草/m^2	1750
百米坡降/m	0.063	底泥捕获井尺寸/(长×宽×高，m^3)	1.0×1.0×0.8	沉水植物-黑藻/m^2	375
沟壁材质	预制石块	底泥捕获井数量/座	10	挺水植物-美人蕉/m^2	50
沟壁斜度/(°)	90	氮磷去除模块尺寸/(长×宽×高，m^3)	0.2×0.8×0.8	挺水植物-水菊/m^2	50
—	—	氮磷去除模块数量/个	10	挺水植物-水竹/m^2	25

该生态沟渠系统水质监测结果表明，主干沟出水口水质总氮(TN)、氨氮(NH_4^+-N)和总磷(TP)浓度与进水口相比，分别降低32.7%、51.5%和38.9% (表 9-9)，同时，周边农田景观效果得到明显提升。

表 9-9　余杭区径山镇生态沟渠系统氮磷减排效果

项目	TN	NH_4^+-N	TP
进水口/(mg/L)	2.14	0.68	0.54
出水口/(mg/L)	1.44	0.33	0.33
降低比例/%	32.7	51.5	38.9

(二) 浙北地区湖州市长兴县典型生态沟渠系统测试效果

该生态沟渠系统建设点位于浙江省湖州市长兴县吕山乡(图 9-5)。生态沟渠系统特征及主要建设内容见表 9-10。

图 9-5　长兴县吕山乡生态沟渠系统工程

表 9-10　长兴县吕山乡生态沟渠系统建设情况

主干沟参数	数值	生态拦截辅助设施	数值	植物参数	数值
沟渠长度/m	487	节制闸数量/个	1	生态塘/m^2	40
沟渠底宽/m	0.6	拦水坎数量/个	2	沉水植物-苦草/m^2	435
沟渠深度/m	1.2	底泥捕获井数量/个	1	挺水植物-再力花/m^2	62
百米坡降/m	0.05	底泥捕获井尺寸/(长×宽×高，m^3)	1.2×1.2×1.0	挺水植物-粉美人蕉/m^2	40
沟壁材质	C20 现浇砼六角砖	氮磷去除模块数量/个	1	护坡植物-狗牙根/m^2	100
沟壁斜度/(°)	63	氮磷去除模块尺寸/(长×宽×高，m^3)	0.2×1.0×1.0	护坡植物-黑木草/m^2	110

该生态沟渠系统2019年6月～2020年6月的水质监测结果表明，主干沟出水口水质TN浓度较进水口降低16.3%～42.9%(平均为28.1%)；TP浓度较进水口降低14.5%～41.5%(平均为28.5%)，如图9-6所示。

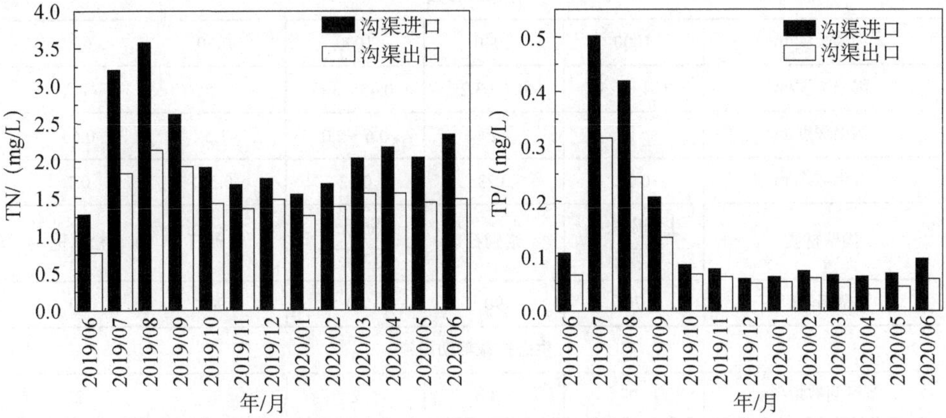

图9-6　长兴县吕山乡生态沟渠系统进出水口水质TN和TP浓度变化

(三) 浙中南部分地区典型生态沟渠系统测试效果

杭州市萧山区河上镇、杭州市萧山区戴村镇、绍兴市柯桥区平水镇、绍兴市上虞区上浦镇和温州市瑞安市曹村镇(图 9-7)建设完成五条氮磷生态拦截沟渠系统。每条生态拦截沟渠系统特征及主要建设内容见表9-11。

(a) 河上镇　(b) 戴村镇　(c) 平水镇

(d) 上浦镇　(e) 曹村镇

图9-7　萧山、柯桥、上虞和瑞安等地生态沟渠系统工程实景图

表 9-11 萧山、柯桥、上虞、瑞安等地生态沟渠系统建设情况

项目	杭州市萧山区河上镇	杭州市萧山区戴村镇	绍兴市柯桥区平水镇	绍兴市上虞区上浦镇	温州市瑞安市曹村镇
主干沟参数					
沟渠长度/m	1000	1040	1000	1030	620
沟渠宽度/m	0.4～1.5	0.7～3.2	0.45～3.6	2.5	1.7
沟渠深度/m	1	2	0.6～2.0	1.5	0.65
百米坡降/m	0.29	0.23	0.12	0.55	0.7
沟壁材质	生态砌块、干砌石	浆砌石	混凝土、干砌石	浆砌石	松木桩
沟壁斜率/(°)	70	90	90	90	90
生态拦截辅助设施					
节制闸数量/个	9	3	2	4	2
拦水坎数量/个	20	2	4	2	2
底泥捕获井数量/个	4	4	2	1	8
底泥捕获井尺寸/(长×宽×高，m^3)	1.0×0.8×0.3	1.0×0.8×0.3	1.0×0.8×0.3	1.0×0.8×0.3	1.0×1.0×0.3
氮磷去除模块数量/个	4	4	2	1	8
氮磷去除模块尺寸/(长×宽×高，m^3)	0.2×0.8×0.3	0.2×0.8×0.3	0.2×0.8×0.3	0.2×0.8×0.3	0.2×1.0×0.35
拦截坝/座	5	2	4	—	8
透水坝/座	2	1	1	1	4
植物参数					
生态浮岛面积/m^2	60	180	320	90	—
生态塘/m^2	60	—	—	—	360
沉水植物-苦草/m^2	597	750	500	—	810
挺水植物-鸢尾/m^2	15	20	250	10	20
挺水植物-美人蕉/m^2	30	30	20	10	30
挺水植物-再力花/m^2	30	50	500	—	30
挺水植物-莎草/m^2	—	—	20	—	—
护坡植物-狗牙根/m^2	—	—	—	50	—
护坡植物-秋英/m^2	—	—	—	—	750

五条生态沟渠系统 2020 年 7 月的水质监测结果表明，主干沟出水口水质 TN 浓度较进水口降低 17.0%～59.9%(平均为 39.7%)，TP 浓度较进水口降低 16.7%～56.5%(平均为 38.5%)，如图 9-8 所示。

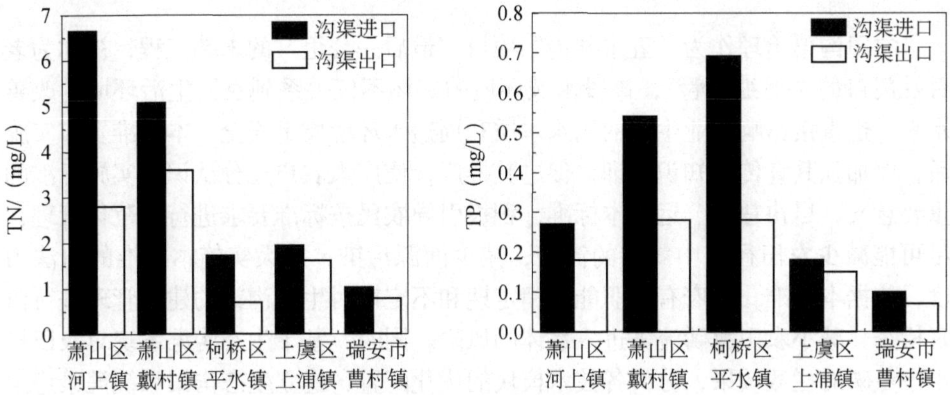

图 9-8　生态沟渠系统进出水口水质 TN 和 TP 浓度变化

五、重大意见分歧的处理依据和结果

在《农田面源污染控制氮磷生态拦截沟渠系统建设规范》的制定过程中，未出现重大意见分歧。

六、预期的社会经济效益及贯彻实施标准的要求、措施等建议

(一) 预期的社会经济效益

1) 社会环境效益

生态沟渠系统在一定程度上减少了农业面源污染对周边水体的影响，同时提升了治理范围内水体环境的景观效果，水生态环境也较整治前有较大提高，周边农民生活环境得到局部改善。另外，农田面源污染控制氮磷生态拦截沟渠系统对类似农田面源污染的治理具有积极的示范作用和借鉴价值，有助于提高项目区群众的环保意识，促进美丽乡村建设和农业绿色发展。同时，可以辐射带动当地美丽乡村、美丽田园、家庭农场、特色精品村、农家乐特色村、特色旅游村以及现代农业园区、生态循环农业园区等创建或发展，助推乡村振兴。

2) 生态经济效益

对总长度约 168.11 km、覆盖农田面积达 12.08 万亩的 154 条生态沟渠系统进行推广效益的统计分析，结果表明，生态沟渠系统建设的推广效益总计约 1.11 亿元，其中减排氮 96.63 t、磷 10.98 t，获生态效益总计约 2152.32 万元，节省农

业面源污染治理费用共 8963.65 万元，折合每千米生态沟渠系统建设的生态效益平均为 12.80 万元，节省农业面源污染治理费用为 53.32 万元。

(二) 贯彻地方标准的要求和措施

农田沟渠治理作为“五水共治”项目“最后一公里”的末端工程，被称为老百姓门口的“毛细血管”，该段水域环境的好坏不仅关系到农民生活环境的改善水平，也直接影响农业生产的用水水质和周边水环境质量安全。本标准发布实施后，要加强其宣传与知识培训，促进其推广，使广大农户充分认识到实施标准的重要意义，尽快掌握、运用本标准，积极引导农民按标准要求进行规范化管理，尽可能减少农田径流中氮磷的流失，减少面源污染；加大实施本标准的执法力度，依据本标准，政府有关职能部门定期和不定期对生态沟渠的建设管理进行监督检查，减小农田氮磷流失进入水体的风险。同时，基于生态沟渠系统对农田排水中氮磷的拦截效果，分析各技术模块的优化配置，建立生态沟渠系统健康稳定运行的长效机制，从而有效控制农业面源污染，打造环境优美的田园生态系统，全面促进绿色农业强省的建设。

七、强制性标准实施的风险评估

本标准为非强制性实施标准。

八、其他应当说明的事项

无。

第三节　环境生态工程典型项目招投标文件

本章以小流域水污染自动在线监测点建设项目单一来源采购为例介绍环境生态工程类项目典型招投标。

一、报价文件

(一) 初次报价一览表

项目编号：QSZB-Z(F)-B2××15(DY)
标项：1

单一来源采购响应方名称：浙江大学

投标总价
金额大写：　　壹佰万　　　小写：￥1000000.00
单位：元

注：1. 报价不得涂改否则其投标作无效标处理。
2. 以上报价应与“初次报价明细表”中的“总价金额”相一致。

单一来源采购响应方名称(盖章)：
全权代表签字：
日期：××年×月×日

(二) 初次报价明细表

标项：1
初次报价明细表见表 9-12。

表 9-12　初次报价明细表

序号	名称	数量	描述	单价/元	合计/元
1	污染源在线自动监测系统	2	水质在线监测	300000	600000
	(1) 流速仪	2	水体流速监测		
	(2) 多参数自动水质仪	2	水质监测		
	(3) 自动采样仪	2	水样采集		
2	沟渠改造费	1		5000	5000
3	集装箱站房	1		5000	5000
4	材料费				30000
5	差旅费				8000
6	劳务费				160000
7	管理费				132000
8	税金				60000
总价金额：1000000 元					

注：以上表格要求应详细列明服务工作所投入的人力(调查、建设及监测等)物力(样品费、车辆等)成本、管理费、利润、其他费用和税金等。总价金额应与初次报价一览表报价保持一致，该表将作为报价合理性的依据。

单一来源采购响应方名称(盖章)：
全权代表签字：
日期：××年×月×日

二、商务文件

(一) 单一来源采购响应书

致浙江××招标代理有限公司：

根据贵方为小流域水污染自动在线监测点建设的单一来源采购公告[项目编号：QSZB-Z(F)-B2××15(DY)]，签字代表李四(全名)经正式授权并代表单一来源采购响应方浙江大学(单一来源采购响应方名称)提交响应文件正本一份、副本四份。

据此函，签字代表宣布同意如下：

(1) 单一来源采购响应方已详细审查全部《单一来源采购文件》，包括修改文件(如有的话)以及全部参考资料和有关附件，已经了解我方对于单一来源采购文件、单一来源采购过程、单一来源采购结果有依法进行询问、质疑、投诉的权利及相关渠道和要求。

(2) 单一来源采购响应方在单一来源采购之前已经与贵方进行了充分的沟通，完全理解并接受单一来源采购文件的各项规定和要求，对单一来源采购文件的合理性、合法性不再有异议。

(3) 本单一来源采购响应文件有效期自单一来源采购时间起 90 个日历日。

(4) 如成交，本单一来源采购响应文件至本项目合同履行完毕止均保持有效，本单一来源采购响应方将按"单一来源采购文件"及政府采购法律、法规的规定履行合同责任和义务。

(5) 单一来源采购响应方同意按照贵方要求提供与单一来源采购有关的一切数据或资料。

(6) 与本单一来源采购有关的一切正式往来信函信息如下。

地址：杭州市西湖区余杭塘路××号

邮编：310058

电话：0571-8898×721

单一来源采购响应方代表姓名　李四　职务：教授

单一来源采购响应方名称：浙江大学

开户银行：农行杭州市浙大支行紫金港分理处

银行账号：1904220104××14

单一来源采购响应方名称(盖章)：

全权代表签字：

日期：××年×月×日

(二) 单一来源采购响应声明书

致浙江××招标代理有限公司：

浙江大学(单一来源采购响应方名称)系中华人民共和国合法企业，经营地址杭州市西湖区余杭塘路××号。

我张三(姓名)系浙江大学(单一来源采购响应方名称)的法定代表人，我方愿意参加贵方组织的××单位小流域水污染自动在线监测点建设的单一来源采购，为便于贵方公正、择优地确定成交供应商及其单一来源采购响应产品和服务，我方就本次单一来源采购有关事项郑重声明如下：

(1) 我方向贵方提交的所有单一来源采购响应文件、资料都是准确和真实的。

(2) 我方不是采购方的附属机构；在获知本项目采购信息后，与采购方聘请的为此项目提供咨询服务的公司及其附属机构没有任何联系。

(3) 我方最近三年内的被公开披露或查处的违法违规行为有：无。

(4) 以上事项如有虚假或隐瞒，我方愿意承担一切后果和责任。

单一来源采购响应方名称(盖章)：

全权代表签字：

日期：××年×月×日

(三) 单一来源采购响应方的一般情况

单一来源采购响应方的一般情况见表 9-13。

表 9-13 单一来源采购响应方的一般情况

序号	信息		
1	企业名称：浙江大学		
2	总部地址：杭州市余杭塘路××号		
3	当地代表处地址：杭州市余杭塘路××号		
4	电话：0571-8898×721		联系人：李四
5	传真：		电子信箱：li××@zju.edu.cn
6	注册地：杭州市西湖区余杭塘路××号		注册年份：
7	公司的资质等级(请附上有关证书的复印件)		
8	公司(是否通过，何种)质量保证体系认证(如通过请附相关证书复印件，提供认证机构年审监督报告)		
9	作为承包人经历年数：		
10	其他需要说明的情况	无	

说明：所有单一来源采购响应方都需填写此表。

附：营业执照、相关资质证明材料(复印件加盖公章)；

最近一年中任意月份的纳税证明、缴纳社保证明(复印件加盖公章)；

单一来源采购响应方名称(盖章)：
全权代表签字：
日期：××年×月×日

(四) 响应方同类项目实施情况一览表

响应方同类项目实施情况一览表见表 9-14。

表 9-14 响应方同类项目实施情况一览表

序号	采购单位	项目名称	数量	合同金额/万元	附件页码	合同签订时间
无						

单一来源采购响应方名称(盖章)：
全权代表签字：
日期：××年×月×日

(五) 采购需求偏离表

项目名称：小流域水污染自动在线监测点建设
项目编号：QSZB-Z(F)-B2××15(DY)
标项：1
采购需求偏离表见表 9-15。

表 9-15 采购需求偏离表

项目	单一来源采购文件要求	响应规格	是否偏离(提供说明)
1	完成流域出口设置溢流槽、农田沟渠改造	无	是。根据现场实际调研情况，不能满足溢流槽改造任务

注：1. 逐项按照单一来源采购文件要求填写响应规格。
2. 偏离说明是指对单一来源采购文件要求存在不同之处的解释说明。偏离是指正偏离(高于采购要求)、负偏离(低于采购要求)和无偏离(满足采购要求)。
3. 如不填写或填写不全或未如实填写，需自行承担投标风险。

单一来源采购响应方名称(盖章)：
全权代表签字：
日期：××年×月×日

三、项目服务方案

(一) 项目名称

小流域水污染自动在线监测点建设。

(二) 标项内容

建立“南方湿润平原区”“南方湿润山地丘陵区”等小流域水体负荷监测点1个，调查农业面源污染物入水体负荷。

(三) 监测地点

选定1个小流域及相应的入水体口。

(四) 服务周期

1年。

(五) 采购单位

××单位。

(六) 服务内容及要求

(1) 选址要求：根据《浙江省第二次全国污染源普查实施方案》要求，计划建立“南方湿润平原区”“南方湿润山地丘陵区”等小流域水体负荷监测点1个，调查农业面源污染物入水体负荷。

(2) 技术标准要求：按照《农田面源污染监测技术规范》的有关规定及浙江省第二次全国污染源普查的有关要求执行，严格按照相关标准规定程序开展典型小流域农业面源污染监测。

(3) 设施要求：对农田沟渠进行改造，每个点要求安装流速仪、多参数自动水质仪和自动采样仪，保证监测设备质量和监测数据准确，设备维护期不低于1年，并设立安全、可靠、良好的设备安装场所。

(4) 样品要求：水文指标通过仪器自动测定，水质指标COD、总氮、总磷通过多参数自动水质仪测定，并通过实验室监测分析结果进行校对，具体测试时间及次数暂无法确定，在实施过程中需根据用户安排进行，需完全满足用户的需要。非降雨期，在小流域丰-平-枯3个不同时期各采样1次，每次进行24 h连续采样，每隔 6 h 采样 1 次。产生径流的降雨期间：降雨临近前、降雨期间产生地表径流开始后每 5 min、产流 30 min 后每 10 min、产流 60 min 后每 30 min 以及降雨结束若干小时取 1 次直到径流基本恢复到原来的水平。

(5) 时间要求：3 个月内完成项目选址及施工建设，项目选址经采购人确认通过后方可进行施工建设(包括对农田沟进行改造、仪器设备的安装调试)，选址及施工建设完成后 1 年内完成监测工作并提交成果分析报告。

(七) 项目最终成果

(1) 完成项目选址，详细摸清流域内面源污染情况。

(2) 按要求建立 1 个小流域监测点，提供 1 年内监测数据库，总监测样品数不少于 500 个。

(3) 根据采购人的要求阶段性提供书面及电子文档，格式内容应包括：①小流域基本情况，包括农田面积、沟渠改造、区域内所有农田施肥手段及方法、施肥量、作物种类、村庄及人口等调查；②监测结果总体概况，包括项目选址、监测手段、环节和监测指标等；③当地农业面源污染总体情况；④监测结果分析，包括各监测结果比较、各监测环节比较，监测发现的突出问题、原因分析、对策措施和建议等。

(4) 工作总结及结果分析报告。

四、工程建设实施方案

(一) 总论

1) 实施背景及意义

浙江省的地形有“七山一水二分田”之说，流域山区为各大小水系发源地。由于浙江省内小流域所处的区域大部分以丘陵山区为主，工业不发达，而农业在当地地区生产总值中所占比例较高，因此流域内水质受农业面源污染影响较大。通过建立小流域入水体负荷监测点并实施相关调研工作，可以摸清该区域农业种植情况、污染物排放水平和污染程度等情况，从而为后期该区域进行科学的农业面源污染评价以及为该区域农业面源综合治理提供基础数据支持。

2) 项目选址概况

拟在嘉兴市选择一处小流域建设水体负荷监测点，作为“南方湿润平原区”“南方湿润山地丘陵区”水体负荷监测点。

(二) 实施内容

1) 设施建设及安装内容

对农田沟进行改造，在每个点要求安装流速仪、多参数自动水质仪和自动采样仪，保证监测设备质量和监测数据准确，设备维护期不低于1年，并设立安全、可靠、良好的设备安装场所。

2) 水质采样检测内容

水文指标通过仪器自动测定，水质指标COD、总氮、总磷通过多参数自动水质仪测定，并通过实验室监测分析结果进行校对，1年内总监测样品数不少于500个。非降雨期，在小流域丰-平-枯3个不同时期各采样1次，每次进行24 h连续采样，每隔6 h采样1次。产生径流的降雨期间：降雨临近前、降雨期间产生地表径流开始后每5 min、产流30 min后每10 min、产流60 min后每30 min、降雨结束若干小时取1次直到径流基本恢复到原来的水平。

(三) 成果报告

(1) 按要求建立小流域监测点("南方湿润平原区"水体负荷监测点)，提供1年内的监测数据库，总监测样品数不少于500个。

(2) 根据采购人的要求阶段性提供书面及电子文档，格式内容应包括：①小流域基本情况，包括农田面积、沟渠改造、区域内所有农田施肥手段及方法、施肥量、作物种类、村庄及人口等调查；②监测结果总体概况，包括项目选址、监测手段、环节和监测指标等；③当地农业面源污染总体情况；④监测结果分析，包括各监测结果比较、各监测环节比较，监测发现的突出问题、原因分析、对策措施和建议等。

(3) 工作总结及结果分析报告。

(四) 实施过程重难点分析

根据对项目需求的解读，得出该项目的工作服务内容主要为：①选址完成后对相应的小流域区域进行必要的土建设施改造以满足后期的监测需求；②完成改造准备工作后，进行流速仪、多参数自动水质仪和自动采样仪等监测仪器的采购、安装及调试工作；③相应设备安装调试完成后，选定区域水体负荷监测点进行为期1年的农业面源污染物监测工作；④1年监测期满后，提交完整的工作总结和结果分析报告。

基于以上的项目工作梳理，本方案认为该项目的重点及难点主要分为以下几个部分。

1) 项目重点

(1) 选定的小流域区域内为期1年的农业污染物监测工作，监测指标主要为COD、氨氮、总磷和总氮。监测重点时段为小流域区域产生径流的降雨期。

(2) 1年监测期完成后，对监测工作及结果进行整理、分析、汇总，并形成科学详细的总结报告。

2) 项目难点

(1) 农田改造问题：需确定选定区域的农田类型，明确相关红线范围，协调国土及地方农民问题，确保项目前期工程能如期推进。

(2) 基本资料完善记录问题：需明确选定区域的农田排水汇流覆盖面积，1年监测期内选定区域内所有农田的施肥手段及方法、施肥量、作物种类、村庄及人口等信息，并完整无误地记录相关资料情况，留存必要的影像资料。

(五) 项目实施思路

1) 选定监测点改造工程

在选定监测点后，对小流域区域进行农田沟以及流域出口改造，对农田沟的改造采用砌块基础、混凝土砌面。相关土建的改造工程均根据国家水环境监测设施建设相关要求进行。

2) 监测设备采购及安装工程

根据项目实施要求，采购2套污染源在线自动监测系统设备，监测设备主要包括流速仪、多参数自动水质仪和自动采样仪，另外包含必要的辅助单元、控制单元和配件单元。该系统说明见表9-16。

表9-16 系统说明

参数	具体信息
显示单元	7英寸液晶显示器触摸显示屏
测量方式	手动测量、连续测量、周期测量、定点测量
主要功能	手动校正、自动周期校正、自动定时校正、手动清洗、自动周期清洗、手动标液核查、自动周期标液核查、mg/L和μg/L单位转换、超标报警
测量周期	15 min至24 h可任意调节扩展
零点漂移	≤± 5%F.S
重复性	≤3%
准确度	≤± 5%
维护周期	建议更换试剂时维护1次即可，1个月更换1次试剂
存储数据	>50 MB空间，理论计算，每2 h测1次，20年质保
通信接口	1路4～20 mA，1路RS-232，1路RS-485
用电功率	平均44 VA
环境湿度	(65 ± 20)%RH
电源要求	额定电压(220 ± 10)V，VAC频率(50 ± 1)Hz
外形尺寸	1450×500×1550(长×宽×高，mm^3)

流速仪、多参数自动水质仪和自动采样仪的技术参数见表 9-17～表 9-19。

表 9-17 流速仪技术参数

技术参数	具体信息	技术参数	具体信息
名称	在线超声波多普勒流速仪	测量种类	流速、水温、水深
结构	分体式	测量分辨率/(mm/s)	1
流速范围/(m/s)	0.03～5.00	测量流速精度	±(2%～3%)
水深范围/m	3、10	水深分辨率/mm	2
水深精度	± 0.5%	液体酸碱度要求	pH 在 5～7
温度范围/℃	0～60	分辨率/℃	0.1

表 9-18 多参数自动水质仪技术参数

技术参数	具体信息			
化学监测模块				
监测参数	COD	氨氮	总磷	总氮
量程范围/(mg/L)	0～10；0～20	0～10；0～20	0～2；0～10	0～10；0～20
准确性	不大于± 5%	标液和水样 ≤2 mg/L；≤± 0.16 标液和水样 ＞2 mg/L；≤± 10%	标液和水样 ≤0.5 mg/L；≤± 0.05 标液和水样 ＞0.5 mg/L；≤± 10%	标液和水样 ≤5 mg/L；≤± 0.5 标液和水样 ＞5 mg/L；≤± 10%
重复性	不大于± 5%	不超过 3%	不超过 5%	不超过 5%
测量周期	＜90 min			
采样周期	时间间隔(0～9999 min 任意)和 24 h 整点时间测量模式			
校准周期	可设置自动校准间隔			
通信端口	RS～232/485，标准 Modbus 协议；网口			
环境要求	建议温度(−10～55℃)			
常规五参数监测				
监测指标	测量原理	量程	精度	分辨率
温度/℃	PT100	0～50	± 0.5	± 0.1
pH	管路 pH 电极	0～14	± 0.1	± 0.01
溶解氧	荧光光学测量	0～20	± 0.3	0.01
电导率/(mS/cm)	电化学测量	0～200	± 1%	0.01
浊度/FNU	IR 90°散射	0～4000 NTU/FUN	小于读数的 5%	0.01

表 9-19 自动采样仪技术参数

技术参数	具体信息	技术参数	具体信息
采样方式	蠕动泵吸入式	垂直吸程/m	8
样品瓶容量/mL	1000	样品瓶个数/个	≥24
采样方式(不限于)	定时定量，定流定量，等时等流量比例，等时等液位比例，手动控制采样	电源/功率	供电电源：AC：220 V ± 15% 内置电池：锂电池 过载保护：10 A 热熔保险丝
采样间隔	1～9999 min 可调	采样量	5～9999 mL 可调
分瓶方式(不限于)	单瓶单样、单瓶多样、多瓶单样	恒温控制/℃	4 ± 1
采样量误差	± 5%	等比例采样误差	± 10%
采样程序	即时启动、定时启动、外部信号出发启动	数据存储	流量记录：2 年的小时数据、日数据、月数据和年数据 采样记录：10000 条

除了以上 3 种主要的设备，辅助单元包括采水单元、预处理单元、过滤单元、配水单元、冲洗单元以及纯水单元等；控制单元包括操作系统、组态、工控、模拟量采集模块、采集软件、传输软件以及显示软件等；配件单元包括仪表柜、不间断电源和稳压电源等。

(六) 监测方案

1) 非降雨期

在选定的小流域丰-平-枯 3 个不同时期各采样 1 次，每次进行 24 h 连续采样，每隔 6 h 采样 1 次。

2) 产生径流的降雨期间

降雨临近前、降雨期间产生地表径流开始后每 5 min、产流 30 min 后每 10 min、产流 60 min 后每 30 min 和降雨结束若干小时各取 1 次直到径流基本恢复到原来的水平。

水文指标通过仪器自动测定，水质指标 COD、总氮、总磷通过多参数自动水质仪测定，并通过实验室监测分析结果进行校对，1 年内总监测样品数不少于 500 个。

(七) 资料收集整理

1) 基础资料

在项目开展前期，首先收集选定小流域区域内农田汇流面积、村庄及人口数量和畜禽养殖情况等信息，并整理成表格记录。

2) 农田种植资料收集

根据选定小流域区域的种植习惯及实际情况，准确无误地记录 1 年监测期内所选小流域内农田的种植作物种类，以及相应作物种植时对应施加的肥料种类、施肥量、施肥手段及方法等，并最终整理填写表格，为最终监测结果提供数据支撑。

(八) 实施计划进度

实施计划时间以合同签订时间为基准。

基础资料收集整理：30 天内。

流域出口及农田沟改造：45 天内。

监测设备采购安装：60 天内。

监测设备安装完成后开展为期 1 年的监测工作。

监测工作完成后 1 个月内提交工作总结及结果分析报告。

五、投标人对项目的合理化建议和改进措施

根据对招标文件的中采购项目需求的解读，得出该项目的工作服务内容主要如下。

(1) 前期充分的资料收集、调研取证、现场踏勘从而选定典型的小流域区域。

(2) 选址完成后对相应的小流域区域进行必要的土建设施改造以满足后期的监测需求。

(3) 完成改造准备工作后，进行流速仪、多参数自动水质仪和自动采样仪等监测仪器的采购、安装及调试工作。

(4) 相应设备安装调试完成后，对 1 个小流域区域进行为期 1 年的农业面源污染物监测工作。

(5) 1 年监测期满后，提交完整的工作总结和结果分析报告。

基于以上的项目工作梳理，本方案认为该项目的重点及难点主要分为以下几个部分。

(1) 1 个选定的小流域区域为期 1 年的农业污染物监测工作，监测指标主要为 COD、氨氮、总磷和总氮。监测重点时段为小流域区域产生径流的降雨期。

(2) 1 年监测期完成后，对监测工作及结果进行整理、分析和汇总，并形成科学详细的总结报告。

针对项目的重点难点问题，提出以下几点建议及改进措施。

(1) 前期的项目选址问题：需结合目标地区的现有资料、现场踏勘、地方调研及对比分析等工作，在逐步对比筛选的基础上选定 1 个典型的小流域区域。

(2) 农田改造问题：需确定选定区域的农田类型，明确相关红线范围，协调

国土及地方农民问题，确保项目前期工程能如期推进。

(3) 基本资料完善记录问题：需明确 1 个选定区域的农田排水汇流覆盖面积，1 年监测期内选定区域内所有农田的施肥手段及方法、施肥量、作物种类、村庄及人口等信息，并完整无误地记录相关资料情况，留存必要的影像资料。

(4) 质控样品监测问题：选择几次对应的自动采样时间，派专业检测人员实地采集样品并送至检测机构检测，对比检测数据的准确性。

思考与练习

1. 对照本章“氮磷生态拦截沟渠系统建设规范”标准的内容，提出标准草案存在的问题。
2. 分组分角色扮演环境生态工程类项目招投标场景并组织讨论

参考文献

蔡悦荫, 洪杉杉, 张广帅, 等. 2023. 基于生态修复的滨海蓝碳增汇研究[J]. 环境影响评价, 45(05): 11-16.
戴顺利, 蒋山, 陈鹏, 等. 2017. 淮南绿馨园生态种养农业循环模式及效益分析[J]. 安徽农业科学, 45(31): 52-55.
邓绶林. 1992. 地学辞典[M]. 石家庄: 河北教育出版社.
郭晓宇. 2008. 解读循环经济促进法[J]. 政府法制, (19): 10-11.
胡鸿钧, 魏印心. 2006. 中国淡水藻类: 系统分类及生态[M]. 北京: 科学出版社.
胡永光, 李萍萍, 邓庆安, 等. 2001. 温室人工补效果的研究及补光光源配置设计[J]. 江苏理工大学学报: 自然科学版, 22(3): 37-40.
孔祥智, 郑风田, 崔海兴. 2010. 太湖流域: 水环境污染治理对策研究[M]. 武汉: 华中科技大学出版社.
刘书俊. 2009. 循环经济与工业生态系统运行实例分析[J]. 环境科学与技术, 32(3): 197-200.
钦佩, 安树青, 颜京松. 2008. 生态工程学[M]. 南京: 南京大学出版社.
芮加利, 王子彦. 2009. 工业生态系统类型及稳定性的相关性探讨[J]. 环境保护与循环经济, (5): 49-51.
田猛, 张永春, 张龙江. 2006. 透水坝渗流流量计算模型的选择[J]. 中国给水排水, 22(13): 22-25.
童莉. 2006. 生态工业园区产业链设计及其系统稳定性研究——以烟台、乌鲁木齐为例[D]. 北京: 北京化工大学.
王鸿涌, 张海泉, 朱喜, 等. 2012. 太湖蓝藻治理创新与实践[M]. 北京: 中国水利水电出版社.
王强盛, 余坤龙, 倪雪颖, 等. 2021. 我国稻渔综合种养的发展过程及技术趋势[J]. 中国稻米, 27(4): 88-91.
王腾, 何彦龙, 赵丽侠, 等. 2022. 我国海岸带湿地互花米草治理现状与对策建议[J]. 湿地科学与管理, 18(06): 81-85.
杨京平, 刘宗岸. 2011. 环境生态工程[M]. 北京: 中国环境科学出版社.
游小杰, 杨存葆. 1997. 养鸡场人工紫外线补充光照适宜剂量的研究[J]. 农业工程学报, 13(1): 126-129.
于秀娟. 2005. 工业与生态[M]. 北京: 化学工业出版社.
张远, 江原, 安树青, 等. 2019. 中国重点流域水生态系统健康评价[M]. 北京: 科学出版社.
张震. 2020. 于桥水库流域生态补偿机制研究与方案探索[M]. 北京: 中国环境出版集团.
章守宇. 2018. 长江口近外海人工鱼礁建设[M]. 北京: 中国农业出版社.
郑海涛. 2006. 怒江中上游鱼类生物完整性评价[D]. 武汉: 华中农业大学.
中国环境监测总站, 中国环境科学研究院. 2017. 流域水生态环境环境质量监测与评价技术指南[M]. 北京: 中国环境出版集团.
朱玫. 2015. 铁腕治污, 科学治太: 江苏省太湖流域治理体制机制实践探索[M]. 南京: 江苏人民出版社.
朱夕珍, 崔理华, 温晓露, 等. 2003. 不同基质垂直流人工湿地对城市污水的净化效果[J]. 农业环境科学学报, 22(4): 454-457.
Barbour M T, Gerritsen J, Snyder B D, et al. 2011. 溪流及浅河快速生物评价方案: 着生藻类、大型底栖动物及鱼类[M]. 2 版. 郑丙辉, 刘录三, 李黎, 译. 北京: 中国环境科学出版社.
Baker M E, King R S. 2010. A new method for detecting and interpreting biodiversity and ecological community thresholds[J]. Methods in Ecology and Evolution, 1, 25-37.
Barbour M T, Gerritsen J, Griflth G E, et al. 1996. A framework for biological criteria for Florida streams using benthic macroinvertebrates[J]. Journal of the North American Benthological Society, 15(2):185-211.
Chung I K, Oak J H, Lee J A, et al. 2013. Installing Kelp Forests/Seaweed Beds for Mitigation and Adaptation against Global Warming: Korean Project Overview[J]. ICES Journal of Marine Science, 70(5): 1038-1044.
Huisman J, Codd G A, Paerl H W, et al. 2018. Cyanobacterial blooms[J]. Nature Reviews Microbiology, 16(8): 471-483.
Mitsch W J, Jorgensen S E. 1989. Ecological Engineering: An Introduction to Ecotechnology[M]. New York: John Wiley & Sons.
Xiao X, Susana A, Yu Y, et al. 2021. Seaweed farms provide refugia from ocean acidification[J]. Science of the Total Environment, 776: 145192.